AI数字人
原理与实现

◎ 方 进 著

人民邮电出版社

北京

图书在版编目（ＣＩＰ）数据

AI数字人原理与实现 / 方进著. -- 北京 ：人民邮
电出版社，2024.12
ISBN 978-7-115-64285-1

Ⅰ. ①A… Ⅱ. ①方… Ⅲ. ①人工智能 Ⅳ. ①TP18

中国国家版本馆CIP数据核字(2024)第081432号

内 容 提 要

本书是一部系统介绍 AI 数字人技术的专业著作，涵盖了数字人的定义、发展历程、关键技术及应用实践等内容，全书共分 3 部分。

在技术基础部分，首先介绍了数字人的定义、发展历程、分类和应用场景，接着详细解析了数字人系统的架构设计、视觉算法和语音合成技术的原理，以及语义理解和知识表示技术如何提升数字人的智能和表现力。

在应用实践部分，带领读者深入探索数字人的创作流程，从内容策划、角色建模到交互设计，每一步都进行了详细讲解。此外，还讨论了数字人的身份认知和技术规范，为数字人的应用实践提供了必要的知识。

在展望未来部分，探讨了数字人技术的未来发展趋势，为读者描绘了数字人与人类和谐共生的美好蓝图。

本书内容丰富，结构清晰，适合对数字人技术感兴趣的读者，包括数字人技术的研究者、开发者、相关行业的从业人员及爱好者等阅读。

◆ 著　　　　　方　进
　责任编辑　杨绣国
　责任印制　王　郁　焦志炜

◆ 人民邮电出版社出版发行　　北京市丰台区成寿寺路 11 号
　邮编　100164　电子邮件　315@ptpress.com.cn
　网址　https://www.ptpress.com.cn
　三河市君旺印务有限公司印刷

◆ 开本：800×1000　1/16
　印张：20.75　　　　　　　　2024 年 12 月第 1 版
　字数：479 千字　　　　　　 2024 年 12 月河北第 1 次印刷

定价：89.80 元

读者服务热线：(010)81055410　印装质量热线：(010)81055316
反盗版热线：(010)81055315
广告经营许可证：京东市监广登字 20170147 号

　　本书立足于科技前沿，详细阐述了数字人技术的发展历程，并对数字人未来的发展趋势进行了前瞻性探讨。它不仅提供了深入的技术解析，还蕴含了对未来社会变革的深刻思考，揭示了人工智能是如何塑造新时代格局的。通过深入研究，我们能够预见数字人技术将深刻改变人类的生活方式，带来前所未有的机遇。本书还特别强调了人工智能伦理的重要性，关注人类福祉和社会责任，为我国数字人技术的健康发展提供了宝贵的参考与借鉴。

—— 周中元　中国电科集团公司首席科学家
江苏省数字化（信息化）协会会长

　　非常高兴看到方进为数字人行业撰写了这样一本力作，它巧妙地引领我们循序渐进地探索数字人的奥秘。通过阅读本书，你不仅能学习到数字人相关的理论知识，还能跟随书中的指导亲手创建属于自己的数字人。作为智能客服、数字主播和个人虚拟形象等常见 AI 应用的基础，数字人技术正逐步展现其潜力。我真诚希望阅读此书的你能够投身这一领域，共同促进其进步与发展。

—— 廖虎　商汤科技数字人产品专家

　　数字人是一种融合了人工智能、虚拟现实等多种技术手段的人机交互形式。面对面交流是人类数千年来形成的主要交流方式。即便在科技如此先进的今天，我们仍然发现，仅凭语音或文字交流会导致信息的缺失。因此，数字人不仅仅是一个技术热点，它有望在未来成为主流的交流方式，并可能达到优化甚至模拟人类交流的高级形态。这本书的适时出版，无疑为读者提供了一个提前适应未来沟通方式变革的宝贵机会。

—— 郭泽斌　Fay 数字人开源框架发起人

　　本书深入剖析数字人技术，预测行业未来，并强调深入探索的重要性。作者结合个人经验展示了数字人产品从概念到成熟、从普通到卓越的演进过程，并揭示了数字人技术的潜力。本书不仅包含作者的实践经验，还提供了对数字人发展趋势的前瞻性见解，鼓励读者在即将到来的时代积极参与创新。对于想要深入理解数字人技术的读者，本书是不二之选。

—— 靳超　魔珐科技产品副总裁

对于数字人领域的研究者与实践者而言，本书是一本不可或缺的数字人构建指南。作者凭借其在数字人领域多年的研究与实践经验，以及对国内外预训练语言模型的深入洞察，为读者提供了融合系统理论、前沿趋势和实操技巧的全面解析。书中不仅详尽阐述了数字人的设计原则、技术实现路径和广泛的应用场景，还辅以丰富的案例分析及详尽的实践指导，旨在帮助读者快速掌握数字人的核心操作技巧，从而将其更有效地应用于实际工作之中。强烈推荐科技爱好者阅读本书。

—— 刘欣（StarRing） 安徽云洽智能科技 算法 CTO

RWKV 社区多模态算法研究员

数字人，在我心中始终是 AI 领域中最吸引人的概念，也是构建数字生命的基石。我一直梦想着能够从零开始，亲手构建一个属于自己的数字人，而不是依赖现成的产品方案。这样，我就能切实体验到那种属于"造物主"的极致浪漫。感谢方进，也感谢这本书，给了我将这份浪漫转化为现实的工具。这个数字人会是另一个"我"吗？它会拥有与我相似的性格吗？这是一次非常有趣的探索。勇敢前行，放手去做，只要心中有信仰，前方的道路必定光芒万丈。

—— 卡兹克 "数字生命卡兹克"主理人

本书成功搭建了理论与实践之间的桥梁，为技术开发者、AI 工程师、多媒体创作者及产品经理提供了深入认识并实现数字人技术的坚实路径。书中内容从基础理论出发，逐步深入到前沿应用，脉络清晰，无论是对编码实操的指导还是对行业趋势的洞察，都会让读者受益匪浅。这本书如同一把钥匙，为我们打开了数字化时代无限可能的大门。

—— 张佳欣 出门问问 Mobvoi 市场推广负责人

从小我就怀有一个梦想，希望能克隆出几个和我拥有相同智商、相同经历的人，他们可以与我谈心，和我一起学习、奋斗。通过与"另一个我"的互动，我能够不断成长，实现身心解放，并清晰见证自己的进步。感谢方进的书重新点燃了我儿时的梦想。或许，数字人最深远的意义就在于陪伴和共同成长。

—— 韩愉畅 同花顺智能投研产品总监

前言

为什么要写这本书

小时候对机器人和数字分身的向往就像一颗神秘的种子,悄然扎根在我心中,孕育出无尽的梦想。这份对科技的热爱犹如生命力顽强的野草,随着时间的流逝,在我心中茁壮成长,推动我在成长的道路上不断探寻计算机科学的奥秘。时光流转,如今,当我与孩子们一同在机器人编程的世界里遨游时,心中燃起的热情仿佛又将我带回童年。《哈利波特》里的赫敏使用时间转换器的情景,激发了我对能同时处理多项任务的数字分身的无限向往。在 AI 领域工作的我,时常幻想拥有一个数字人替身,在我忙碌时它能替我工作和学习,让我有更多的时间去追求那些尚未实现的梦想。

技术的飞速发展让我意识到,那些曾经只存在于想象中的场景,如今正逐渐变为现实。AIGC(人工智能生成内容)时代的到来,为虚拟数字人(简称数字人)的发展提供了前所未有的广阔天地。我深信,只要我们保持对知识的渴望,不断深入研究,那些看似遥不可及的梦想终将成为可能。正是这种对未来的憧憬和对技术的追求,促使我决定撰写本书。

我希望本书能够为那些对数字人技术充满好奇和热情的读者提供一个详尽的指南。从数字人的定义、发展历史到分类,从系统架构到算法实现,再到应用实践和未来展望,我致力于构建一套完整的知识体系,让读者能够从零开始,逐步掌握构建数字人的核心技能。我希望通过本书帮助读者更好地理解和应用这一前沿技术。

市场分析报告显示,数字人产业正迎来爆发式增长,预计到 2028 年,全球数字人产业规模将达到 5047.6 亿美元。这一巨大的市场潜力不仅为数字人技术的发展提供了广阔的空间,也为相关领域的专业人士带来了前所未有的机遇。作为国内少有的全面介绍数字人技术的图书,我相信本书将成为读者宝贵的参考资料,帮助他们在这一新赛道上抢占先机。

本书内容系统、前沿,兼顾实战性。我结合自己在数字人相关领域的多年研究和实践经验,以及对国内外预训练语言模型的深入分析来讲解相关内容。每个技术点都配有详细的代码实现,确保读者能够快速上手,将理论知识转化为实际操作能力。同时,本书也对数字人技术的未来发展趋势进行了探讨,为读者描绘一个充满希望的技术蓝图。

作为笔者,我深知自己在数字人领域的探索之路还很长。我希望通过本书与读者分享我的知识和经验,同时也期待与读者一起见证数字人技术如何改变我们的世界。让我们一起迎接这个充满无限可能的新时代。

读者对象

本书适合以下读者阅读。

▶ 数字人技术开发者。他们可通过本书了解数字人技术实现的方方面面，包括人脸建模、姿态映射、语音合成等的算法实现，以及云服务设计、多模态融合等系统的构建过程，也可借助书中代码案例进行二次开发。

▶ AI 算法工程师。他们可通过本书了解多种前沿 AI 算法（如 GAN、Transformer 和迁移学习等）在数字人场景下的运用，进一步提高自己的实战能力，为构建数字人贡献算法创新成果。

▶ 计算机视觉和多媒体处理开发者。他们可通过本书了解数字人最新视觉和语音技术，加深对人脸识别、情感分析和语音合成等技术的理解。

▶ 产品经理。他们可通过本书了解数字人技术的应用场景和实现方案，学习如何将技术能力转化为数字人产品，为企业数字人战略决策提供支持。

▶ 对数字人技术感兴趣的公众。他们可通过本书全方位了解数字人技术的发展现状、应用场景和技术原理等，形成系统性认知，明晰技术发展带来的机遇与挑战。

如何阅读本书

本书是为那些渴望深入了解和实践数字人技术的读者量身定制的指南。本书分为 3 部分：技术基础、应用实践和展望未来。

在技术基础部分，首先介绍了数字人的定义、发展历程、分类及应用场景（第 1 章）。然后深入探讨了数字人系统的架构设计（第 2 章），包括系统的模块构成、多模态信息融合流程及数据表示方式等。视觉算法（第 3 章）和语音合成（第 4 章）是数字人的核心技术，这两章深入解析了相关的技术原理，并给出了示例代码。语义理解（第 5 章）和知识表示（第 6 章）则是数字人理解世界和表达自我的关键，这两章探讨了这些技术如何使数字人更加智能和富有表现力。

应用实践部分带领读者深入探索数字人的创作流程，从内容策划、角色建模到交互设计，每一步都有详细讲解（第 7 章）。此外，在这一部分还讨论了数字人身份认知（第 8 章）和技术规范（第 9 章），这些都是数字人应用实践必须掌握的知识。

在展望未来部分，探讨了数字人技术的未来发展方向（第 10 章）。

为了让阅读效果最大化，建议读者根据自己的兴趣和需求选择合适的章节。如果你是数字人技术的初学者，可以从技术基础部分开始，逐步了解数字人的整体架构。如果你已经具备一定的基础知识，可以直接跳转到应用实践部分，通过案例学习来提升自己的技能。如果你对行业趋势感兴趣，展望未来部分将为你提供一些洞见。

勘误和支持

在撰写本书的过程中，我深知自己的知识和经验有限，加之时间紧迫，书中可能存在疏漏或不足之处。我恳请读者提出宝贵的批评和建议，助我不断改进。为了便于读者实践和学习，书中的所有源代码已在 GitHub（https://github.com/fjibj/from_0_to_1）上公开，我会持续更新和修正，确保内容的准确性和实用性。我满怀期待地将本书呈现给读者，不仅希望能够获得读者的认可，更希望能够与读者建立长久的友谊。如果读者有任何问题和建议，欢迎与我联系（电子邮件：fjibj@hotmail.com)，期待得到真挚的反馈。

致谢

衷心感谢所有在数字人领域做出突破性贡献的专家、学者，以及对开源数字人项目贡献力量的团队和个人，正是你们的卓越成就为我撰写本书提供了基础和信心。

感谢微信群"数字人技术＆应用交流"和"AIGC 精英分队"中每一位充满创意和活力的朋友——卡兹克、鲜虾包、Tiger 虎、JessyJang、Liszt、罗冬琴、april、居居 Jane、Arthur、Shane、ruochequ、Ohthreemao、展翅高飞 2023、anstonxfang、Lois、技创未来、Stephen hou、99 = Jojo 99Ai、高建强、Levis Li、daveliu、尤金、火凤凰、郭涛、Fay 数字人开源项目 - 郭泽斌、硅基智造 - 叶楠、Linus 刘伟、StarRing，以及这个仓促写就的名单之外的更多朋友。谢谢你们给予我的支持和帮助，和你们在一起，我感受到了对数字人和 AIGC 的无尽热爱，真的超级开心！

感谢人民邮电出版社的编辑杨绣国老师，感谢您的魄力和远见，在这半年多的时间中始终支持我的写作，您的鼓励和帮助引导我顺利完成全部书稿。

最后，我要向我的父亲、母亲、哥哥、弟弟、妻子、孩子及所有亲戚表达我最深的感激之情，你们一直以来的培养和鞭策，让我有了信心和力量，使我能够勇往直前！

谨以此书，献给我最亲爱的家人与朋友，你们是我奋斗路上坚强的后盾。

方进（fjibj）

中国南京，2024 年 8 月

资源与支持

资源获取

本书提供如下资源:

▶ 全书源代码

▶ 本书思维导图

▶ 异步社区 7 天 VIP 会员

要获得以上资源,可以扫描下方二维码,根据指引领取。

提交勘误信息

作者和编辑尽最大努力来确保书中内容的准确性,但难免会存在疏漏。欢迎您将发现的问题反馈给我们,帮助我们提升图书的质量。

当您发现错误时,请登录异步社区(https://www.epubit.com),按书名搜索,进入本书页面,点击"发表勘误",输入勘误信息,点击"提交勘误"按钮即可,如下图所示。本书的作者和编辑会对您提交的勘误进行审核,确认并接受后,您将获赠异步社区的 100 积分。积分可用于在异步社区兑换优惠券、样书或奖品。

与我们联系

我们的联系邮箱是 contact@epubit.com.cn。

如果您对本书有任何疑问或建议，请您发邮件给我们，并请在邮件标题中注明本书书名，以便我们更高效地做出反馈。

如果您有兴趣出版图书、录制教学视频，或者参与图书翻译、技术审校等工作，可以发邮件给我们。

如果您所在的学校、培训机构或企业想批量购买本书或异步社区出版的其他图书，也可以发邮件给我们。

如果您在网上发现有针对异步社区出品图书的各种形式的盗版行为，包括对图书全部或部分内容的非授权传播，请将怀疑有侵权行为的链接发邮件给我们。您的这一举动是对作者权益的保护，也是我们持续为您提供有价值的内容的动力之源。

关于异步社区和异步图书

"异步社区"是由人民邮电出版社创办的 IT 专业图书社区，于 2015 年 8 月上线运营，致力于优质内容的出版和分享，为读者提供高品质的学习内容，为作译者提供专业的出版服务，实现作者与读者在线交流互动，以及传统出版与数字出版的融合发展。

"异步图书"是异步社区策划出版的精品 IT 图书的品牌，依托于人民邮电出版社在计算机图书领域 30 余年的发展与积淀。异步图书面向 IT 行业及各行业使用 IT 技术的用户。

目录

技术基础

第1章　数字人概述 ·················· **3**

1.1　什么是数字人 ················· 3

1.1.1　数字人的定义 ··············· 4

1.1.2　数字人的特征 ··············· 4

1.2　数字人的发展历史 ············· 5

1.2.1　早期虚拟角色 ··············· 5

1.2.2　人工智能与数字人的融合 ····· 5

1.3　数字人的分类 ················· 5

1.3.1　根据外观分类 ··············· 6

1.3.2　根据用途分类 ··············· 6

1.3.3　根据智能级别分类 ··········· 7

1.4　数字人的应用场景 ············· 7

1.4.1　娱乐场景 ··················· 7

1.4.2　教育场景 ··················· 8

1.4.3　客服场景 ··················· 9

1.5　数字人技术的发展趋势 ········· 9

1.6　数字人的社会影响 ············· 10

1.7　本章小结 ····················· 11

第2章　数字人系统的架构 ········· **12**

2.1　系统的组成模块 ··············· 12

2.1.1　输入模块 ··················· 13

2.1.2　内容生成模块 ··············· 16

2.1.3　渲染模块 ··················· 19

2.1.4　交互模块 ··················· 22

2.2　多模态信息融合流程 ··········· 25

2.2.1　文本生成 ··················· 25

2.2.2　语音合成 ··················· 26

2.2.3　表情映射 ··················· 28

2.2.4　唇型同步 ··················· 29

2.3　数字人云服务架构 ············· 30

2.3.1　云平台选型 ················· 31

2.3.2　模型仓库 ··················· 32

2.3.3　多模态处理 ················· 33

2.3.4　在线服务 ··················· 34

2.4　数字人的数据表示 ············· 35

2.4.1　文本数据表示 ··············· 36

2.4.2　音频数据表示 ··············· 37

2.4.3　视频数据表示 ··············· 38

2.4.4　多模态数据表示 ············· 38

2.5　本章小结 ····················· 39

第3章　数字人视觉算法 ·········· **41**

3.1　3D 人脸建模 ················· 42

3.1.1　建模流程 ··················· 42

3.1.2　参数调整 ··················· 45

3.1.3　3D 人脸重建技术 ··········· 47

3.1.4　建模软件比较 ··············· 51

3.2　表情分析 ····················· 54

3.2.1　表情识别 ·············· 54

3.2.2　表情生成 ·············· 62

3.2.3　表情跟踪 ·············· 69

3.2.4　表情融合 ·············· 74

3.3　姿态估计 ·················· 81

3.3.1　2D 姿态估计 ·········· 81

3.3.2　3D 姿态估计 ·········· 87

3.3.3　手势估计 ·············· 92

3.3.4　手势生成 ·············· 96

3.4　唇形检测和口型匹配 ······ 99

3.4.1　2D 唇型检测 ·········· 99

3.4.2　2D 口型匹配 ·········· 105

3.4.3　3D 唇型检测 ·········· 109

3.4.4　3D 口型匹配 ·········· 115

3.4.5　唇型同步评价 ·········· 119

3.5　本章小结 ················ 125

第 4 章　数字人语音合成 ······ **126**

4.1　语音数字化原理 ·········· 127

4.1.1　音频采样 ·············· 127

4.1.2　语音编码 ·············· 130

4.2　基于拼接的语音合成 ······ 137

4.2.1　段音拼接 ·············· 137

4.2.2　语音跨段平滑 ·········· 141

4.3　基于深度学习的语音合成 ······ 144

4.3.1　LSTM 在语音合成中的应用 ···· 145

4.3.2　基于注意力机制的 Tacotron 模型 ···· 147

4.3.3　Tacotron2 与 WaveNet 集成 ···· 151

4.3.4　基于 Transformer 的语音合成 ···· 154

4.3.5　基于非自回归结构的实时语音

合成 ·············· 155

4.4　语音风格迁移 ············ 158

4.4.1　声纹提取 ·············· 159

4.4.2　风格转换 ·············· 159

4.5　个性化语音合成 ·········· 162

4.6　语音风格增强 ············ 164

4.7　多语种语音合成 ·········· 165

4.7.1　多语言模型训练 ········ 165

4.7.2　语言嵌入 ·············· 166

4.7.3　语言自适应模型 ········ 167

4.7.4　语音后处理 ············ 168

4.8　本章小结 ················ 169

第 5 章　数字人语义理解 ······ **171**

5.1　语义解析 ················ 172

5.1.1　词法分析 ·············· 172

5.1.2　句法分析 ·············· 175

5.1.3　语义分析 ·············· 179

5.2　情感分析 ················ 183

5.2.1　情感识别 ·············· 184

5.2.2　情感分类 ·············· 188

5.3　语义编码器－解码器 ······ 191

5.3.1　编码器架构 ············ 191

5.3.2　解码器架构 ············ 195

5.3.3　注意力机制 ············ 197

5.3.4　应用场景 ·············· 200

5.4　本章小结 ················ 203

第 6 章　数字人知识表示 ······ **204**

6.1　知识表示基础 ············ 205

6.1.1　符号主义知识表示 ······ 205

6.1.2　连接主义知识表示 ······ 210

6.1.3 图数据库知识表示 ·············· 214

6.2 预训练语言模型 ·············· 218

6.2.1 模型架构 ·············· 219

6.2.2 能力提升 ·············· 226

6.2.3 功能拓展 ·············· 229

6.3 数字人知识的应用 ·············· 235

6.3.1 自然语言理解 ·············· 236

6.3.2 对话系统 ·············· 239

6.3.3 数字人人格化 ·············· 243

6.4 本章小结 ·············· 246

应用实践

第 7 章 数字人创作流程 ·············· 249

7.1 创作流程概览 ·············· 249

7.1.1 数字人创作的 7 个阶段 ·············· 250

7.1.2 创作流程的优化策略 ·············· 251

7.1.3 创作准备工作 ·············· 251

7.2 数字人形象设计 ·············· 252

7.2.1 外观设计 ·············· 253

7.2.2 面部建模 ·············· 254

7.2.3 动作设计 ·············· 256

7.3 语音内容生成 ·············· 257

7.3.1 语音素材收集与处理 ·············· 258

7.3.2 实现语音合成 ·············· 259

7.3.3 个性化语音风格设计 ·············· 260

7.3.4 数字人语音生成实例 ·············· 261

7.4 表情及动作生成 ·············· 261

7.4.1 实现动作捕捉 ·············· 262

7.4.2 实现表情映射 ·············· 263

7.4.3 实现动作生成 ·············· 264

7.4.4 数字人表情及动作生成实例 ·············· 265

7.5 语音及视频合成 ·············· 266

7.5.1 语音驱动的唇型动画 ·············· 266

7.5.2 体积感渲染 ·············· 267

7.5.3 数字人语音及视频合成实例 ·············· 268

7.6 内容编辑和后期制作 ·············· 268

7.6.1 视频编辑 ·············· 269

7.6.2 后期特效制作 ·············· 270

7.6.3 渲染与输出 ·············· 270

7.6.4 数字人后期编辑与渲染实例 ·············· 271

7.7 交互设计与内容运营 ·············· 272

7.7.1 交互设计 ·············· 273

7.7.2 内容运营策略 ·············· 275

7.7.3 数字人交互设计与内容运营
实例 ·············· 278

7.8 本章小结 ·············· 279

第 8 章 数字人身份认知 ·············· 280

8.1 数字人的身份定位 ·············· 280

8.1.1 个体或工具 ·············· 280

8.1.2 数字人的角色定位 ·············· 281

8.2 数字人的权利保障 ·············· 283

8.2.1 知识产权 ·············· 283

8.2.2 隐私权 ·············· 285

8.3 数字人的成长与没落 ·············· 286

8.3.1 持续学习 ·············· 287

8.3.2 版本迭代 ·············· 288

8.4 数字人的伦理问题 ·············· 290

8.4.1 摒弃偏见和歧视 ·············· 290

8.4.2 透明可解释性 ·············· 292

8.4.3　尊重多样性 ················· 293

8.5　本章小结 ····················· 295

第 9 章　数字人技术规范 ··········296

9.1　数字人信息安全规范 ········· 296

9.1.1　数据隔离规范 ··········· 297

9.1.2　访问控制规范 ··········· 298

9.2　数字人内容审核规范 ········· 300

9.2.1　内容审核方式 ··········· 300

9.2.2　违规处理机制 ··········· 302

9.3　数字人应用管理规范 ········· 303

9.3.1　应用接入管理 ··········· 303

9.3.2　应用监测与审计 ········· 305

9.4　本章小结 ····················· 308

展望未来

第 10 章　人机共生 ················· 311

10.1　人机共生的美好时代 ········· 311

10.1.1　人机共生的定义与理念 ········· 312

10.1.2　人机共生时代的社会生态 ········· 312

10.2　数字人与人类的深度互动 ········· 313

10.2.1　互动模式的多样性 ········· 313

10.2.2　数字人与人类文化的交融 ········· 314

10.3　社区共建 ·················· 315

10.3.1　数字人与人类社区的融合 ········· 315

10.3.2　共同学习的平台与机制 ········· 316

10.3.3　社区共建与数字人技术的创新 ····· 316

10.4　本章小结 ·················· 317

技术基础

第1章

数字人概述

数字人正在深刻影响和改变各行各业，为人类社会创造新的应用场景和价值。数字人集成了视觉呈现、语音交互、自然语言理解、知识表达、自动推理等多项人工智能技术，从外形到内涵都实现了对人类的高度模拟。

数字人的发展始于 20 世纪 80 年代，当时只能进行简单的信息查询和回复。进入 21 世纪后，随着计算机图形学、3D 建模、语音合成等技术的进步，数字人的形象变得更加逼真，交互方式也更加多样化，从最初的文本查询发展到可视化显示、语音交互、自然语言理解和知识问答等。近年来，随着计算机视觉、语音识别、深度学习等技术的进步，数字人在智能水平上有了很大的提升，能够进行更加复杂的环境感知、多轮智能对话和知识表达。此外，数字人的应用场景也日益广泛，如可以将其用于虚拟偶像、虚拟客服和智能导览等。数字人正为人类生活和各行各业带来深刻的变革。

尽管数字人技术目前仍面临模拟真人的挑战，但随着算法和计算能力的进一步发展，数字人必将在未来提供与人类无异的交互体验，甚至在某些领域超越人类，为人类进步提供新的动力。数字人不仅拓宽了人机交互的边界，也影响和改变着人类工作和生活的方式。

为了让读者更好地理解后续内容，本章首先介绍数字人的概念、发展历史和分类方法。然后详细讨论数字人的主要应用场景、发展趋势，以及它们对社会的影响。最后会对全章内容进行概括和总结。

1.1 什么是数字人

数字人高度模仿人类的智能、语音和外观等特征，以便与人类进行自然交流和沟通。尽管数字人已在特定场景中展现出与人类进行高效交互的能力，但实现与人类进行自然、流畅的交流和沟通，仍是我们持续追求的目标。数字人集成了多项核心技术，正在深刻影响和改变人机交互方式，并为人类生活带来新体验。

目前，数字人技术还面临进一步提高交互广度和深度的挑战，距离真正的人工智能数字人还有很长的路要走。但是，随着技术的不断成熟，未来数字人的智能程度将越来越高，它们的思维和行为模式将更接近人类，甚至在某些方面超越人类，从而更好地服务人类社会。数字人将成为人机交互的全新载体，对人类生活产生重大影响。

1.1.1　数字人的定义

数字人是通过计算机技术创建的拟真人物形象和交互系统。它可模拟人类视觉、语音、语言等方面的特征，具有逼真的人类外形，能够合成语音、理解自然语言，可以实现人机智能交流。

数字人通常是计算机生成的 3D 虚拟角色，需要计算机图形学、3D 建模等技术的支持。数字人还需要配备语音合成、语音识别等语音技术，以及自然语言处理、知识表达、自动推理等人工智能算法模块，这样它才能构成一个技术复杂的完整系统。这些模块彼此分工、协作，共同支持数字人的视觉呈现、语音交互、知识表达和思维能力。

数字人起源于 20 世纪 80 年代，经历了从初级到高级的技术发展阶段。进入 21 世纪后，3D 技术、深度学习技术等推动数字人向高保真和智能化方向迈进，数字人在经济和社会各个领域得到了广泛应用，不仅推动了计算机技术的创新，而且重塑了传统模式。虽然当前的技术水平还存在一定的局限性，但随着算法的不断进步，数字人将逐渐接近真实人类。

1.1.2　数字人的特征

数字人的最大特征是高度拟人化和具有互动性。这些特征主要体现在以下方面。

1）数字人具有逼真的人类外形和声音，通过 3D 建模、人脸识别和语音合成等技术实现了近乎真实的外观、肢体动作和语音表达效果。高保真是构建具有高度人类代入感的数字人物的基础。

2）数字人可以与人类进行自主的交互。通过集成自然语言理解和知识表达技术，它们能够主动感知用户需求，利用知识库进行回应，从而实现较为流畅的人机交流。

3）数字人具有学习和进化的能力。通过深度学习等技术，数字人可以与时俱进，不断汲取新知识、优化决策，这使其交互更加智能化。

4）数字人具有一定的分析和决策能力。通过使用知识图谱、自动推理等技术，数字人可以对问题进行分析并做出决策。

这些特征也都是数字人区别于传统虚拟形象的独特优势。

1.2　数字人的发展历史

数字人技术起源于 20 世纪 50 年代，最初以简单的文字或语音交互系统形式出现。随后，随着图像和动画技术的融入，数字人技术进入了一个崭新的阶段。到了 21 世纪，数字人与 3D 技术及人工智能技术进一步融合，这一发展过程充分体现了其背后支持技术的持续进步。

当前，数字人技术正处于高速发展期，正从单一智能向通用智能加速演进。未来，随着支持算法和算力的持续进步，数字人将具备更强大的知识处理能力，实现更为复杂的交互，变得越来越智能化。随着 5G 等新基础设施的建设，数字人未来可在云端学习与进化，并提供更广泛的在线服务。数字人技术必将推动传统产业的改造，也将对人类社会带来深刻影响。

1.2.1　早期虚拟角色

20 世纪 50 年代，早期的数字人系统仅提供基本的文本或语音查询功能。20 世纪 60 年代，数字人开始向公众展示其能力，但与人类的互动仍然十分有限。20 世纪 80 年代，数字图像技术的进步使数字人能够做到面部表情和唇型的同步，并具有初步的视觉形象。20 世纪 90 年代，计算机动画和渲染技术的发展使数字人向多媒体方向发展，但它们的外形仍然比较简单。

进入 21 世纪后，数字人开始朝多功能、专业化方向转化，如将数字人用作虚拟偶像、数字导游等。此外，由于 3D 计算机图形学技术的广泛应用，数字人开始朝 3D 高保真方向发展，包括基于图像的面部和身体的数字化复制。2007 年，初音未来的出现标志着数字人进入 2.0 时代，在这个阶段，数字人开始具有初步的人机交互能力。

1.2.2　人工智能与数字人的融合

最近几年，人工智能技术在数字人领域的应用取得了重大进展。例如，基于深度学习的视觉和语音识别算法大大增强了数字人的环境理解和语言交互能力。此外，知识图谱、自然语言理解和自动推理等技术已应用于数字人系统，使数字人能够更有效地表达知识并进行自主思考。

1.3　数字人的分类

数字人是一种由多种技术构建而成的系统，其分类方式多样。下面将按外观、用途和智能级别来对其进行分类。每一类数字人都有着独特的技术特性及应用价值。掌握数字人的分类有助于更好地规划需求或制定数字人解决方案。

全面理解数字人的分类是应用数字人技术的首要步骤。这些分类为我们提供了设计、评估和选择数字人方案时的参考依据。不同类别的数字人具有不同的应用优势，未来数字人也会向更多元、更专业的方向发展。

1.3.1 根据外观分类

从视觉呈现效果的角度，可以将数字人分为 2D 和 3D 两种形式。

1. 2D 数字人

纯 2D 数字人的典型应用包括早期的网络虚拟偶像，以及应用程序和小程序中的简单 2D 虚拟角色等。2D 数字人采用 2D 平面图像的形式展示，包括手绘或计算机生成的 2D 卡通形象。它们的优势是创作简单、灵活，需要的存储空间小且计算量不大，渲染的计算量也较小。然而，由于其视觉效果和交互能力相对有限，纯 2D 数字人的应用场景逐渐减少。

2. 3D 数字人

3D 数字人广泛用于虚拟主播、数字艺人等场景，这些数字角色可通过构建 3D 人体模型来呈现。3D 人体模型可以通过 3D 建模或 3D 扫描来构建。虽然 3D 数字人的视觉效果更丰富，但制作过程更复杂，且计算量更大。相比 2D 数字人，3D 数字人具有更强的代入感和交互性，更适合对外观真实性要求较高的应用场景。

还可以根据逼真程度将 3D 数字人分为精准 3D 数字人和非精准 3D 数字人。前者更逼真，适合对真实感要求高的应用场景。我们相信，随着 3D 数字人技术的发展，在未来可能会出现更高精度的数字人。

1.3.2 根据用途分类

从应用场景的角度，可以将数字人分为两类：娱乐休闲型数字人和商业工作型数字人。每个类别都有其独特的技术特性和应用场景。

1. 娱乐休闲型数字人

娱乐休闲型数字人主要面向大众娱乐、游戏等非专业化领域，其特征是外观与形象设计活泼且多样化，角色设置上尤其强调创新和趣味性。典型的例子包括虚拟偶像和网络游戏角色。这类数字人对交互实时性要求较高，需要具有逼真的视觉效果，能够完成流畅的动作，还需要具备一定的人格魅力，以吸引目标用户群。总体来说，这些数字人以提供乐趣和正向情感为中心，这决定了其设计的自由度较高。

2. 商业工作型数字人

娱乐休闲型数字人适用于专业领域，如教育、客服、金融等。它们需要具备专业知识，以完成实际工作任务。它们的形象设计相对简单、规范，因为其核心优势在于交互能力，而不是外观。它们需要具备强大的对话理解、知识表达和推理能力，以有效地处理专业问题。它们还需要具备持续学习的能力，以不断提高专业水平。总体而言，商业工作型数字人以实用性为中心，这决定了它们的设计必须围绕专业需求展开。

随着数字人技术的发展，不同类型的数字人之间的界限将越来越模糊，数字人的应用范围也将越来越广泛。

1.3.3 根据智能级别分类

从智能级别的角度，数字人可以分为交互型数字人和自主思考型数字人。

1. 交互型数字人

交互型数字人简单、易用、技术门槛低。它们不能理解复杂语义或自主思考，只能根据预设模式进行语音或动作响应，实现一定程度的人机交互。交互型数字人仅具备基本的听觉和视觉交互能力。

2. 自主思考型数字人

自主思考型数字人集成了自然语言理解、知识表达、自动推理等更强大的人工智能技术，可以进行复杂的语义分析，利用知识库进行自主回应，并做出独立的判断。自主思考型数字人的交互方式更加开放和智能，用户可以与其进行更多样、更深入的交流。自主思考型数字人需要持续的学习才能满足更自然、更深入的交流需求。

目前，大多数字人仍然属于交互型范畴，与理想的自主思考型数字人标准仍有较大差距。随着技术的发展，未来数字人将从有限交流往自主、自然交流方向发展。这将大大拓宽数字人的应用场景，能够真正帮助和服务人类。

1.4 数字人的应用场景

数字人技术已经在娱乐、教育、客服等多个领域得到广泛应用，不同领域对数字人的需求各不相同，数字人通过扮演各种角色来为人类带来不同的体验。总体而言，数字人正在深刻地影响和改变人类生活，其应用场景也在持续拓展。目前，数字人的发展重点在于深入挖掘针对特定场景的数字人解决方案。

1.4.1 娱乐场景

娱乐领域是数字人技术当前的主要应用领域之一。娱乐场景可以分为游戏和虚拟社交等多个类别。不同的娱乐场景对数字人的视觉效果和交互方式有不同的需求。

1. 游戏中的数字人

数字人在游戏角色设计领域被广泛应用。相比传统手工制作，数字人技术可以快速设计和优化游戏角色，大大降低制作成本。此外，许多沉浸式游戏利用数字人来创建逼真的三维场景和角色，极大地增强了游戏的可玩性和趣味性。随着元宇宙的发展，数字人正逐步成为连接虚拟世界和现实世界的桥梁。

2. 虚拟社交平台中的数字人

在虚拟社交平台中，数字人主要以虚拟偶像、网络红人等形式存在。这些数字人凭借其独特的虚拟形象在平台上进行在线歌舞表演、与观众互动等活动，吸引了大量"粉丝"，用户可以在虚拟社交平台上与他们的虚拟偶像进行交流。与真人相比，虚拟偶像更易进行个性化设计，并且可以提供7×24小时的不间断陪伴。因此，虚拟偶像已经成为新兴的网络文化现象，相关的"粉丝"经济也正在高速发展。未来，该领域还有很大的发展潜力，相应的虚拟社交和经济平台正在高速发展。

总之，娱乐领域是数字人最广泛的商业应用领域。娱乐领域对视觉效果和互动体验提出了很高的要求，这促使数字人技术快速迭代。未来，随着硬件条件的优化，我们有理由相信，数字人能够提供更加真实和引人入胜的体验，进一步丰富娱乐内容的形式。

1.4.2 教育场景

数字人技术的一个重要应用领域是教育。教育辅助数字人和虚拟教师正在改变传统的教学模式，它们能够提供个性化且持续的教学服务，以更生动和更形象的方式传递教学内容。

1. 教育辅助数字人

教育辅助数字人在教育场景中扮演助教或导游的角色。例如，数字导游可以在科技馆或展览馆中使用，它们的讲解比传统的音频讲解更富有趣味性和互动性，可以为学生提供更好的学习体验。数字教师助手还可以协助教师进行日常的教学辅助工作，例如引导学生提问、检查作业，这可以部分减轻教师的工作量。

2. 虚拟教师

相比教育辅助数字人，独立的虚拟教师能够完全承担教学任务，它们可以利用数字人进行直观的知识讲解和案例分析，比书本更加生动、形象，有助于提高学生的学习兴趣。虚拟教师还可以进行个性化教学，针对不同需求进行定制化的知识传授，未来有望与人类教师协同合作教学。

尽管数字人在教育领域的应用还需要进一步改进，尤其是在扩展知识库和增强交互能力方面，但可以预见，未来数字教师必将广泛应用于教育领域，推动教育模式的变革，并帮助学生实现轻松、个性化的学习。

1.4.3 客服场景

数字人目前的主要商业应用场景之一是客服。数字人可以部分取代人工客服，提供 7×24 小时的服务。

1. 虚拟客服

虚拟客服数字人扮演传统人工客服的角色，可以解答用户提出的各种问题，提供专业的服务。它们运用自然语言理解技术、知识库查询等手段来解析用户需求并给出回复。相比人工客服，虚拟客服数字人可以提供统一和持续的服务，不受疲劳影响，并且可以随时学习。

2. 在线服务助手

在线服务助手这类数字人可以为用户提供定制化的在线服务。它们可以监控用户行为，主动询问是否需要帮助，并提供定制建议。同时，它们还能了解用户的兴趣、爱好，进行个性化的交流。在未来，这些数字人将成为用户的"私人助理"。

总之，数字人客服可以提供更优质、成本更低的客户服务，它会逐渐替代人工客服，成为企业数字化转型的重要组成部分，也将推动服务业变革、升级。然而，我们也需要注意数字人客服可能带来的隐私和安全问题。

1.5 数字人技术的发展趋势

目前，数字人技术正在蓬勃发展，支持数字人技术的核心算法、芯片、计算能力等都在快速发展。在当前技术发展阶段，数字人技术主要表现出以下发展趋势。

1）向多样化、专业化和个性化的方向发展。从早期的统一形象到现在多样的角色设定，再到未来可以通过参数个性化地生成各类数字人，数字人的外观和角色将更加丰富。其应用场景也从简单的尝试扩展到覆盖娱乐、商业等领域。数字人将逐步承担起专业化工作和任务。同时，用户将能够通过定制得到个性化的数字人助手。

2）得益于自然语言理解、知识表达和自动推理等算法的进步，数字人的互动将变得更加自然和智能。通过深度学习的持续优化，数字人将能够进行更复杂的语义解析，利用大规模知识库进行回应，并自主做出合理推断。未来，数字人的思维和交互模式将更贴近人类，实现从有限的交流到自主、自然的交流。

3）数字人将能够实现多模式混合交互方式。这包括图像、语音和文字等多种输入形式，以及语音、表情和动作等多种输出方式。未来，数字人还可以通过手势或语音等方式直接控制物理设备。多模式混合使交互更自然。

4）数字人将实现群组协同。单个数字人的能力虽然有限，但未来通过数字人团队的协作，可以实现知识共享、经验分享和角色互补，从而完成复杂的任务，实现"1+1>2"的效果。这将大大提高数字人的服务能力。

5）数字人的学习能力将不断增强，减少对人工赋能的依赖。数字人将能自主地从数据中学习，不断增长知识，优化交互，提高服务质量。未来，数字人将能够在云端学习，获得比单机学习更强大的能力。

6）数字人将深度融入元宇宙等新场景，创建全新的社交、娱乐和商业应用程序，并提供更深层次的虚拟世界体验。这也将对数字人的视觉呈现和交互设计提出更高的要求。

总之，数字人技术在多个方面都存在巨大的提升潜力。核心算法和算力的发展将推动数字人在互动、学习和协作方面达到新的高度，促使数字人技术与传统行业深度融合，对社会、经济、文化产生深远影响。同时，在数字人技术的发展过程中，也需要考虑其潜在风险，以确保其发展可控。

1.6 数字人的社会影响

数字人的快速发展与广泛应用正深刻地影响着人类社会。它们不仅极大地拓宽了人机交互的边界，还开创了众多新颖的应用场景与体验，这些创新在工作、生活、娱乐等多个领域引发了广泛而深远的社会变革。

1）数字人技术显著地拓宽了人类与信息技术之间的交互渠道，为人们带来了全新的信息获取与社交方式。通过模拟人类的外形、语音、神态等视觉与语言特征，数字人实现了更为高级的人机交互体验，使用户能够像与真人交流一样，通过语音或文字与数字人进行顺畅沟通。这种交互方式不仅满足了人们的娱乐需求，还使得教育、医疗等服务领域变得更加亲切和高效，提升了人们的生活品质。

2）数字人技术的兴起正重塑传统服务业与创意产业的格局。在教育、医疗、金融等多个行业中，数字人能够承担重复性工作任务，提供全天候不间断的服务，有效降低了企业的运营成本。在制造业领域，数字人更是能够参与到某些生产环节中，助力提升产能与效率。此外，数字人的发展还催生了大量与外观、角色、声音等相关的创意内容需求，进一步激发了创意产业的活力。同时，为数字人提供服务的云平台也孕育出了全新的商业模式，为行业发展注入了新的动力。

3）数字人在解决人力资源限制方面展现出巨大潜力，并为社会创造了更为丰富的价值。在教育领域，数字教师可以根据每个学生的个性化需求提供定制化的学习体验；在医疗领域，数字医生则能够持续监测患者的健康状况，提供及时有效的医疗服务。这些专业化的数字人能够不受物理限制地获取和学习海量知识，从而为社会带来更加高效、精准的服务。

当然，数字人技术也带来一些问题。

1）就业形态的变化。数字人可能会替代人类的部分工作，对就业市场产生影响。因此，需要进一步观察数字人对整个就业市场的影响。

2）隐私和安全问题。数字人会收集用户数据，如果管理不当，则会泄露数据。这需要建立健全的数据管理体系和安全保障机制。

3）道德与伦理问题。数字人必须遵守道德标准和伦理规范，以避免产生负面影响。

4）法律监管问题。数字人可能会挑战传统法律，需要引入新的法律约束机制。

数字人的独特魅力必将持续影响和改变人类社会，这既带来了前所未有的发展机会，也带来了管理上的挑战。为了让数字人健康发展，我们必须积极适应并引领这些由它们给社会带来的变革，只有这样，数字人和人类社会才能和谐共生并共同进步。

1.7 本章小结

通过阅读本章的内容，我们对数字人及其背景知识有了一定的了解。数字人是通过计算机技术创建的虚拟人物和交互系统，它们正在不断发展并对我们的生活产生重大影响。

1）我们看到数字人是集成了多项核心技术的综合系统，它们基于逼真的视觉形象和语音交互、自然语言处理与理解、知识表达、自动推理等来提供高度拟人化的交互体验。数字人的发展历程是其背后的技术（如 3D 技术和深度学习等）不断突破与融合的见证。

2）我们发现数字人可以按外观、用途、智能级别等进行分类。每个类别都有不同的应用场景，例如它们主要用于娱乐、商业和医疗领域，充当虚拟偶像、数字导游和智能客服。这些应用场景都要求数字人具备智能。

3）数字人技术对社会产生了巨大的影响，不仅改变了人机交互的边界，还催生了新的经济模式和文化形态。当然，数字人也在模拟人类智能方面面临着巨大挑战。

虽然数字人技术正在迅速发展，但要实现强人工智能还有很长的路要走。我们必须正确认识和理性看待数字人的蓬勃发展，通过持续学习和理解来把握其发展方向，并引导数字人为人类创造更美好的未来。在后续章节中，我们将详细介绍数字人的语音、视觉和交互能力。

第 2 章
数字人系统的架构

数字人系统的架构决定了数字人的核心能力及未来的发展潜力。我们需要科学合理地对它的各个模块（包括输入、处理和交互等）进行系统设计，以实现对多模态信息的有效融合。随着算法和计算能力的提升，数字人系统的架构在不断优化，从最初的简单语音交互系统发展到复杂的云服务系统，预计未来将基于多种 AI 芯片实现本地化处理。

数字人系统由输入模块、内容生成模块、渲染模块和交互模块组成。这些模块共同支撑数字人的核心交互能力。

数字人系统的架构变化反映了互联网和云计算技术的进步，以及数字人应用场景的演变。早期的数字人系统采用本地部署，所有处理都在终端上完成。随着移动互联网的兴起，数字人系统转向网络部署，通过服务器提供部分功能。当前，数字人系统大多构建为云服务架构，通过云平台提供强大的存储和计算能力。未来，数字人系统可能会回归本地化智能处理，以保护用户隐私。

本章介绍数字人系统的组成模块、多模态信息融合流程、不同的架构形式及其特征，以及数字人数据的表示方法。通过系统地学习本章内容，读者将获得对未来数字人系统的设计、优化和改进的重要指导。

2.1 系统的组成模块

数字人系统必须对多个模块进行集成，以便对各类数据进行处理，并实现其核心能力（包括感知输入、理解分析、内容生成及表达输出等）。在这些模块中，输入模块负责接收各种模态的信息，内容生成模块负责生成相应的内容，渲染模块负责控制数字人形象的视觉和语音呈现效果，交互模块负责与用户进行互动。

在数字人系统中，每个模块都承担着特定的任务。但是，要实现数字人的核心能力，关键在于各模块之间的有效协作。这种协作机制是数字人系统实现其高效、精准运行的关键所在。各模块间的有效协同作业能够确保数字人在处理和分析数据时具有更高的效率和准确性。

2.1.1　输入模块

输入模块是数字人系统的第一部分，它负责获取数字人需要的各种外部信息，并为后续模块（如内容生成和交互模块）提供原始输入数据。输入模块直接决定数字人可以获得哪些外部信息，其设计质量直接影响整个数字人系统的感知能力。因此，合理配置数字人的输入渠道、选择高性能的采集设备和确保输入数据的质量是构建数字人系统的基础。

数字人的输入模块需要处理各种数据类型，如图像、语音、位置和周边环境等。因此，输入模块必须具有通用的接口和处理流程，以支持各种数据类型的采集。同时，针对不同类型的输入，需要采用不同的采集优化方法。

在设计数字人输入模块时，需要考虑采集性能、接口规范和数据规范等因素。只有高质量、标准化地输入数据，才能为数字人系统后续的处理打下良好的基础。此外，随着应用场景的扩展，数字人输入模块可能需要进一步升级和扩展，以支持更多新的数据类型。

1. 语音输入

语音输入是数字人系统至关重要的输入类型之一，其质量直接影响数字人语音交互和理解的效果。数字人系统需要通过专业音频采集卡、高灵敏度麦克风或预存语音文件等来获取清晰、低噪声的语音输入数据。这些输入数据将为数字人语音交互和理解模块提供可靠的原始语料。

在数字化语音的过程中，需要确定恰当的采样率和量化位深。采样率决定了可以录制的语音频率范围，我们通常使用 16kHz 的采样率，这个采样率可以覆盖所有的语音频率成分。数字化语音的保真度由量化位深决定，16 位的位深基本可以满足语音识别和交互的需要。

此外，应该选择高质量的音频采集设备，例如高灵敏度、低噪声的麦克风和专业音频接口卡。同时，应尽量避免环境噪声对语音质量的影响。只有在硬件设备和采集参数同时达到要求时，才能获得清晰的数字语音输入，显著提高语音信噪比（SNR）。高质量的数字语音源是数字人语音交互的基础。

（1）麦克风采集

获取用户语音最直接的方法是，首先使用音频采集卡或模数转换设备获取麦克风信号，然后对语音数据进行数字化编码，常用的数字编码方式有 PCM、ADPCM 等。采样率则如前面所说为 16kHz。语音识别需要 8 位或 16 位的量化位深。

数字人系统需要高质量的语音输入，因为它直接影响语音识别和理解的准确性。因此，选择合适的硬件设备，如低噪声、高灵敏度的麦克风，专业的音频采集卡或外部 ADC 设备至关重要。

在选择硬件设备时，还需要考虑采样参数和环境噪声对语音质量的影响。通过优化这些设置，可以获得清晰、低噪声的语音输入，从而确保数字人的语音交互质量。

麦克风的频响特性会对录入的语音质量产生重要影响。为了确保获得高质量的语音频率成分，应选择具有高灵敏度和平滑频响特性的专业级麦克风。此外，采用标准的数字语音采样格式也是至关重要的。在录制过程中，麦克风的位置也是需要注意的关键因素，以避免出现口齿不清的情况。为了实现高质量的数字化语音输入，必须全面优化硬件设备及其采集参数。

（2）以录音文件作为输入源

数字人系统可以加载预先录制好的语音文件作为输入源。这一功能可以用于测试系统模块或提供更高质量的语音数据。为了确保录音文件被有效识别和处理，必须确保该录音文件满足特定的编码参数要求，包括采样率为 16kHz、量化位深为 16 位及单声道 PCM 格式。这种设计降低了对设备的依赖性，提高了系统的灵活性和可扩展性。

以录音文件作为输入源可以直接读取语音文件数据，也可以使用语音编码解码库（如 Librosa），加载语音文件以生成数据数组。相比麦克风，录音文件可提供更稳定、可控的语音源，避免环境噪声干扰。

结合麦克风采集和录音文件两种方法，可以灵活获得数字人系统所需的高质量语音输入。录音文件作为麦克风采集的补充，为数字人语音处理提供了更丰富的资源。相较麦克风实时录入的语音，从文件中加载预存的数字语音能够提供更可控且连贯的语音输入。这对于测试语音处理模块的准确性和稳定性非常有帮助。但录音文件存在需要提前准备语音数据及无法实时交互等限制，因此将两种方式结合使用对于构建数字人系统是一个更理想的选择。

注　意

Librosa 是一个强大的 Python 库，用于音频和音乐分析。它提供了构建音乐信息检索系统所需的基本组件。该库可以用于加载音频文件、提取音乐特征、绘制声音图形等任务。它在音乐产业、声音分析及音频处理方面具有广泛的应用。

2．视觉输入

视觉输入是数字人系统非常重要的感知源，它与语音输入一起构成了数字人获取外部信息的主要途径。高质量的图像采集对于提升数字人的视觉交互和环境理解能力至关重要。数字人系统需要使用计算机视觉接口，通过摄像头获取图像流或直接加载图像文件来获取数字图像数据，进而为视觉分析算法提供输入。

为了优化数字人系统的图像采集效率与效果，必须选择合适的分辨率和数据格式。较高的分辨率虽然可以获取更多细节，但也需要更多的存储和处理开销。常见的分辨率如 720P 和 1080P 等可以满足大多数应用场景。图像数据格式有 RGB、YUV 和 JPEG 等，根据需要选择对存储和处理都友好的格式即可。

名词解释——RGB、YUV 和 JPEG

RGB 代表红、绿、蓝，是一种使用红、绿、蓝（三原色）来表示颜色的方式。

YUV 是另一种颜色编码方式，它将颜色分为亮度（Y）和色度（U 和 V）两部分。这种编码方式常用于视频压缩和处理。

JPEG（JPG）是一种常见的图像压缩格式，它通过压缩算法来缩小文件，但图像质量有一定的损失。JPEG 图像通常使用 RGB 颜色空间表示，但也可以从 YUV 颜色空间转换到 JPEG 格式。

（1）摄像头获取

摄像头作为数字人获取图像的主要设备，其性能直接影响图像质量。因此，选择具有高分辨率、高帧率和低噪声的专业摄像头非常重要。高分辨率如 4K 能够捕捉更为细致的图像信息，高帧率如 60FPS（f/s，帧/秒）可以提供流畅的视觉体验。同时，适当调整曝光参数，也有助于提高图像质量。优化摄像头的配置和图像采集参数，获得高质量的数字人视觉输入，是实现数字人强大的视觉交互的基础。

（2）以图像文件作为输入数据

数字人系统还可以直接将图像文件作为视觉输入数据。常见的图像文件格式包括 JPG、PNG和 GIF 等，这些格式提供更易于控制的视觉输入方式。数字人系统还可以使用图像解析工具来加载、解码图像文件，并将图像中的像素值转换为张量（tensor）形式，以便作为视觉分析模块的输入数据。

图像文件主要用于测试数字人视觉模块或提供高质量的静态图像。它减少了对摄像头设备的依赖，但无法提供实时的动态视觉输入数据。数字人系统应该同时支持两种图像来源，以适应各种情况。将摄像头获取与图像文件加载相结合，数字人系统可以更全面、灵活地获取视觉信息。

图像文件的加载是除摄像头图像采集外的另一种图像输入方法，为视觉模块提供可控的输入源。此外，大量高质量的图片还可以用来训练计算机视觉模型。与摄像头实时采集相比，图像文件具有更好的可控性。将两种视觉输入形式结合使用，可以提高数字人系统的健壮性，实现更灵活的视觉输入。

名词解释——张量

在深度学习领域，张量实际上是一个多维数组，用于创造更高维度的矩阵和向量，是深度学习中的基本数据结构之一。TensorFlow 等深度学习框架中的 Tensor 即指张量，用于表示和处理多维数据，包括矩阵和向量。

2.1.2　内容生成模块

内容生成模块是数字人系统的核心组成部分。它通过对输入信息进行分析，生成数字人语言、表情、动作和回应内容等。内容生成模块使用多种人工智能算法来实现数字人的核心功能，如语音合成、图像生成、语义理解等。该模块利用输入模块获取的多源数据（包括视觉和音频）来进行综合分析，然后输出图像、控制指令、语音和内部知识表示等数字人进行交互所需的信息。数字人的智能水平和交互能力直接取决于内容生成模块的设计。

内容生成模块涉及的主要技术包括语音合成、图像生成、自然语言理解、知识表示和多模态融合。例如，语音合成可以将文本信息转化为语音；图像生成可以根据用户需求生成面部表情；自然语言理解可以分析用户意图。内容生成模块可以通过结合多种人工智能技术来赋予数字人强大的理解、决策和内容生成能力。这些能力的有机结合，使得数字人具有像人类一样的智能交互行为。

内容生成模块是数字人思维的中枢所在，其设计需要各种技术的紧密结合，以最大限度地发挥智能系统的整体优势。内容生成模块的目标是将输入信息转化为数字人的语音、表情、行为等输出。只有对内容生成模块进行科学的设计，数字人才能真正拥有与人类相似的思考、理解和创作能力，实现智能交互。

本节将详细介绍内容生成模块中使用的技术，以及这些技术在模块中扮演的角色。内容生成模块的设计直接关系到数字人的核心交互能力，其技术水平决定了数字人智能水平的高低。因此，了解内容生成模块的工作机制至关重要。

1. 语音合成

语音合成是实现数字人语音输出的关键技术。高质量的语音合成通过收集和标注专业语音样本、语音参数建模、波形重构等过程实现。深度神经网络被用来实现端到端的文本到语音的转换。

（1）文本转语音

语音合成的首要任务是将输入的文字信息转换为语音波形。这涉及文本分析、发音计划、参数预测和波形重构等步骤。传统方法依赖专业知识设计语音合成流程。现阶段主流的深度学习方法使用序列到序列模型实现端到端的文本到语音的转换。这种方法不仅简化了过程，也提高了合成语音的自然度。

实现高质量的语音合成，需要使用大量高保真录音语料来训练模型，且需要设计合理的神经网络结构，如基于注意力机制的编码器 – 解码器，以学习文本和语音之间的对齐关系。值得注意的是，合成语音的特征表示方式也会影响最终的语音质量。通过不断优化模型结构和损失函数，可以进一步提高合成语音的自然度和连贯度。

将文本转换成语音是一个非常复杂的过程，需要对文本和语音知识进行全面的理解。首先，神经网络需要理解语音的结构，语音是一种连续的序列信号，包含复杂的时频结构和音素组织模式等信息。同时，文本是一种离散的符号序列，由词汇和句法结构组成，这些结构在转换为语音时需要被保留。只有充分理解这些复杂的映射关系，才能实现自然、流畅的语音合成。尽管当前深度学习模型取得了一些进步，但仍然需要持续优化以实现高质量的语音合成。

（2）情感语音合成

在情感语音合成领域，为了能够传递不同情感状态的语音，需要构建能够表示语音情感状态的条件模型。这些模型可帮助高级语音合成系统学习如何生成具有特定语调和语气的语音，以表达不同的情感。在训练过程中，除了输入文本特征，还需要提供额外的信息，例如情感类型（如快乐、悲伤、愤怒等）和语调强度（如强烈、中等、轻微等），这些信息以标签或向量的形式存在，它们指导模型学习如何在不同的情感状态下生成相应的语音输出。通过这种方式，语音合成系统能够更准确地模拟人类在交流中的情感表达方式。

为了实现高质量的情感语音合成，准确模仿人类在不同情感状态下的语音变化，我们需要建立能够学习语音情感特征的模型。该模型应涵盖各种语调和情感状态，并采用合理的条件模型结构。高质量的情感语音合成对于提升数字人的语音交互效果具有重要意义。

语音合成的目标不仅在于流利和自然，还包括传递丰富的情感色彩。要实现这一目标，我们面临着巨大的挑战。首先，我们需要构建一个包含多种语调和语气的大规模语音样本库，其中的样本不仅要各具特色，还要保持一定的一致性，以便模型能够学习到不同情感状态下的语音特征。此外，模型需要具备同时处理语音内容结构和情感表达结构的能力，确保这两者能够自然地融合在一起。为了使数字人能够表达丰富多样的语音情感，我们需要不断地优化数据集、特征表示及模型结构。

2. 图像生成

图像生成技术可以根据需求自动生成面部表情、身体动作等视觉信息，以实现数字人形象的视觉呈现。图像生成技术在视觉层面提供了高度的定制化和真实感，而语音合成则在听觉层面确保了交流的自然性和流畅性。两者共同作用，使得数字人能够在多模态交互中提供更加完整和真实的用户体验。

（1）表情生成

表情生成是图像生成的重要组成部分，用于根据数字人的状态创建对应的面部表情效果。为实现这一目的，需要构建一个模型，将数字人面部状态参数映射到面部网格动画中。其中涉及的关键技术包括面部特征检测、面部表情映射和渲染。

具体来说，表情生成首先需要识别面部的重要部分，如眉毛、眼睛、鼻子和嘴等；然后需要输入各种表情条件，模型可以学习这些部位的移动，从而模拟面部表情的变化；最后进行渲染，生成表情图片或视频。表情生成的关键是了解面部几何结构，从而创建参数与面部变形的精确映射模型。

高质量的面部表情生成是数字人视觉呈现的重要一环。高质量的面部表情生成可以使数字人外形更丰富、生动，交互更吸引人，但这是一项非常具有挑战性的任务。与人脸识别不同，这里需要进行精细的几何变形，同时要保证面部各部位的变形协调、逼真，这对模型拟合能力提出了很高的要求。此外，面部表情生成需要在参数映射与渲染效果上继续优化。只有具备精细控制面部表情变化的能力，才能真正使数字人的面部变得生动起来。

（2）动作生成

除了面部表情，数字人的逼真呈现还需要合成身体的各种动作和姿态。为了实现这一目标，需要构建一个人体运动学模型，并根据各种行为条件来预测身体关键部位的坐标序列，从而让模型生成相应的姿态和动作效果。在这个过程中，精确控制身体各部位是一个巨大的挑战。

例如，对于走路和跳跃等动作，需要预测在不同行为下身体各关键部位的运动轨迹，并驱动数字人模型生成相应的动作。这个过程非常复杂，涉及精确的人体运动学建模、行为识别和多点运动预测。最难的是协调、控制数百个身体部位，使其运动轨迹符合真实物理规律，同时满足特定的行为模式。这需要模型具备出色的动力学拟合能力。

此外，在生成过程中，遮挡处理和光照效果也至关重要，因为它们会影响合成动作的逼真度。可见，要实现数字人逼真、细致的全身动作，需要积累运动学和物理学等多个领域的知识。只有通过对人体精细动作建模，数字人的动作才能真正接近真实。

3. 语义理解

语义理解技术对于实现数字人智能交互具有重要意义。通过分析图像、文本和语音输入，数字人可以更好地理解用户意图和周遭环境，进而实现更为自然和流畅的交互体验。这项技术可以视为数字人"大脑"的重要组成部分。

（1）意图分析

意图分析是自然语言理解的基础任务，旨在分析用户语音或文本表达的含义，并识别用户的意图。意图分析的主要方法是，通过词向量表示句子的语义，并进行意图分类或分析，以确定用户想要执行的动作或要达成的目标。

数字人了解用户需求的第一步是用户意图分析。将自然语言映射到用户意图上是一个非常复杂的过程，需要对语言进行深层语义建模。这个过程需要结合语言学知识和机器学习技术。简单的词向量难以准确理解语句意图，因此需要引入成熟的预训练语言模型（如 BERT、GPT 等）进行语义解析和意图判断。然而，大模型对语义的理解有限。因此，未来的研究方向应聚焦于多粒度语义建模技术的优化，以期数字人能够更好地理解语义，从而实现智能意图分析。

注　意

GPT 和 BERT 都是基于 Transformer 架构的自然语言处理模型。GPT 在生成长文本序列时表现出色，拥有高准确性。BERT 更专注于理解给定文本中的上下文。一般认为，GPT 在嵌入质量方面胜过 BERT，尤其是在嵌入大小方面。

（2）内容提取

数字人在进行意图分析的同时，还需要从输入语句中提取执行任务所需的关键信息，如特定的实体名称、时间和地点等。这可以通过自然语言处理技术（如命名实体识别和关系提取）来实现。

内容提取与意图分析相结合，可以帮助数字人理解交互语境并做出反应。例如，它可以从"明天下午3点与张三在会议室开会"中提取"时间、地点、对象"等内容要素，从而帮助它准确理解语音或文本输入的信息。

内容提取作为意图分析的重要补充，关注于从语句中提取关键元素并理解环境信息。这个过程通常使用基于规则的方法和机器学习来实现。然而，对于一些复杂的环境，仅提取语句层面的内容是不够的，此时需要引入外部知识并进行推理，从而完善环境信息。只有当数字人能够像人类一样理解环境信息并提取关键内容时，才能实现真正的智能对话。

2.1.3 渲染模块

渲染模块负责对内容生成模块输出的数字人语音、图像和动作数据进行渲染，来实现最终呈现的视听效果。渲染模块中的语音渲染、图像渲染和动作渲染是构成数字人逼真视听体验的核心要素。语音渲染处理生成的数字语音，实现高保真音质；图像渲染使数字人外形更清晰；动作渲染使数字人动画更流畅。因此，渲染模块的设计质量对数字人最终呈现的效果至关重要。

作为数字人不可或缺的后期处理环节，渲染模块直接决定了数字人最终呈现效果的逼真度。渲染处理环节的各个组件（语音渲染、图像渲染和动作渲染）需要不断地进行优化和调整，以确保最佳的数字人视听呈现质量。

1. 语音渲染

语音渲染是对生成的数字语音进行后期处理，以实现更加逼真、更有质感的语音输出效果。语音渲染主要由音色渲染和空间渲染两部分组成。音色渲染关注如何调整语音的音质和音调，赋予数字人独特的声音特征。空间渲染则通过模拟声音在三维空间中的传播特性，增强语音的立体感和沉浸感。两者可共同作用于数字人的语音输出。

（1）音色效果

在进行语音渲染时，可以根据数字人角色来调整语音的音调和音质，还可以设置音色参数，比如使男性数字人的声音更低沉，使女性数字人的声音更柔和。这些音色调整可以通过数字信号处理方法来实现，在不改变语音内容的情况下，让数字人拥有独特的语音风格，这非常重要。

高质量的音色渲染可以使数字人语音独一无二。这与标准的合成语音有所不同，需要进行语音频谱结构分析和转换，同时要确保语音的可懂性不受影响。

为了实现高质量的数字人语音音色渲染，需要从多个方面进行调节和优化。首先，需要根据数字人的角色特点来设计合适的音色效果参数，例如提升音调来增加女声的明亮感，或降低音调让男声更加低沉。其次，需要选择合适的数字信号处理方法（如谐波增强、滤波等频域处理技术）来实现这些音色效果参数的转换。最后，在确保语音清晰可懂的前提下，根据音色渲染的需求适度处理，防止过度处理导致音质变差。只有通过多方面的协调，方可实现可控且高质量的数字人语音音色渲染效果。这对于增强数字人语音的个性化、情感化特征具有极其重要的意义。

（2）空间效果

数字语音还可以增强立体空间的音频效果，如混响、移相等，使声音更具沉浸感且更逼真。根据数字人所在虚拟空间的场景参数，我们可以对空间音频进行实时渲染，以模拟房间混响等音效。这种空间音频渲染方式可以将数字人语音与虚拟环境结合起来，从而大大增强数字人语音交互的体验。

高质量的空间音频渲染可以增强数字人语音的场景匹配度和真实性。环境感知的语音处理可以将数字人语音和与环境相关的声学特性结合起来，例如模拟房间内音波的反射或衰减过程。还可以通过移相技术控制声音的方位，从而实现虚拟环境中的立体声效果。

实现高质量的空间音频渲染需要从多个方面进行处理与优化。首先，需要根据数字人所处的三维虚拟空间的场景参数选择合适的空间音频效果，如房间混响或远场衰减。其次，需要选用专业的音频处理算法对语音信号进行卷积、过滤等处理，以合成所需的空间音频效果。鉴于空间音频是动态变化的，因此需要对语音进行实时空间化处理，使声音空间效果与数字人位置同步变化。最后，还需注意设置合理的效果参数，防止过度处理影响语音质量。只有充分考虑这些因素，才能实现数字人语音的高质量空间渲染，为用户带来"沉浸式"的语音交互体验。

2. 图像渲染

图像渲染对增强数字人图像的视觉逼真度至关重要，因为它可以使数字人图像呈现更细致、真实的光照效果和材质效果。具体来说，图像渲染主要通过光照效果和材质效果来增强数字人图像的细节真实感。光照效果负责数字人外形与周围光照环境的协调统一，材质效果增强了数字人皮肤、服饰等材质的真实感。当两者一起工作时，可以极大地提高数字人图像的质量和逼真度。

（1）光照效果

图像渲染是增强数字人逼真度的关键。它涉及创建虚拟 3D 场景，添加光源并进行光线追踪，以模拟数字人 3D 模型表面精细的阴影效果。高质量的光照渲染可以提升数字人图像的真实感和融入度。

通过物理模拟全局光照，包括环境光和散射光，并结合数字人的自发光材质，可以合成最终的视觉效果。光线追踪算法可以计算光源从模型表面到摄像机的精确传输效果。复杂的光照渲染可以增加数字人外形细节的层次感，提高画面质感。良好的光照渲染可以使数字人在不同环境中的影子和高光变化非常自然，这对于增强数字人的场景匹配度至关重要。

为了实现高质量的数字人图像光照渲染，首先需要设计和优化 3D 虚拟场景，包括各种光源，如环境光和点光源。其次，需要设计数字人高保真的材质，考虑皮肤和服饰的光照特性。然后，使用光线追踪等算法进行准确的光学传输计算，以确定光照与材质交互的视觉效果。此外，还需调整光照参数，改善图像的明暗对比和画面质感。通过协调各个步骤，可以实现数字人图像逼真的光照渲染效果，进而大大提高视觉质量。

（2）材质效果

高质量的材质渲染可以增强数字人外形的真实感，提升其视觉质量。通过调整材质参数并进行物理渲染，可以实现不同皮肤、布料的视觉效果。

在渲染材质的过程中，需要设置数字人的皮肤、衣物等对象的物理特性，例如粗糙度和反射率，这些特性会影响材质与光线的相互作用效果。此外，还需要进行纹理映射，以模拟真实材质的细微结构。这样的处理将使数字人皮肤、衣物的质感更加真实。

为了实现高质量的数字人图像材质渲染，需要从多个方面进行综合设计和处理。首先需要收集真实材质的图像样本，并使用数字处理技术来提取其物理特性，包括反射率、折射率、粗糙度等。然后在 3D 软件中根据这些物理特性来创建和调整数字材质，确保其数值与实际物理参数相匹配。同时进行纹理贴图处理，将处理后的材质图片应用到数字人模型上。在此基础上，使用先进的渲染算法对光照与材质进行统一渲染，以输出逼真的图像效果。只有全面考虑材质的物理特性、细微结构和渲染算法，才能使数字人的材质呈现极其逼真的视觉效果，从而大大增强数字人图像的真实感。

3. 动作渲染

动作渲染主要指通过后期处理使数字人的动画更加流畅、自然，达到高逼真的效果，这对于提高数字人的视觉质量至关重要。具体来说，动作渲染主要包含两方面：一是增强身体运动的物理真实性，二是提高面部表情动画的流畅度。当两者一起工作时，可以大大提高数字人动画的质量和效果。高水准的动作渲染是数字人视觉呈现的重要组成部分。

（1）身体动态

可以使用物理模拟引擎将质量、惯性等参数添加到生成的数字人动画中，并进行物理特效处理。添加适当的物理效果可以使各部位的运动更符合现实世界的物理规律，显得更加真实、自然。此外，逼真的物理动画还可以增强数字人形象的真实感。

为了使数字人的身体运动更接近真实的物理效果，需要使用动力学模拟技术。这种技术基于数字人身体动作的质点特性和刚体动力学的仿真计算。通过精细的物理动画，数字人的各种姿势和动作可以更加自然，更加贴合真实的物理规律。

要实现数字人身体动画的高质量物理渲染，需要从多个方面进行设计与优化。首先需要构建精确的数字人动力学模型，并为每个部位设置物理属性参数。然后在此基础上，使用高精度的物理模拟算法，计算人体运动时的力学效应，并针对不同的场景设定合理的物理效果参数，以避免出现非现实的夸张情况。最后，处理物理模拟可能带来的各种异常，使动画更加稳定、流畅。只有通过动力学建模、模拟算法精确调校以及参数调优等多方面的配合，才能使数字人的身体运动展现出真实的物理效果，从而大大提高动画的真实性。

（2）面部动画

面部动画的渲染质量对于数字人的交互体验至关重要，因为它是传达情感和非言语信息的关键。

为了实现表情的自然、流畅和生动性，动画师通常会手动精细调整关键帧，或者利用高级的面部动画模型来进行表情的平滑和融合处理。这些技术的应用不仅能够提升数字人的表现力，还能增强用户的视觉交互体验。因此，在面部动画的后期制作中，合理地处理和优化是提升数字人整体表现力的关键步骤。

面部表情作为数字人情绪交互的主要部分，其渲染质量直接影响交互效果。为使面部动画更流畅、自然，可以引入精细的面部运动模型，该模型采用了平滑处理技术，以更准确地模拟面部肌肉的变化规律。同时，还需要关注眼睛的注视运动，以实现数字人生动的眼神交互效果。只有多方面合作，优化面部表情渲染质量，才能使数字人的面部表情变得丰富、生动。

实现真人级别逼真的数字人面部动画渲染也需要全面的技术设计。首先，需要创建高保真的数字人面部模型，包含精确的面部肌肉和皮肤。其次，需要构建一个细致的面部运动学模型，描述面部每个部位的运动曲线和相关性。在此基础上，可以引入平滑的面部运动模型，通过关键帧优化表情动画的时间过渡过程。同时需要结合深度学习算法来自动学习面部动画参数空间，以生成流畅的面部动画。最后还需要增加精细的面部渲染效果，如皮肤变形等。数字人面部表情的动画只有在面部高保真建模、动画生成和精细渲染各阶段的密切合作下才能达到极高的逼真效果和质量水准。

2.1.4　交互模块

交互模块是数字人系统的重要组成部分，其设计质量直接影响用户体验。选择合适的交互模式并实现数字人系统的智能、自然对话交互是设计数字人的核心环节。

通过使用语音、文本和手势等多种交互方式，交互模块能够让数字人以自然的方式与用户互动。选择合适的交互模式，实现流畅、智能的人机交互，是数字人系统设计的关键。各种交互技术相互融合，可以让数字人的交互能力不断提升，从而满足人类交互的高标准。

本节将详细介绍交互模块的重要组成部分——语音交互、文本交互和手势交互。

1. 语音交互

数字人主要的交互方式是语音交互。通过使用自然语言理解、对话管理和语音识别技术，数字人可以实现与人类相似的自然语音对话。这种交互方式使数字人能以口头的形式与人交流。这是实现数字人高度智能交互功能的关键所在。

（1）语音识别

语音识别是实现数字人语音交互的基础，它涵盖了 4 个关键步骤：语音数字化编码、语音检测、语音分割及语音识别网络。具体过程为先将模拟语音信号编码为数字序列，然后检测语音片段，分割语音，再使用训练好的深度神经网络进行语音识别，最后输出文字。

语音识别的准确度直接影响交互体验的质量。目前，数字人系统的语音识别技术主要基于深度学习的神经网络，这些网络包含卷积层和循环层等结构，可以基于语音信号的时间－频率特征进行建模。随着模型结构的不断优化，加上大规模的数据训练，数字人系统语音识别的准确度也越来越高。只有当数字人具备在复杂环境中精准识别语音和背景噪声的能力时，数字人才能像人类一样进行高质量的对话。

目前，语音识别相关模型可以学习语音数据的高维特征，并实现语音到文本的映射。随着语音数据训练规模的不断扩大以及模型结构的持续优化，数字人系统语音识别的准确度正在逐步提升。然而，要想让语音识别效果达到人类水平，仍面临诸多挑战，特别是在有背景噪声干扰或语音不清晰的环境中，实现高识别精度依然是一大难题。因此，需要在处理噪声语音和捕捉语音细微特征的相关算法上取得新的突破。只有这样，数字人系统的语音识别准确度才有望真正达到人类水平。

（2）对话管理

对话管理负责调控数字人与用户的对话流程，它通过收集用户输入并根据对话环境来选择合适的回复，确保对话连贯、合理、主题明确。利用语音识别结果和当前的对话环境，对话管理能制定出下一轮对话策略，为数字人提供富有吸引力且具有高度交互性的用户体验。

为了实现数字人智能和自然的语音对话交互功能，除了语音识别，还需要智能的对话管理机制，用于处理多轮对话的状态、意图分析和回复选择等。如果要使未来的数字人能够像人类一样智能、流畅地进行语音交互，则需要不断改进对话管理机制，以提高其理解语义和策略学习的能力。只有拥有高级的智能对话管理能力，数字人语音交互才能达到极其逼真的水平。

在实现数字人的智能语音交互功能时，对话管理的设计直接影响数字人系统的语音交互效果。目前流行的对话管理方法包括基于人工定义规则的对话管理和基于深度学习的对话管理。前者可以创建清晰的对话流程和模板，但缺乏智能性。后者可以自动地从大量对话数据中学习对话策略，实现更好的智能交互效果，但这类方法依赖海量数据，且学习过程不确定。要真正实现更接近人类的数字人对话管理，还需要在语义理解、知识表达和长期记忆等方面取得新的突破。

2. 文本交互

数字人要以文本形式与他人互动，就需要得到自然语言理解和生成技术的支持。文本交互是数字人另一种重要的交互方式。

（1）自然语言理解

自然语言理解算法在语义表示、背景知识、跨句推理等方面取得新的突破是数字人实现智能文本交互的基础。自然语言理解的典型方法包括基于分类的意图识别和基于语法解析的意图分析。前者将语句映射到预定义的意图集合中，后者通过分析语句的语法关系来推断用户意图，从而准确把握用户表达的核心内容。只有准确理解了用户输入文本的意图，数字人才能进行高质量的文本交互。

自然语言理解的目标是分析用户输入的文本，确定其中蕴含的语义信息和意图，从而为数字人做决策提供依据。基于分类的方法则通过人工标注大量语义分类样本来训练模型学习映射关系，识别常见的用户意图，但这一过程往往需要大量的语言学知识。要实现真正的深入理解，需要将上述两种方法有机结合。这些技术上的突破将极大地提高算法的语义分析和学习能力，推动数字人的文本理解能力迈向真正的智能高度。

（2）自然语言生成

自然语言生成技术负责将数字人的内部信息转换为流畅且逻辑通顺的外部语言表达形式。这一过程需要根据数字人内部所理解的意图和内容生成语法正确、逻辑清晰的文本回复，从而使数字人能够以文本的形式与用户进行交互。自然语言生成的主要手段包括基于模板生成和基于语法生成，这些方法都需要对语言规律有深刻的理解。自然语言生成算法的持续改进使数字人能够以文本形式与用户进行交互，但未来还需在深层语义建模和将深层语义转化为自然语言表达方面不断进行探索，只有这样，数字人的文本交互才会更加具备理解性和可读性。

自然语言生成是实现数字人自然语言文本输出的关键技术之一。这项技术包括基于规则模板的方法和基于神经网络的方法。前者可以生成遵循语法规范的句子，但自然度较低；后者可以捕捉语言的隐含模式，生成更加自然、流畅的句子，但存在一定的不可控性。为了实现真正通顺可读、语法高度正确的文本输出，还需要在深层语义建模和转换技术上取得进一步突破。只有数字人对语言规律有了更深层次的理解，才能与人类进行更深层、更自然的语言交流。

3. 手势交互

手势交互就是让数字人使用图像分析来理解用户手势，从而实现基于动作的非语音交互功能。手势交互为数字人提供了更多的交互方式。

（1）姿态分析

姿态分析是实现手势交互的基础，它利用计算机视觉技术，从图像中识别出用户手部的关键点，并进一步通过算法分析手的具体形态。手势交互对数字人的视觉分析能力提出了更高的要求。实现各种复杂手势的精准识别、手部关键点的精确定位，都是亟待解决的技术难题。只有在手势识别精准度上实现新的突破，数字人的手势交互才会更加准确、智能。

数字人系统准确识别手势的流程如下。首先对用户手势图像进行分析，利用计算机视觉技术识别手部关键点和形态，然后使用高精度的手部定位和检测算法分析手指关节的位置和曲直情况。但目前的手势识别技术仅可以理解一些简单的手势，识别复杂手势时的准确度较低，这将直接影响数字人的手势交互效果。想要准确识别各种复杂的手势，计算机视觉算法必须优化。

（2）动作控制

使用分析出的手势信息可以驱动数字人模型进行对应的响应动作，如问好或向前等动作。手势交互使数字人交互更加自然、丰富。但是，根据不完整的手势信息做出逼真、丰富的响应动作是一项技术挑战，这需要数字人对人类动作模式具有深刻的理解，同时具备根据不完整的信息生成智能动作的能力，这对模型的动态建模和生成能力均有很高的要求。展望未来，为了实现数字人高质量、多样化的手势交互，我们仍需在技术上取得更大的突破。

进行手势交互后，需要控制数字人模型进行相应的响应动作，如点头、挥手等。也就是需要在不完整的手势信息的基础上生成逼真的人类动作。目前的数字人动作生成仍然比较机械，无法对人类动作模式进行深入理解，且无法进行动态的空间推理。未来，需要在手势建模和控制方面进一步突破，以使数字人的手势交互和响应更加自然、智能和准确。

2.2　多模态信息融合流程

　　多模态信息融合是数字人系统的核心，它通过对各种模态信息（如文本、语音、图像）的深度融合，赋予数字人强大的理解、决策和创作能力。它旨在解决如何将异构数据结合，从而实现数字人对环境、内容和用户意图的综合认知。为了实现深度融合，需要建立统一的知识表示系统和跨模态的推理模型。只有实现了这种深度融合，数字人系统才能像人类一样理解情境并做出合理的反应。

　　在提升数字人系统的整体智能水平方面，多模态信息融合主要包含以下3个步骤：首先，从各模态中提取特征并编码，以获得文本、语音和图像的向量表示形式。其次，进行跨模态的统一映射，以获得语义一致的多模态知识表示。最后，基于这一统一的知识表示进行状态建模、语境分析和决策生成。

　　本节将以语音、文本和图像为例，重点介绍数字人系统多模态信息融合的常见流程和方法。其中会涉及表示提取、映射集成和知识表达等关键步骤。对多源异构信息的深度融合直接决定了数字人对环境的理解和语义表达能力，是实现数字人真正智能的基础。因此，多模态融合流程的设计对数字人系统来说至关重要。

2.2.1　文本生成

　　高质量的文本生成需要综合利用语义解析与语境建模技术，使数字人生成的文本既规范又智能，具有上下文语境感知能力，这是实现数字人高水准自然语言交互的基础。文本生成通过解析数字人系统内部的语义表示来生成包含语境信息的文本，是多模态信息融合过程中的重要组成部分。

1. 语义解析

　　语义解析涉及构建词法和句法规则，以将数字人的内部符号表示转换为自然语言文本。

　　（1）词法分析

　　词法分析可描述数字人中的概念和关系，并将其映射到自然语言的词汇中。使用词法分析时，需要构建数字人系统的词汇表，以显示概念与词汇之间的关系。在词汇转换过程中，需要考虑上下文语境信息，词汇之间的选择需要按照词义相近原则进行，且应正确标注各种词性，如名词和动词。只有使用适当的词法才能使句子通顺、易懂。

　　由于数字人的内部表示与人类语言非常不同，因此很难将其映射到自然语言词汇，需要建立数字人的知识词汇体系，并建立内部符号到词汇的映射关系。此外，需要标注词性，以做进一步的句法处理。为了让转换过程顺利进行，数字人必须对词汇层次结构和词汇上下文约束有足够的理解。

　　（2）句法分析

　　句法分析必须对语法规律深入理解。这涉及将选定的词汇按句法关系组织，确定句子的结构，并选择适当的词性、时态、数等。

句法分析是在词法选择的基础上进行的，旨在组织语句的语法结构和关系，确定主谓宾关系，处理词汇时态和数的一致性（在中文中，时态通常通过时间和上下文表达，而数的一致性变化不大），选择合适的词序，以生成通顺的句子。同时，必须对句法规则有充分的理解，并充分考虑上下文语义来处理句法问题，这样才能正确表达和理解意思。

2. 上下文

为了使文本生成更加智能，必须考虑上下文信息。

（1）词向量表示句子语义

词向量技术可以用于表示句子的语义，计算不同表述方式的语义相似度，并选择与当前讨论内容最适合的句子。

在文本生成过程中，如果仅依赖数字人内部的表示，那么可能会导致输出的语句在语义上存在不一致问题。为解决此问题，我们可以运用词向量技术来对不同的表述进行表征，并计算语句在语义空间中的距离。这样，我们就可以选择与当前对话上下文最为接近的回复方式。不过，这种方法需要使用大规模的语料数据来进行训练，这样才能准确构建语义空间。只有全面考虑上下文的语义信息，文本表达才更为智能。

（2）结合上下文调整文本语义

针对对话上下文建模，并利用对话上下文信息调整响应文本的生成，可以使文本回复更加连贯、通顺，并符合对话的持续性。

除了使用词向量判别语句的语义，还可以直接利用前文的对话内容来指导回复的生成。这需要建立对话历史的记忆机制，在生成回复时参考前文的关键词、句式、语调等信息，确保语句符合上下文语义。这样的处理让数字人能够感知和利用上下文信息，使对话更加连贯、自然。然而，要实现这一点，还需要解决长对话段的记忆和检索问题。

2.2.2　语音合成

在多模态融合过程中，语音合成是将数字人内部文本信息转化为语音的关键技术。其中涉及发音计划、参数生成和波形重构等步骤。

1. 发音计划

在实现语音合成之前，发音计划需要完成两个操作：文本规范化和韵律规划。首先，需要对文本进行规范化处理，以消除各种非标准表达所带来的不确定性，并确保语音合成结果的准确性。其次，韵律规划可设置语调模式模板，帮助模型学习生成自然的语音节奏感。发音计划的质量直接影响最终语音的自然度。

（1）文本规范化

文本规范化是将文本输入标准化的方法，如扩展缩写、规范化数字、日期等。文本在自然语言中存在多种非标准表达形式，直接合成可能会导致错误发音，文本规范化可以为后续发音计划提供合理的输入，从而消除语音合成的不确定性，确保后续发音计划的准确性。

这需要制定一系列标准，包括数字、日期缩写等，比如缩写词扩展，如"etc."可以扩展为"etcetera"；数字转换，如"12.34"可以转换为"十二点三四"；日期标准化，如"02-14-2024"可以转换为"二〇二四年二月十四日"。此外，还要处理拼写错误、口语化表达等问题。构建规则库可以扩展各种非标准表达的规范。

（2）韵律规划

韵律规划可将规范化文本分为不同的语调词组，并为每个词组设置韵律模式，如音高曲线、音长比例等。通过为发音计划设置韵律模式，可以使语音合成更自然、流畅，因为不同的语调词组可以使用不同的韵律模板，并在合成时生成自然的语音节奏。通过合理地运用韵律规划，我们能够运用逻辑语调等语音知识来确定适当的语调词组边界和韵律模式参数。这在文字文本中很难实现。

韵律规划具体方法如下：首先，将文本按照语法和语义分为多个韵律词组，每个词组是一个语调单元。然后，为每个韵律词组设定一个语调模式参数，例如，广东话中的词组音高曲线可以为上升或下降。最后，在合成时使用每个韵律词组的韵律参数，并处理词组之间的平滑连接，以产生连贯的语调效果。

2. 参数生成

参数生成模块可根据发音计划生成详细描述语音的参数，这是语音合成的第二步。参数生成模块会将文本转换为发音符号序列，并预测发音符号对应的音调、时长等语音参数。发音符号决定语音内容，而参数的准确性和细腻性直接影响语音合成的质量和自然度。

（1）获得发音符号序列

将经过规范化和韵律规划处理后的文本转换为发音符号序列，然后将发音符号序列作为语音合成的输入。发音符号代表音素、音节等语音结构单元，一个发音符号由一个或多个字符组成，用于表示语音内容。在中文中，发音符号包括声母和韵母等，而在英语中，发音符号则包括音素、音节等。发音符号序列决定了语音合成的最终形式和内容。获得发音符号序列是参数生成的第一步。

（2）生成语音参数

生成准确、丰富的参数对语音合成效果至关重要。这一过程依赖在发音符号序列的基础上预测每个符号所对应的语音参数。这些参数主要包括基频、时长和音色。基频代表音调，时长控制语音节奏，而音色决定发音方式。参数的准确性直接影响语音的逼真度，参数的精细性直接影响语音质量。此外，生成参数时，需要用到强大的神经网络模型，这些模型可学习将文本内容映射到丰富的语音参数输出上。

3. 波形重构

波形重构模块使用数字信号处理或神经网络这两种方法，基于生成的语音参数重新合成语音波形。这一步直接关系到最终语音的效果，因为高质量的语音波形可使合成的语音更真实、可靠。

（1）神经网络模型

我们可使用端到端的神经网络模型来预测语音波形采样点，实现语音重构。这种方法可以获得更加自然、流畅的语音输出效果，因为基于深度学习的神经网络模型可以直接学习参数到波形的转换，无须手动设计参数与波形的映射关系。例如，WaveNet 是一种高质量的神经网络模型，可以使用这种模型实现语音合成。

注　意

WaveNet 是一种深度生成模型，用于生成模仿人类语音的原始音频波形。它通过预测哪些声音可能跟随在每个声音之后，来创建语音模式的波形。

（2）数字信号处理方法

传统语音合成方法使用音源激励和数字滤波来实现基于语音参数的波形重构。这种方法更加可解释，但需要人工设计语音生成模型，还需要用到语音学知识，该方法通常与神经网络模型一起使用。

2.2.3　表情映射

表情映射是将内部表情控制参数映射到面部网格动画的过程。这个过程包括表情解析和动画控制两个主要步骤，每个步骤都需要精心设计，以实现逼真、自然的面部表情变化。

数字人面部表情变化的逼真度直接影响其在视觉交互中的表现水准。专业级的数字人面部表情映射需要表情解析和动画控制模块的深度协作，且在表情识别、关键点定位、运动学模型构建等方面都需要达到高标准。只有这样，生成的数字人面部表情变化才会栩栩如生，没有任何违和感。

1. 表情解析

表情解析的目的是通过检查输入的表情控制参数来确定需要制作的表情类别及面部关键点信息，这将为后续的表情动画控制提供基础。

（1）识别输入的表情类别

表情解析模块首先需要根据输入的表情控制参数来确定想要生成的是哪种表情类别，如开心、惊讶、愤怒等。由于同一类表情在不同的强度参数下会展现出不同程度的变化，因此表情解析还需要确定生成的表情所属的类别和强度级别。这是精细表情映射的基础和前提。

（2）提取面部关键点信息

在确定目标表情类别后，表情解析的下一步是定位面部区域，提取面部关键点信息。面部关键点包括眉毛、眼睛、鼻子、嘴巴等面部部位的空间坐标位置等。这些面部关键点在不同表情中会沿着不同的方向以不同的程度发生移动和变化。仅识别表情类别是不够的，还需要精确提取每个面部特征在当前表情中的准确位置。后续的表情空间变形需要精确提取这些位置。

2. 动画控制

根据表情解析获得表情类别和面部关键点信息后，接下来就是控制面部表情动画，即使用面部网格来进行表情变形，从而生成必要的面部表情动画序列。

（1）表情参数驱动面部动画

表情参数包含有关表情类别、强度级别等信息的解析结果。根据这些参数，可以计算并控制面部网格的空间变形，最终生成所需的面部表情动画。表情参数提供了面部动画生成的控制依据。

（2）平滑动画过渡

在让面部表情变形时，仅使用静态的表情参数是不够的。动画控制除了控制目标表情，还需要精确处理表情状态之间的平滑过渡，以避免不协调、不自然的动画断层。这需要建立一个面部运动学模型，精确设计表情在时间轴不同阶段的动画曲线，进行关键帧的补间，以及在空间上实现面部各部位表情变形的协调、一致。只有这样，生成的面部表情动画的变化过程才是自然的，让人感觉不到存在任何生硬或不真实的地方。

2.2.4 唇型同步

在数字人技术领域，唇型同步是一个关键环节。它主要包括 3 个重要步骤：语音驱动、唇型设计和时间对齐。只有当唇型与语音在时间轴上准确对齐时，数字人语音交互才能呈现出流畅、准确的视听效果。唇型同步质量直接影响数字人系统的视听协调性，对推动数字人技术的进步具有举足轻重的作用。

1. 语音驱动

语音驱动是唇型同步的第一个步骤。在生成数字人语音内容后，语音驱动程序会根据面部网格生成匹配的唇型和口型动画，确保语音与唇型同步。

（1）获取语音关键帧信息

在这一阶段，首先需要对语音数据进行分析，以提取语音内容的关键帧信息。这包括识别语音信号中静音段和语音段的时间边界、对语音内容的特征进行分析等内容。因为每个嘴部动作都需要设计相应的唇型和口型动画，因此获取语音关键帧信息至关重要。

（2）提取语音内容特征

获得语音关键帧信息后，接下来就要分析语音内容的细节，以驱动唇型和口型动画。这些细节包括频谱信息,用于确定语音的音素构成;基频信息,用于显示语音的高低;语音能量,用于显示语音的强弱。获得高质量的语音内容特征对于生成与语音内容相匹配的高质量唇型同步动画至关重要。

2. 唇型设计

唇型设计是唇型同步过程中的重要步骤,旨在创建与语音内容完美匹配的唇型和口型动画,以确保语音与唇型在时间轴上精确地对齐。该过程包括以下步骤。

（1）分析语音内容

在这个阶段,需要仔细研究语音内容,包括音素的构成和发音方式,这是因为不同的语音元素对应不同的唇型动作。因此,对语音内容的全面理解是唇型设计的基础。为了让最终的唇型和口型动画看起来自然且流畅,设计师需要考虑语音内容的音素转换和音素连贯性等问题。

（2）创建唇型和口型动画

在对语音内容进行分析后,设计师可以开始设计唇型和口型动画。这包括确定嘴部的形状、大小和运动方式,以确保唇型和口型动画与语音内容完美协调。设计师还需要确保唇型和口型动画与数字人的外貌和表情相符。唇型设计阶段的精细工作将直接影响数字人的视听协调性。

3. 时间对齐

在完成语音驱动和唇型设计后要进行时间对齐操作,以确保语音内容与唇型和口型动画在时间轴上保持一致。

（1）根据语音时长调整唇型时序

我们可根据语音内容的时间长度,调整生成的唇型和口型动画,使两者在时间轴上的持续时间一致。这是静态时间调整。

（2）精确的动态时间同步处理

精确的动态时间同步处理主要是对唇型和口型动画进行细致的微调,以确保它与语音信号的每个音节、重音和节奏变化精确对应。这种同步处理不仅包括整体时长的匹配,还涉及动画中每个动作的起始和结束时间点的精确控制。

为了实现这一目标,通常需要采用先进的音频分析技术来识别语音信号中的关键时间特征,如音节的边界、语调的起伏及重音的强度。然后,利用这些信息来指导唇型和口型动画的时间轴调整,使得数字人在说话时的嘴部动作能够与语音信号的自然节奏完美契合。这种高度精确的时间同步处理是提升数字人自然度和交互体验的关键技术之一。

2.3 数字人云服务架构

在数字人技术的发展和普及过程中,数字人云服务架构扮演着不可或缺的角色。本节将深入探讨数字人云服务的各个层面,涵盖云平台的选型、模型仓库的配置、多模态处理的方法及在线服务的实施等，旨在展现数字人技术在云端的新发展。数字人云服务架构不仅满足了数字人技术应用中的高性能和大规模需求，还为数字人开发者提供了更广阔的创新空间。

2.3.1 云平台选型

本节将详细讨论云平台选型的关键因素，包括计算性能和可扩展性，这些因素在选型过程中是至关重要的，因为它们直接影响数字人技术的性能和可扩展性。选择合适的云平台可以为数字人云服务提供稳定、高效和灵活的基础设施。

1. 计算性能

数字人云服务通常需要处理复杂的计算，比如在进行语音识别、图像处理和自然语言处理等操作时，都有相应的计算任务。因此，选择具有强大计算能力的云平台至关重要。

（1）GPU 支持强大的并行计算

在数字人技术中，众多任务能够利用并行计算来加速处理过程。由于图形处理单元（GPU）内置了大量处理单元，特别擅长于处理高度并行的计算密集型工作负载，因此选择支持 GPU 加速的云平台，能够显著提升数字人应用的运行速度和效率，为用户带来更流畅、更高效的体验。

GPU 之所以在数字人云服务中备受青睐，是因为它具有独特的工作原理——它基于大规模的小核心来进行并行处理，这使其能够在短时间内处理大量数据。与传统的中央处理单元（CPU）相比，GPU 的计算能力更加突出，它们在深度学习、神经网络训练，以及复杂的图像和视频处理中表现出色。

我国的 GPU 制造商正逐渐崭露头角，成为推动国内 GPU 技术发展的重要力量。随着国内 GPU 行业的持续壮大，未来有望在数字人云服务领域取得更多的突破，为数字人技术的发展提供更多选择。

（2）可弹性扩展的计算资源

数字人云服务需要应对各种规模和复杂性的应用需求。云平台的扩展性是至关重要的，因为它允许根据实际需求动态分配计算资源，这意味着在高负载时可以自动增加计算资源，而在低负载时可以减少计算资源以降低成本。这种灵活性确保数字人云服务在各种情况下都能提供卓越的性能。

通常，容器化技术和容器编排系统（如 Kubernetes）用于实现计算资源的弹性扩展。这些技术使计算资源的管理和分配更加高效和灵活。

使用容器化技术，无论是在公共云、私有云还是混合云环境中，都可以轻松部署和移植数字人云服务。这种技术将应用程序及其依赖项打包成容器，使其独立且可移植，并且容器可以在不同的云平台上运行，无须担心兼容性问题。

Kubernetes 是一个开源的容器编排系统，用于自动化容器的部署、扩展和管理。它通过集群管理、服务发现和负载均衡等功能实现计算资源的动态分配和弹性扩展，并成为云原生应用开发的事实标准。

容器化技术和 Kubernetes 的结合使数字人云服务能够根据实际负载需求动态分配计算资源，

确保高效利用硬件资源，并在需要时自动扩展相关资源。这种灵活性和弹性是数字人云服务架构中不可或缺的，有助于应对不断增长的数字人计算需求。

2．可扩展性

数字人云服务架构中的关键因素可扩展性包括存储容量的弹性扩展和网络带宽的按需分配。

（1）存储容量扩展

数字人技术需要存储大量数据，包括图像、语音和模型参数等，因此，选择一个能够扩展的云平台至关重要。

云平台提供了多种存储解决方案，包括块存储、文件存储和对象存储。这些解决方案具有强大的可扩展性，可根据需求轻松增加存储容量。例如，对象存储服务允许将数据存储在分布式存储集群中，数据可以按需扩展到多个存储节点，这实现了高度的容量弹性伸缩。用户可以根据应用程序的变化灵活调整存储容量，而无须中断服务或重新配置硬件。

（2）网络按需分配

数字人云服务依赖高带宽的网络连接，来确保实时数据传输和用户互动的顺畅。因此，应选择可以根据需要动态分配网络带宽的云平台，以满足数字人技术对网络性能的高需求。这意味着在需要传输大量数据时，应能自动增加网络带宽，而在低负载时又可以适度减少网络带宽分配，从而提高资源的利用效率。

云数据中心通常采用多节点架构，通过分布在全球各地的多个数据中心，实现低延迟和高可用性。此外，云平台还会提供专线连接选项，让用户建立专用网络通道，以确保数据的高速传输和安全性。

云平台还提供内容分发网络（CDN）服务，这些服务支持高并发和多数字人场景。CDN 通过将数据缓存分散在全球多个节点上，有效减少了数据传输的延迟，提高了用户体验。云平台支持流式处理技术，CDN 能够处理实时音视频数据，它们可确保数字人系统的顺畅运行。

2.3.2　模型仓库

数字人技术依赖许多模型，涉及文本、语音、视频、表情、唇型、姿态等方面。为了有效管理这些模型，数字人云服务需要建立一个功能强大的模型仓库。通过实施版本管理和权限控制，模型仓库可以确保数字人的质量和安全性。

1．版本管理

版本管理是模型仓库的基石，为数字人技术的持续改进提供了坚实的支撑。通过维护模型版本历史记录和提供对比工具，模型仓库使团队能够精确地了解模型的性能变化，并在不断地优化过程中推动数字人技术前进。版本管理在数字人技术的持续发展中占据着举足轻重的地位，它不仅使团队能够追踪模型的演变，还为模型的评估和优化奠定了基础。

（1）支持模型历史版本管理

数字人技术的发展离不开模型的优化和迭代。为此，模型仓库应该支持历史版本。这意味着每个模型都应该有一个版本历史记录，以便用户可以随时回到以前的版本或进行版本间的对比和分析。历史版本的管理有助于确保数字人技术的稳定性和可维护性。

（2）便于进行模型优化、迭代、对比

数字人技术进步的关键是模型优化。模型仓库应该提供方便的工具，以支持不同版本的模型之间进行对比和评估，这一过程有助于确定哪个版本的模型在特定场景下更有效，从而指导模型的进一步优化和迭代。模型对比还可以帮助开发团队更好地理解模型性能的变化趋势。

2. 权限控制

权限控制是数字人技术的重要防线，旨在确保模型的安全性和完整性。通过为不同的用户组设置不同级别的权限，模型仓库有效保障了模型的安全使用。借助细粒度的权限分配和严密的安全措施，模型仓库可以保护模型免受未经授权的访问和修改，这为数字人技术的可信度和可持续性奠定坚实的基础。

（1）不同用户组具有不同的模型访问权限

在数字人技术中涉及的用户群体通常包括开发团队、内容创作者和管理员等。为了兼顾安全和效率，模型仓库应该支持细粒度的权限控制。例如，开发团队可能需要访问所有模型以进行开发和测试，而内容创作者只能访问已发布的模型。

（2）防止模型遭到未经授权的使用或修改

数字人技术模型往往涉及重要的知识产权。模型仓库应该具备防止未经授权的人使用或修改模型的功能。这些安全措施包括文件加密、数字签名和访问审计等。此外，对模型仓库的访问和修改进行记录也同样重要，以便及时发现潜在的安全问题。

2.3.3　多模态处理

数字人云服务必须融合并行处理和异步处理技术，以提高系统的性能和可靠性。并行处理使多个模块能够同时工作，提高了处理效率和吞吐量；异步处理则增强了系统的健壮性，确保系统在遇到各种异常情况时仍能稳定运行。这些技术结合在一起，为数字人云服务提供了强大的多模态处理能力，为用户提供丰富、高性能的数字人体验。

1. 并行处理

在数字人云服务中，多模态处理涉及多种数据类型，每种数据类型都需要使用不同的处理模块。因此，并行处理对于提高系统性能和处理效率至关重要。想要实现并行处理，则要使用精心设计的并行计算架构，如多线程处理和分布式处理等。这些架构允许不同的模块在多个处理单元上同时工作，从而充分利用计算资源，提高系统处理效率。

（1）不同模块可同时处理各自的工作

在进行多模态处理时，可能需要通过多个模块分别处理不同的数据类型，如文本、语音和视频等。由于采用了并行处理，这些模块可以同时工作，相互不干扰，每个模块均可以专注于自己的任务，无须等待其他模块完成。这提高了处理效率，并确保系统能够在处理多模态数据时迅速响应。

（2）提高系统吞吐量

并行处理不仅提高了处理效率，而且提高了系统的吞吐量。数字人云服务能够同时处理来自多个用户的请求，每个请求都包含多模态数据。通过并行处理，系统能够同时应对多个请求，快速响应用户的需求，确保高性能和高并发处理能力。

2. 异步处理

多模态处理通常涉及不同模块之间的协同工作，每个模块可能会以不同的速度处理数据。为了保证系统的灵活性和健壮性，异步处理是必要的。事件驱动架构、消息队列和回调机制等使各模块能够独立工作，按自己的速度处理数据，从而提高系统的灵活性和健壮性。同时，异步处理还能提高系统的稳定性和可用性。

（1）允许不同模块以不同的速度工作

在进行多模态处理时，多个模块通常需要协同工作。异步处理机制允许每个模块按各自的速度工作，不会因为某个模块的速度慢而影响整个系统的性能。例如，某些模块需要更多时间来处理复杂的语音数据，而其他模块可以更快地完成文本数据的处理。异步处理可确保系统的灵活性和健壮性。

（2）提高系统的稳定性和可用性

异步处理还提高了系统的稳定性和可用性。在进行多模态处理时，某些模块可能会遇到临时故障或异常情况，例如网络延迟或资源瓶颈，因为采用了异步处理，这时系统仍能够继续运行，这提高了系统的稳定性和可用性。

2.3.4　在线服务

在线服务是数字人云服务架构的前端，它负责接收用户请求，并据此提供相应的数字人体验。为了确保高可用性和高容错性，在线服务必须具备负载均衡、重试机制、数据冗余等关键功能。这些功能确保数字人云服务能够持续、稳定地运行，满足用户的需求。

1. 请求分发系统

数字人云服务的请求分发系统是为实现高可用性、高性能和资源的合理利用而设计的。它通过负载均衡和合理的资源分配来确保数字人云服务在面对高并发请求时稳定运行。用户请求可以被智能地发送到最佳的服务器节点，以此实现快速响应和资源的最佳利用。负载均衡系统还能够动态地调整请求分发策略，以适应服务器节点的性能和负载状况的变化，确保资源得到高效利用。

（1）负载均衡，避免单点故障

请求分发系统必须具有负载均衡功能，以确保数字人云服务的高可用性。通过将请求均匀地分发到多个服务器节点上，负载均衡降低了单个节点过度负载的可能性。当某个节点发生故障时，负载均衡系统可以自动将请求重定向到其他正常运行的节点，以确保服务的连续性。

（2）合理利用资源，提高利用率

为了满足用户需求，在线服务需要高效地利用计算资源。负载均衡系统应该能够根据服务器节点的负载和性能情况动态调整请求的分发策略，提高资源的利用率，并在确保用户获得快速响应的同时最大限度地减少资源浪费。

2. 容错机制

容错机制能够确保数字人云服务在遇到不可避免的故障和异常情况时继续提供稳定的服务。容错机制包括重试机制、数据冗余和备份机制，这些机制共同确保了服务的连续性和数据的完整性。

（1）重试机制

在数字人云服务中，临时故障是不可避免的。为了应对这些故障，在线服务应该具有重试机制。重试机制有助于应对短暂的网络问题或服务器故障，提高服务的稳定性。当请求发生错误或超时时，客户端可以选择重新发送请求，而不是立即报告错误。

（2）数据冗余和备份机制

在线服务处理的数据通常包括用户生成的内容、状态等重要信息。为了防止数据丢失，在线服务应该拥有数据冗余和备份机制。数据冗余机制可以确保数据在多个存储节点上存储，即使某个存储节点发生故障，数据仍然可用。备份机制可以在发生重大故障的情况下恢复数据，以确保用户体验不会因为数据丢失而受到影响。

2.4　数字人的数据表示

数字人是虚拟形象，其各种表现形式必须以数字化的格式存储和呈现，以便能够在计算机系统中处理。这些格式主要包括文本、音频和视频。为了理解并处理这些类型的数据，需要运用适当的表示技术对其进行建模。

随着数据表示技术的革新，我们对数字人文本、音频和视频信息的理解变得越来越容易。作为数字人语言的主要表现形式，文本经历了从词袋模型，到词向量，再到预训练语言模型的演进过程。演进的目的是更好地捕捉语义信息，提升数字人的语言理解和表达能力。视频是数字人的视觉表现形式，可以通过图像和姿态动作特征来分析视觉信息。

本节将详细介绍文本、音频和视频数据的表示方法，以及多模态融合技术，这些技术都是理解和处理数字人多模态信息的基础。对于数字人的多模态数据，可以采用统一的跨模态编码策略，这有助于表示不同模态之间的语义关系；也可以采用分模态存储方式，以便单独处理每个模态。使用这些数据表示技术将大大改善数字人与用户的自然交互体验。

2.4.1　文本数据表示

本节将详细介绍数字人文本数据表示的关键技术，包括文本的数字编码方法、词法分析和句法分析等语法处理技术。通过对文本进行数字编码和语法分析，可以获得文本的结构化表示和语义特征，这有助于数字人更好地理解文本信息并提高语言交互的智能水平。这些技术在数字人的自然语言处理中发挥着重要作用。

1．文本数据的编码方式

数字人的文本信息有多种来源，包括直接文本输入和语音识别结果等。这些文本数据构成了数字人的语言信息库，为数字人表达语言和理解语义提供了重要的数据支持。定量表达语言信息需要使用各种文本编码技术。

（1）字符编码

字符编码是将语言文字转换为计算机可以识别的数字格式的过程。常见的编码方式包括 ASCII 编码和 Unicode 编码。ASCII 编码使用 7 位二进制序列来表示英文字母、数字和标点符号，而 Unicode 编码具有更大的编码空间，可以处理包括中文在内的多语言文本信息。数字人系统通常使用 Unicode 或 UTF-8 编码格式。

（2）文本标记化

在数字人系统中，文本标记化用于对自然语言文本进行词法和句法分析。该过程通过去除空格、标点等非词符号来提取词序列和句子结构。在数字人系统中，这种标记化方法主要包括基于规则的方法和统计学方法。

2．文本数据的语法分析

特征提取和建模可以获得文本的语法结构信息，从而帮助理解文本的含义。词法分析和句法分析是主要的语法分析技术。

（1）词法分析

词法分析是一种常用的方法，用于识别文本中包含的词汇单元及其类别，如名词、动词等。在处理文本时，词法分析生成了包含词性标记的词序列，为后续的句法处理奠定了基础。常用的词法分析方法包括基于规则的方法、统计方法和神经网络方法。

（2）句法分析

句法分析是数字人系统自动理解文本语义的重要工具。它使用基于规则的分析、统计分析和神经网络句法分析等方法来确定句子的语法结构，例如主、谓、宾关系。

2.4.2 音频数据表示

鉴于音频数据在数字人的多媒体信息中的核心地位，其数字化表示对于实现数字人的语音交互至关重要。本节将深入探讨音频数据表示的关键技术，包括声学参数表示和语音特征表示。这些技术通过对音频信号进行参数化转换，为语音识别和合成奠定了基础。通过从多维度分析和表示音频数据，我们可以构建出数字人语音处理模型，从而实现高质量的语音识别和合成，进而显著提升数字人的语音交互体验。

1. 声学参数表示

声学参数是用于捕捉和描述语音信号物理特性的关键指标。这些参数是通过构建和应用物理模型精确提取的，它们能够反映语音的频率结构和音调变化。最常见的声学参数是频谱包络和基音曲线。

（1）频谱包络

在进行数字人语音识别与合成时，频谱包络特征经常用于描述语音信号的谐波结构信息，帮助构建音素和语音单元的数字模型。频谱包络信息的计算方法有倒谱分析和线性预测分析。频谱包络参数的稳定性会影响噪声环境下的语音识别质量。

（2）基音曲线

基音曲线是数字人语音模型的关键部分，它描述了语音段的基频随时间变化的趋势。基音曲线用于识别语音中的疑问句和语气，可在数字人合成器中生成自然、连续的音调变化。基音曲线提取的精确性直接影响语音交互的效果。

2. 语音特征表示

在数字人系统中，MFCC（Mel Frequency Cepstrum Coefficient）和声纹特征是用来描述语音特征的两种常用技术。语音特征是通过语音分析提取的特征向量。

（1）MFCC

MFCC 是一种模拟人类听觉系统的语音特征提取技术，其计算方法包括傅里叶变换、梅尔滤波和离散余弦变换等。构建基于 MFCC 特征的说话人适配模型，可以提高数字人语音识别的可靠性。利用 MFCC 特征的匹配技术，能够让数字人合成语音的生成更具真实感。

（2）声纹特征

数字人系统通过使用声纹特征来识别和验证说话人的身份，从而提供个性化的语音交互服务，例如识别用户独特的声纹后提供个性化的问答和信息推荐。提取有区分度的声纹特征是实现数字人语音交互个性化的关键。

2.4.3 视频数据表示

作为数字人视觉感知的重要来源，视频数据需要经过数字化处理，以构建视频图像和动作数据的模型并进行表示，从而实现对数字人视觉信息的理解和交互，这是高质量视觉交互的基础。下面将详细介绍视频数据表示的核心技术。

1. 图像数据表示

视觉信息的核心是图像。为了方便计算机处理和分析图像，数字人图像需要被数字化表示。

（1）像素级表示

数字图像以二维像素矩阵的形式存储，其中每个像素点使用 RGB 色彩模式或灰度值来编码颜色和亮度信息。数字人的图像输入模块采集这些 RGB 或灰度图像，然后将其转化为像素级矩阵的形式进行表示。这种基础级别的表示保证了原始视觉信息完全数字化，是后续算法处理的基础。

（2）特征向量表示

特征向量编码比像素级表示更能压缩图像数据。特征向量编码使用常见的特征提取和描述算法（如 SIFT、HOG 和 LBP）从图像中提取像素模式、梯度方向、边缘等视觉特征，并将这些特征表示为较低维的特征向量。结合图像库，特征匹配可以帮助识别数字人图像内容，提高处理效率。

2. 动作数据表示

通过精确解析人类动作，我们可以创造出更加逼真的虚拟人物表现，进而提升数字人的品质和真实感。同时，数字人交互技术也可以为观众提供更具沉浸式的体验，增强数字人的互动性和吸引力。

（1）动作特征提取

视频动作的数据来源包括人体关键点坐标、骨骼运动轨迹等。数字人视觉模块使用特征提取算法从底层动作数据中获得高层语义特征，这些特征被组织成特征向量序列。借助基于深度学习的视频特征学习技术，我们可以从这些特征向量中进一步提取稳定且具有代表性的动态特征，这些特征能够捕捉动作的核心属性，有效减少冗余信息，使得动作的识别和分析更加高效和准确。

（2）动作识别和分析

基于动作特征，数字人可以识别其行为和意图，理解相应的高层语义。例如，使用先验动作特征来分析视频中打手语的含义，或判断与某行为对应的情绪。这些视觉理解任务不仅依赖动作特征的提取，还需要结合丰富的动作特征知识库，来实现对复杂情境的深入解读。

2.4.4 多模态数据表示

整合不同模态的感知输入并进行异构数据的表示与融合是实现数字人多源综合理解的关键技术。

数字人实现真正人类化交互能力的关键是有效处理和融合多模态异构信息。多模态数据的联合分析和上下文化建模能极大地提高数字人的交互能力和智能水平。

1. 多模态数据的融合

多模态数据融合通过整合不同模态的数据来帮助数字人理解信息。

（1）多模态数据的整合方法

多模态数据的整合方法分为特征级整合和语义级整合。特征级整合指将不同模态的数据映射到统一的特征空间，进行特征向量的拼接，使数据细节得到充分保留。语义级整合指先将不同模态的数据转化为语义知识，然后通过提取语义关联性来实现模态融合。

（2）多模态数据在对话系统中的应用

在数字人的智能对话系统中，可以使用多种模态信息，如文字、表情和语音来模拟人类交流。例如，可以将用户的面部表情和语音提问添加到数字人的多模态理解模块中，以便数字人能够分析用户的意图并获得有关问答的背景信息。这样，可以实现更贴近人类的自然交互体验。

2. 多模态数据的上下文化

上下文化是指通过对多模态数据之间的联系和演进进行建模来实现数字人对背景信息的理解。

（1）上下文关联的多模态数据表示

数字人可以构建上下文时间线，融合不同时刻的多模态信息，显示数据之间的时间语义联系，揭示事件演变的脉络。例如，结合数字人的先验知识，系统能分析事件顺序中数据所蕴含的内在逻辑关系和意义，并与用户在某次对话中的语音、文字和表情进行连接。

（2）多模态数据在情感分析中的应用

采用上下文相关的多模态表示方法，数字人能够关联不同时刻的情感特征，判断用户情感的变化趋势和原因，实现数字人与用户的共情。采用语音内容和面部表情等多模式信息，数字人可以捕捉和分析用户情绪状态的变化及潜在原因，并据此调整交互策略，以实现更深层次、更自然的人机互动体验。

2.5 本章小结

本章详细介绍了数字人系统的架构设计和技术发展。从简单的语音交互到移动网络再到云服务架构，数字人系统的架构被不断优化以适应数字人应用需求的变化。

早期的数字人系统采用本地部署结构，所有的处理都在终端完成。这种结构简单，但是扩展性和计算能力有限。随着移动互联网时代的到来，数字人系统转向基于客户端－服务器模式的网络架构，这种架构将复杂计算放在服务器端，客户端只需要简单呈现。这使数字人应用场景不断扩展，交互效果更自然。未来，出于安全考虑，数字人系统可能会回归到终端本地化智能处理。

　　数字人系统由输入模块、内容生成模块、渲染模块和交互模块组成。输入模块负责接收各种模态的信息，内容生成模块负责生成相应的内容，渲染模块负责控制数字人形象的视觉和语音呈现效果，交互模块负责与用户进行互动。这些模块共同支持数字人的核心交互能力。

　　多模态信息融合是数字人系统实现高级智能的关键技术，涉及将语音、文本和图像等不同模式的信息进行深度整合。这一过程的实现首先是从各模态中提取特征并将其编码为向量表示，然后通过跨模态映射实现语义一致的多模态知识表示。最后，数字人系统基于统一的知识表示来进行状态建模、语境分析和生成决策，以模拟人类对环境的理解和反应。这一融合流程对于提升数字人的环境认知和语义表达能力至关重要，是构建真正智能数字人的基础。

　　随着算法和计算能力的发展，数字人系统的架构必将不断得到优化。当前面临的主要挑战包括输入模块拓展更多模态感知能力、内容生成模块中语义理解和知识表达的进一步深化、渲染模块中动作建模和控制的加强，以及云服务和终端更加智能、高效的协同。随着时间的推移，数字人系统的架构必将向着更智能、更真实的方向发展，为人类生活和工作带来更多便利。

第 3 章

数字人视觉算法

数字人视觉技术起源于 20 世纪 70 年代的人脸识别研究，经过几十年的发展，已经构建起一套比较完备的技术体系。在视觉的 3D 重建方面，典型的方法是基于多视图几何来恢复 3D 人脸形状，以及直接基于单张图片估计 3D 参数。表情跟踪和映射技术可以预测动态人脸表情，并将其映射到数字人模型上，使其表情丰富；姿态估计可以通过分析图像特征来确定数字人的头部姿态；唇型匹配则实现数字人与音频的同步，使数字人的口型动画更加自然。数字人视觉算法从最初基于规则的方法，到现在基于深度学习的端到端预测，取得了长足的进步。

在数字人 3D 视觉建模的流程中，艺术家可使用工业级别的 3D 建模软件，如 Maya、Blender 和 3ds Max 等。然而，使用这些软件需要专业的知识和经验，对技能要求较高。一些数字人平台采用了参数化模型，如 3DMM 和 FLAME 等，这些模型可以简化建模过程，降低制作难度。近年来，深度学习领域发展迅速，PRN 模型结合纹理颜色坐标（UV）位置图可展示 3D 人脸，实现端到端的 3D 人脸图像重建。同时，GAN 也被引入这一领域，用以生成高保真的纹理。随着新方法的持续出现，数字人 3D 视觉建模的自动化程度在不断提高，这将进一步减少对人工专业技术的依赖，并逐步提高建模效率和精度。

目前，数字人视觉技术已应用于游戏、虚拟主播和数字化电影等场景。然而，该技术仍面临诸多挑战，例如遮挡处理、大姿态变化的鲁棒性不足，重建细节有限，个性化程度不高等问题。未来，数字人视觉领域将深入人脸理解研究，实现情绪交互；结合增强现实和虚拟现实技术，营造沉浸式体验；采用隐式神经表示等技术，提高建模质量，推动数字人向"像真人"的目标迈进。本章将详细介绍数字人视觉建模的发展历程、模型算法原理、软件工具的运用，以及各项核心技术的最新进展。

3.1　3D 人脸建模

3D 人脸建模是数字人视觉算法的基础,该技术通过还原真实面部的 3D 结构来实现虚拟人的面部建模。

3.1.1　建模流程

3D 人脸建模的目标是将真实世界中的人脸数据转化为非常准确的 3D 数字模型。该过程由多个关键步骤组成,具体如下。

1)数据采集与预处理。这一步骤的目的是收集被建模者的多视角人脸图像,并准备相关数据以供后续步骤使用。最终建模的精度和准确性直接受所收集的数据的质量和完整性影响。

2)网格建模。网格建模是 3D 人脸建模过程中的一个重要步骤。它的目标是使用多视角人脸图像来创建一个准确的 3D 网格模型,以识别建模者的面部结构和形状。

3)纹理映射。通过将高分辨率彩色图像数据与 3D 网格模型结合,可以创建具有真实面部皮肤颜色和纹理细节的数字人脸模型。这种方法可以提高模型的逼真度。

4)渲染输出。渲染输出会将最终的 3D 数字人脸模型呈现为可视化结果。这种可视化结果可以应用于虚拟现实、游戏开发和电影制作等领域,是模型的最终目标。

为了更好地理解数字人脸建模的复杂性和重要性,下面将分别讨论这些关键步骤的详细流程、技术问题及最佳实践。

1. 数据采集与预处理

数据采集与预处理的第一步是获取被建模者的多视角人脸图像,这些原始数据将决定重建的质量。为了获得精确的 3D 面部结构,需要准备专业的采集设备,控制拍摄参数,获取足够的图像数据,并进行预处理以过滤噪声。

采集设备即多台高清摄像机,我们应以不同视角(每个视角约 15 度)围绕被建模者布置机位。摄像机的光圈需要调整到 f/5.6 ~ f/8,以保证景深充足(整张面部都应处于对焦平面内)。同时,需要控制曝光参数,防止面部数据出现过曝或过暗现象。如果条件允许,可以建立专业的光控房间专门进行数据采集。

在拍摄时,被建模者应保持正视前方,然后慢慢转动头部,以便每台摄像机都可以拍摄整个头部的图像。在整个拍摄过程中,需要记录每台摄像机的内参和外参,包括定标参数和位置姿态信息,以支持后续的 3D 重建。如果条件允许,获取深度信息将有助于提高重建的精度;不过,仅使用颜色图像也能够实现有效的 3D 建模。

接下来,检查每张图像,剔除那些不必要的图像,如失焦、遮挡和过曝的图像。这时,可以计算每张图像的梯度信息，然后根据阈值过滤质量较差的图像。此外，还可以使用人脸识别算法来排除不包含面部的无用图像。3D重建需要充足的时间来筛选和优化输入数据的质量。

预处理完成后，便获得一组高质量、多视角的人脸图像数据，这些数据记录了被建模者全方位的面部结构信息，后续将用于3D重建过程，这些数据直接决定重建细节的上限。采集环节投入的时间和精力越多，捕获的面部细节就越丰富、精细，这无疑是整个建模流程的重要环节。

名词解释——光圈

光圈是相机镜头的一个重要参数，用来控制进入镜头的光线量。光圈大小通常以f值来表示，如f/1.4、f/2、f/2.8、f/4、f/5.6、f/8等。这些数值代表了光圈的大小，其中较小的f值表示较大的光圈，而较大的f值则表示较小的光圈。

2. 网格建模

在3D人脸建模过程中，一个关键步骤是网格建模。网格建模旨在使用多视角人脸图像创建一个精确的3D网格模型，该模型能详尽地捕捉被建模者的面部结构和形状细节。在启动网格建模之前，我们已经通过采集和预处理获得了高质量的数据。

1）网格建模过程通常以创建一个初始的3D网格模型开始，该模型往往结构复杂，包含数千甚至数百万个顶点和连接点。随后，需要对该模型进行个性化调整，以适应被建模者的特定面部特征。

2）利用数据采集中记录的摄像机内部参数和外部参数，让多视角的图像与初始网格模型对齐。这一过程称为视图对准，目的是将不同视角的图像与初始网格模型的几何信息进行匹配，以确保它们在三维空间中的一致性。

3）完成视图对准后，就需要使用形状拟合技术来不断调整网格模型的形状，使之最大程度地与图像数据匹配。这通常需要使用优化算法，例如最小二乘法，来调整模型的顶点位置，以使模型与图像中的面部特征尽可能地一致。这个过程需要重复多次，直到达到预期的拟合效果。

4）光照和纹理信息的影响也需要考虑。通过将纹理信息从图像映射到模型表面，可以为模型增加更多细节和真实感。同时，还需要考虑光照模型，以便模拟不同光照条件下的面部外观。

经过一系列优化和调整，我们可以获得一个非常准确的3D网格模型，该模型捕捉了被建模者的面部结构和形状特征。此模型可以用于各种领域，例如虚拟现实、人脸识别和动画制作。网格建模是数字人脸建模中一项复杂而关键的技术，需要结合计算机视觉、图形学和优化算法等多个领域的知识，才能实现精确的3D人脸重建。

3. 纹理映射

纹理映射步骤能够将高分辨率彩色图像数据与3D网格模型结合，从而为模型提供更加逼真的外观和细节等信息。

1）我们需要使用从数据采集阶段获得的彩色图像数据。这些彩色图像通常是高分辨率的，包含被建模者的面部皮肤颜色、纹理和细节等信息。

2）我们将这些彩色图像与之前创建的 3D 网格模型进行对齐。这个对齐过程与之前的视图对准类似，目的是确保每个像素点都准确地对应于 3D 模型上的点。这可以通过优化算法和投影技术实现。

3）将图像和模型对齐后，可以进行纹理映射，这意味着要将图像的颜色信息从 2D 图像坐标转移到 3D 模型的表面坐标上。这通常需要在模型表面上创建一个纹理映射坐标系，然后根据图像像素在模型上的位置为其赋予相应的颜色值。

纹理映射是一种基于真实面部皮肤颜色和纹理细节的 3D 建模技术，它能使模型在渲染和可视化时呈现出更逼真的外观。这在虚拟现实、游戏开发和影视制作等领域尤为重要，因为它为数字人脸建模提供了更多真实感和细节。

在进行纹理映射时，还需要考虑一些技术问题，如纹理失真的处理和纹理融合技术的使用，以确保模型的外观在不同的光照和观察角度下保持一致。

总之，纹理映射是数字人脸建模过程中的重要步骤，它允许我们将彩色图像信息与 3D 模型结合，从而创建包含细节且极具真实感的数字人脸模型。这些模型有多种用途，比如用于虚拟现实和电影特效，使用户获得身临其境的体验。因此，在数字人脸建模过程中不断发展和优化纹理映射技术十分重要。

4．渲染输出

三维数字人脸建模完成后，需要进行渲染以生成逼真的 2D 图像或视频。渲染的过程涉及光照、材质参数及光线追踪算法，这些共同决定了每个像素的颜色值。

当前实现逼真渲染的主要方法是光线追踪，它模拟光线从光源发出，与物体表面甚至内部交互，最终传输到相机成像平面的物理过程。这一过程能够捕捉到复杂的光照效果，如阴影、反射、折射和散射，从而创造出极具真实感的视觉效果。在 Blender 的常见渲染引擎 Cycles 中，光线追踪方法模拟光线的传播，从相机位置"发射"采样光线，模拟光线的传播路径，计算其与场景中物体的交点，然后根据材质确定光线的折射或反射方向。通过递归追踪光线的传播路径，可以计算出每个像素最终接收到的光线信息，进而综合确定图像颜色。

1）为了渲染三维数字人脸，需要准备场景光照。常见的光源包括用于模拟平行光线的平行光、用于模拟集中发光体的点光源和用于模拟面光源的区域光源等。调节光源的颜色、强度、方向等参数以获得所需的照明效果。为了增强逼真感，还可以添加 HDR 球面环境光，以模拟复杂的全局光照效果。

2）渲染结果直接受材质参数的影响。例如，漫反射颜色决定了反射光的颜色，镜面反射系数控制了高光强度，粗糙度参数影响了高光跃迁程度，透明度参数决定了透光效果等。此外，可以使用贴图（例如颜色贴图、纹理贴图、法线贴图或高光贴图）来增强材质的细节。

3）在调整好采样设置后便可以进行最终渲染。渲染引擎会模拟光线与物体的互动，计算每个像素的颜色值，输出高保真的数字人脸图像或动画。渲染参数包括最大光程控制和最小采样次数，前者是指光线在场景中反射和折射的最大追踪距离，后者是指每个像素的最小采样次数。用户可以根据效果调整参数，逐步提高渲染质量。

　　渲染是数字人脸生成流程的最后环节，其质量决定了最终的效果。通过精心设置光照、材质，以及调整渲染参数，可以大大增强数字人脸的逼真度和细节表现力，使其快速融入后续的应用场景中。

名词解释——HDR

　　HDR（高动态范围成像）是一种图像处理技术，它通过合并多张不同曝光程度的照片来捕捉光照范围内的各种细节。此技术可以用于创造更富有层次感且更逼真的照片或视频。要拍摄 HDR 照片，通常需要使用一些特殊设备，例如反射球和灰球，以帮助记录环境的光照信息。

3.1.2　参数调整

　　参数调整步骤旨在对数字人脸模型进行细致调整，以确保模型与被建模者的真实外貌和各种应用场景相匹配。

　　参数调整涉及 4 个阶段：形状参数调整、表情参数调整、光照参数调整和分辨率参数调整。每个阶段都有其独特的意义和作用。

▶ 形状参数调整：此阶段专注于调整 3D 模型的形状，力求使其与被建模者的面部结构高度相似。这对于创建极具个性化的数字人脸模型至关重要，形状参数调整可以用于虚拟化妆、面部手术模拟和医疗诊断等领域。

▶ 表情参数调整：通过调整表情参数，我们可以改变数字人脸模型的表情，例如从微笑到惊讶。这一功能对于模拟各种情感和情境下的人脸表情至关重要，常用于游戏、动画制作和情感分析等领域。

▶ 光照参数调整：光照参数调整使我们能够模拟不同光照条件下的数字人脸外观，这有助于模型在不同的环境中看起来更加自然。这对于虚拟现实、视频特效和面部识别至关重要。

▶ 分辨率参数调整：分辨率参数调整允许我们根据应用需求调整数字人脸模型的精度和细节水平。这有助于在不同设备和应用中保持最佳的性能和用户体验。

　　为了更好地理解如何精细调整数字人脸模型以满足不同用户和应用的需求，我们将详细讨论每个阶段的参数调整方法、技术和最佳实践。

1. 形状参数调整

　　在调整形状参数阶段，我们着眼于微调 3D 模型的形状，包括脸型、鼻子、眼睛和嘴巴等关键面部特征的调整。主要目标是实现高度精细化的模型个性化，实现数字人脸与真实面部的最佳匹配度。

创建有效的形状参数模型是形状参数调整的重要挑战之一。这通常要求我们使用数学模型来描述不同面部特征的变化。例如，使用参数化的曲面模型来模拟脸部的曲线和曲面。这些数学模型数据将与被建模者的实际面部数据进行比对，以确定需要调整的参数，使数字模型更加逼真。

在调整形状参数时，还需要考虑各形状参数之间的相互作用关系。例如，改变眼睛的形状可能会对整个脸部的外观产生影响，因此需要构建复杂的参数关联模型，以准确模拟各参数之间的相互影响，从而实现整体形状的优化调整。

形状参数调整不仅局限于静态面部特征的优化，还可以用于动态模型，如面部表情的调整。这在模拟不同情感和情境下的人脸表情时非常有用。

总之，形状参数调整是数字人脸建模过程中的重要阶段，该阶段成功与否直接影响数字人脸建模的逼真度和个性化程度，因此在实践中需要仔细权衡各种参数和数学模型的选择，以满足不同应用领域的需求。

2. 表情参数调整

表情参数调整包括模拟人脸的各种表情，如微笑、惊讶、愤怒等，以及在不同情感状态下的面部变化。

表情参数调整的目的是为数字人脸模型注入更丰富的情感和表现力，广泛应用于虚拟角色的情感呈现、游戏开发、情感识别、面部动画制作等领域。通过合理的表情参数调整，数字人脸可以栩栩如生地表达各种情感，进而提升用户体验，增强情感互动效果。

在实际应用中，表情参数调整阶段需要先创建表情模型，这些模型基于大量表情数据创建，且融合了解剖学和生理学研究成果。模型的参数负责控制每个表情的强度和形态，这使我们能够根据需要调整表情。

表情参数调整还需要关注表情变化的平滑过渡。例如，从微笑到愤怒的过程应该看起来自然且连贯。为了确保表情变化的流畅性，需要应用平滑过渡模型。

总之，表情参数调整极大地丰富了数字人脸的情感表达和表现力。成功完成这一阶段的工作将为各个应用领域带来更具吸引力和互动性的数字人脸模型。

3. 光照参数调整

光照参数调整的重要性在于确保数字人脸在各种环境中看起来自然，并具有逼真的光照效果，这对于虚拟现实、视频特效和面部识别等领域至关重要。

在调整光照参数时，我们必须考虑光源的位置、强度和颜色，因为这些因素直接影响数字人脸的明暗对比、阴影分布和反射效果。例如，在户外阳光下，光线可能更强烈，会在人脸上产生明亮的高光和深窄的阴影，而室内柔和的照明则会赋予人脸截然不同的外观。

基于物理的光线追踪技术通常用于模拟光线在数字人脸表面的反射、折射以及光线与材质之间的相互作用。通过精确计算光线的传播路径，我们可以创建逼真的光照效果，使数字人脸看起来像真实的面部一样。此外,光照参数调整还必须考虑各种光照条件下颜色温度和环境光的影响。这些因素可以改变数字人脸的外观,使其融入各种环境和场景中。

总之,光照参数调整是数字人脸建模的一个重要部分,它需要采用高度专业化的技术手段来模拟真实的光照效果,成功完成光照参数调整可以提高数字人脸模型的逼真度。

4. 分辨率参数调整

分辨率参数调整的主要任务是调整数字人脸模型的精度和细节,以满足不同的应用需求。这一阶段的目标是优化模型,以便在各种设备和应用中提供最佳性能和用户体验。

在进行分辨率参数调整时,我们需要权衡模型的性能和精度之间的关系。提升分辨率固然可以增添更多的细节,使模型看起来更加逼真,但也会增加计算和存储成本。相反,降低分辨率则能优化性能,但可能会损失一些细节。因此,需要根据应用场景选择适当的分辨率。

分辨率参数调整通常需要对模型进行细化或降采样处理。如果需要高分辨率,可以通过细化操作增加模型的纹理和顶点数量。如果需要低分辨率,可以使用降采样的方法减少模型的顶点数量,从而减少计算负载。比如,低带宽网络和移动设备可能会要求使用较低分辨率模型,这时可以使用降采样的方法来确保流畅的用户体验。

数字人脸建模的最后一个重要阶段是分辨率参数调整,通过合理地调整分辨率,我们可以为各种设备和应用提供最佳的数字人脸体验。

3.1.3 3D 人脸重建技术

本节将讨论 3D 人脸重建技术的发展历程、作用和意义。它是数字人脸建模的核心,允许从多个角度的图像或其他数据源中还原出精确的 3D 人脸模型。

虽然 3D 人脸重建技术起源于几十年前,但近年来,随着计算机视觉和深度学习领域的快速发展,该技术取得了巨大的进展。3D 人脸重建技术具有多重用途和意义。首先,它可以用于数字化人类面部特征,为虚拟现实、视频游戏、电影制作等领域提供极其逼真的角色模型。其次,它在人脸识别、情感分析、面部动画制作等领域具有广泛的用途,可以提高人脸相关技术的性能和精度。最后,它有助于理解人脸的结构和形状,为医学、心理学等领域的研究提供有力支持。

为了更深入地了解 3D 人脸重建技术,下面对其类别进行概述。3D 重建技术包括基于多视图几何的重建、基于深度学习的重建、基于 3DMM 的重建和基于 GAN 的重建,每种技术都有其独有的特性和应用领域。

1. 基于多视图几何的重建

基于多视图几何的重建技术是一种经典技术,旨在还原具有精确几何结构的 3D 人脸模型。该技术的核心原理是通过分析从多个视角获得的 2D 图像,来确定图像中的相同特征点在 3D 空间中的位置。

基于多视图几何的重建需要应对以下技术难点。

▶ 特征匹配和对应关系的建立：此过程涉及识别图像中的关键点（如角、边缘等），然后确立这些关键点之间的对应关系。由于光照、表情和姿态等因素的干扰，此过程需要采用鲁棒的匹配算法来处理各种情况。

▶ 3D 点云重建：一旦确立了图像中关键点之间的对应关系，接下来的挑战是将这些信息转换为 3D 点云。这涉及三角测量和多视图几何原理，同时，需要考虑相机参数、视角之间的几何关系及误差传播等因素。

▶ 表面重建和纹理映射：获得 3D 点云后，需要进一步将其转换为具有表面结构的 3D 模型。在大多数情况下，这涉及表面重建算法以及将 2D 纹理映射到 3D 模型的技术。通过这种方式，可以增强模型的真实感和逼真度，提升视觉效果。

为克服上述技术难点，研究人员开发了多种经典模型和算法。

▶ 立体匹配：这是一种利用两个或多个图像之间的视差数据来还原 3D 形状的传统方法。它使用两个不同的视角对图像进行比较，以确定对应像素之间的位移，从而获得深度信息。这种方法的原理简单，适用于静态环境，但对纹理和遮挡敏感。

▶ SfM（Structure from Motion）：一种通过分析多个视角的图像序列来还原相机运动和 3D 结构的方法。它依据相机的运动轨迹来确定 3D 点的位置，适用于动态场景，能够处理不同视角的光照变化。然而，这需要大量的计算资源和图像数据。

▶ 多视图立体重建：这种技术通过使用三角测量和几何约束来还原 3D 点云，从多个视角整合了图像信息。通常包括相机标定、特征匹配和 3D 点云生成等步骤，适用于需要高质量 3D 模型的应用，如虚拟现实和面部捕捉，其逼真度和准确性方面表现出色。

总的来说，基于多视图几何的重建技术具有显著的优缺点。优点如下。

▶ 这种技术可以生成高精度的 3D 人脸模型，非常适合需要高准确度的应用场景，如人脸识别、动画电影制作等。

▶ 该技术可以很好地处理多视角图像数据，捕捉目标的几何细节和形状，为使用者提供更全面、更真实的信息。

▶ 基于多视图几何的重建技术拥有强大的理论基础，可以应用于各种复杂场景，如不同的光照条件下、不同的表情中等。

缺点如下。

▶ 这种技术对图像数据的质量和视角数量有一定的要求。为了获得更好的重建效果，需要大量高质量的图像数据和先进的相机设备。

▶ 该技术需要进行复杂的特征匹配和三角测量操作，这使得计算量较大，对计算资源的要求较高。

▶ 对于动态场景和遮挡问题，基于多视图几何的重建技术可能难以获得理想的效果，需要进一步研究和改进。

基于多视图几何的重建技术广泛用于虚拟现实、电影特效制作、面部捕捉和医学图像处理等领域。主要原因在于这些技术为相关领域提供了高精度的 3D 模型。需要注意的是，这些技术对数据质量和硬件的要求较高，因此在实际应用中需要综合考虑成本和性能。

2. 基于深度学习的重建

与传统的多视图几何重建技术相比，基于深度学习的重建技术在许多方面取得了重大进展。它使用深度神经网络直接预测 3D 人脸的形状和纹理，从而在多个维度实现了突破。

基于深度学习的重建技术其核心思想是训练深度神经网络，使其能够将二维图像映射到 3D 人脸模型中。卷积神经网络（CNN）和生成对抗网络（GAN）常作为深度神经网络的组成部分。CNN用于从图像中提取特征，而 GAN 则用于生成逼真的 3D 模型。

基于深度学习的重建技术也面临着一些挑战，包括高质量训练数据的需求、模型的稳定性和泛化能力的提升等。为解决这些问题，研究人员通常基于大规模的、带有 3D 注释的训练数据集来训练深度网络。

基于深度学习的重建技术催生了大量经典模型和算法。算法举例如下。

▸ 3DMM-CNN：这种算法结合卷积神经网络和 3D 可变形人脸模型（3DMM）来约束重建过程，同时使用 CNN 提取图像特征，因此在形状和纹理方面表现出色。

▸ FaceNet：一种使用 3D 深度卷积神经网络进行端到端人脸重建的算法。它可以直接从单个图像中生成高质量的 3D 人脸模型，无须多视图信息。

▸ Deep3DFaceReconstruction：这种算法融合了多任务学习和深度卷积神经网络的优势，可以同时预测形状和纹理信息，并可在各种光照和姿态条件下创建逼真的 3D 人脸模型。

基于深度学习的重建技术广泛应用于人脸识别、虚拟现实、电影特效、人机交互等领域。它们凭借高度自动化和准确性，能够从单个或少数图像中恢复出逼真的 3D 人脸模型。

总之，基于深度学习的重建技术代表了当今重建领域的前沿科技。这些技术凭借深度神经网络强大的表征学习能力，能够从 2D 图像中预测出高质量的 3D 人脸形状和纹理。不过，想要实现最佳性能，仍然需要大量训练数据以及使用经过高度优化的网络架构。

3. 基于 3DMM 的重建

经典的 3D 人脸重建技术是基于 3D 可变形模型（3DMM）的，该技术基于统计模型来描绘人脸的形状和纹理特征。3D 可变形模型是通过分析大规模的 3D 人脸数据集得出的，它能够捕捉到人脸的变化范围，进而基于 2D 图像还原 3D 人脸结构。

3DMM 的核心原理在于通过线性组合来捕捉和表示人脸的形状和纹理变化。首先，它建立了一个均值形状模型，该模型代表了大量人脸数据集中的典型形状。随后，通过对形状和纹理的变异性进行统计分析，提取一组基向量，这些基向量能够描述人脸在形状和纹理上的多样性。

在 3DMM 中，每个人脸都可以通过一个基础的均值形状模型来初始化，然后通过一系列形状系数和纹理系数进行调整。这些系数是线性的，它们分别描述了人脸形状（如面部轮廓、鼻子形状等）和纹理（如皮肤纹理、肤色分布等）的个性化特征。这些系数反映了个体人脸与均值模型之间的差异。通过最小化重建误差，可以优化这些系数，从而生成具有精确几何结构和真实纹理细节的 3D 人脸模型。这种方法不仅能够实现高度个性化的人脸重建，还能在不同表情和光照条件下保持较好的一致性，是现代人脸识别和数字人技术中的关键技术。

基于 3DMM 的重建技术面临的主要挑战是模型的准确性和普适性问题。为了解决这类问题，研究人员需要使用大规模的人脸数据集来训练 3DMM，以确保它能够捕捉各种人脸的形状和纹理变化。此外，模型的初始化和参数优化也是重要的问题。为了将模型拟合到输入图像，需要设计有效的优化算法。

总的来说，基于 3DMM 的重建技术具有显著的优缺点。优点如下。

▶ 精确度高：该技术能够生成高度准确的 3D 人脸模型，精确地捕捉到人脸的形状和纹理细节。这使得它在需要高精度的应用场景中表现出色，例如可以在虚拟现实（VR）和面部识别领域提供更真实、更立体的面部表现。

▶ 泛化能力强：3DMM 能够捕捉到各种人脸的变化范围，因此它在面对不同的人脸特征和环境条件时，具有很强的泛化能力。这意味着它在不同的场景和应用中都有较好的表现。

▶ 理论基础稳固：3DMM 建立在坚实的数学和统计学基础上，能够有效地应对人脸形状和纹理的复杂变化。这使得它在理论和实践上都具有较高的可靠性。

缺点如下。

▶ 依赖大规模数据：为了训练出精确的 3DMM，需要用到大量的 3D 人脸数据集。然而，大规模数据的获取在现实中可能面临很多困难，需要充分的数据资源来保证。

▶ 计算复杂度高：优化 3DMM 的参数通常需要大量的计算资源和时间，特别是处理高分辨率的图像时，对计算能力的要求更高。这可能会限制该技术在某些资源有限的环境中的应用。

▶ 不适用于非典型情况：对于一些人脸存在遮挡、损坏或者部分缺失的情况，3DMM 可能无法正常工作。因此，在处理这些非典型情况时，需要进行额外的处理或使用更复杂的模型。

基于 3DMM 的重建技术在许多领域中都有广泛的应用。

▶ 面部识别：可提高面部识别的准确性，尤其是在表情和光照变化较大的情况下。

▶ 虚拟现实：将真实人脸映射到虚拟环境中的角色上，可以增强虚拟现实体验。

▶ 面部动画：可用于制作逼真的面部动画及电影特效。

▶ 医学图像处理：可用于面部分析和诊断。

基于 3DMM 的重建技术在人脸相关领域中发挥着重要作用，其广泛适用性和高度准确性的优点使其成为众多面部应用的首选方案。然而，需要注意的是，基于 3DMM 的重建技术仍然存在一定的局限性，尤其是在需要处理非典型情况时。因此，在选择基于 3DMM 的重建技术时，需要全面考虑其优点和缺点。

4．基于 GAN 的重建

基于生成对抗网络（GAN）的重建技术是一种新兴的技术。它使用一种深度学习模型来实现从

2D图像到3D人脸的重建。GAN模型由两个神经网络组成：生成器和判别器。这两个神经网络协同工作，以创建逼真的3D人脸。

GAN的实现原理是通过对抗训练生成逼真的3D人脸模型。其中，生成器致力于创建逼真的3D人脸，判别器则努力区分生成的人脸与真实的人脸。通过这一不断迭代的对抗过程，最终生成器学会制作出更加精致的3D人脸模型。

生成器的稳定性问题是基于GAN的重建技术面临的主要挑战。为了解决这个问题，研究人员需要设计合理的网络损失函数和架构，以确保生成器能够创建高质量的3D人脸模型。此外，由于GAN需要使用大量的训练数据来获得良好的性能，因此，数据的质量和多样性也是重要因素。

总的来说，基于生成对抗网络的重建技术具有显著的优缺点。优点如下。

▶ 高逼真度：GAN能够生成高度真实的3D人脸模型，其逼真度几乎可以与真实的人脸相媲美。

▶ 端到端训练：与其他技术相比，GAN可以实现端到端训练，这意味着它可以直接基于原始数据进行训练，减少了对手工特征工程的依赖，更加高效、便捷。

▶ 多样性：GAN生成的3D人脸模型具有多样性，能满足不同的应用场景和需求。

缺点如下。

▶ 训练复杂：训练GAN模型需要大量的计算资源和时间，并且需要高质量的训练数据支持，这使得训练过程异常复杂和耗时。

▶ 模型不透明：GAN内部工作机制的复杂性使模型本身不透明，难以解释其内部的工作原理和生成的结果的可信度，这可能会影响它在某些领域的应用。

▶ 对抗样本：GAN模型很容易受到对抗样本攻击，这些对抗样本可能会引发模型的不稳定性或生成错误的结果，这会对它在实际应用中的可靠性产生影响。

基于GAN的重建技术在许多领域中得到了广泛的应用。

▶ 虚拟现实和游戏开发：该技术能生成逼真的3D人脸，为虚拟现实和游戏中的角色建模提供支持。

▶ 人脸编辑和合成：可以用于编辑和合成人脸照片，例如改变表情，模拟化妆或改变发型。

▶ 艺术和创意：艺术家可以使用GAN技术创作艺术作品，例如创作逼真的面部雕塑。

▶ 医学诊断和研究：3D人脸重建技术可以在医学图像处理中用于面部结构分析和疾病诊断。

基于GAN的重建技术在不断发展，其高逼真度和多样性使其在许多应用中备受欢迎。然而，需要注意的是，训练和修改GAN模型需要大量的资源和专业知识，因此在实际应用中需要慎重考虑成本和性能的平衡。

3.1.4　建模软件比较

选择合适的建模软件对于进行3D人脸建模至关重要。在这一节中，我们将介绍一些主要的建模软件，包括Blender、UE5、Omniverse、MetaStudio，并在最后对它们进行综合性比较。

1. Blender

Blender 是一款具备高自由度和开源特性的 3D 创作软件，它可通过 FaceBuilder 插件将人脸图像轻松地转换为 3D 模型。该软件集合了 3D 建模、动画、渲染及视频剪辑等功能，但使用前需具备一定的专业知识。

Blender 进行人脸建模的流程包括数据采集、预处理、运用结构光重建算法创建点云和网格、使用 UV 贴图生成纹理、导入 BFM 等先验模型进行优化等步骤。其输出的结果具备高度的真实感，但模型创建周期相对较长。

Blender 结合 OpenCV 及 Open3D 等算法工具进行重建工作，能够精确还原人脸的细节，输出包含大量顶点的精确网格（Mesh），同时允许用户自由调节渲染参数以获取逼真的图像效果。然而，此过程通常需要由专业的 3D 建模师来操作，对于需要快速批量生成数字人的应用场景而言可能并不适合。

Blender 非常适合用于需要高质量电影视效的场景，因为它具备极高的灵活性和可定制性。但为了充分发挥其潜力并实现最佳效果，使用者需要具备专业的 3D 建模技能和知识。

2. UE5

UE5 是一款广为人知的游戏引擎，其内部集成了人脸建模和渲染等功能，可供用户免费使用，并且其资产商店提供了丰富的资源（模型、纹理、材质、动画、音效等），学习曲线相对 Blender 而言也较为平缓。在 UE5 的环境下，用户可以利用 MetaHuman Creator 插件，通过拖拽预设模型进行微调，这样就可以快速地生成 3D 数字人物。另外，用户还可以导入由其他软件生成的 Mesh 以进行更为细致的优化。不得不提的是，UE5 的动画系统功能相当强大。

UE5 采用了数字人物模型系统，这种系统并不依赖传统的算法。它能够快速地生成交互式的数字人物，并且这些数字人物可以直接应用于游戏开发。虽然生成质量略低于 Blender，但是具有极高的易用性是其一大亮点。另外，必须提一下的是，UE5 拥有强大的渲染能力，这使得它可以实现数字人物的实时渲染，从而满足了游戏对于性能的要求。

总体来看，UE5 广泛应用于游戏开发、电影、动画、建筑可视化、虚拟现实和增强现实（AR）等领域。借助其强大的图形渲染能力和实时光线追踪技术，开发者能够创造出更加逼真的数字人物和虚拟场景。此外，UE5 还提供了一系列的开发工具和功能，如蓝图视觉脚本系统、动画工具、物理模拟等，这些工具和功能使得开发者能够更加便捷地构建和优化游戏和虚拟场景。

3. Omniverse

Omniverse 是 NVIDIA 推出的元宇宙协作平台，其 Audio2Face 模块采用了深度学习模型，实现了从音频直接生成数字人脸部动画的功能，因而无须采用传统的建模方式。

在 Audio2Face 模块的作用下，用户只需要上传语音文件，即可实现一键式生成动画，且不需要进行调整。另外，该模块还支持预训练模型，可实现人脸的实时驱动，并且能够将生成的动画直接导出到 Unreal Engine 等游戏开发平台或三维动画软件中，方便用户使用。

Audio2Face 在 Omniverse 中能实现上述功能，主要得益于它利用 Door 数据进行模型训练。

Audio2Face 不仅为电影、游戏等制作领域提供了全新的解决方案，而且能够为其他行业提供便捷、高效的解决方案。

4. MetaStudio

华为推出的 MetaStudio 是一个数字人生成平台，具备了从单图像快速转换为数字人的功能。用户只需上传一张自拍图片，通过预设模型的拟合与优化，无须专业的建模技能，便可在几分钟内生成交互式的 3D 数字人。

MetaStudio 运用其独有的数据集和算法对面部进行参数化建模，实现了高效生成数字人的目标。该平台简单、易用的特点适合需要大量数字人的直播、电商等场景。

MetaStudio 通过平台化和运用预设模型，成功降低了数字人制作的难度，使得用户不需要专业知识就能批量转换和生成 3D 数字人。

5. 综合比较

Blender 具备生成细节丰富的数字人物的能力，然而使用该软件需要深厚的专业知识，且难以实现批量创造数字人。与之相比，UE5 通过预设模型的方式简化了数字人的制作流程，其易用性被大大提高。Omniverse 则具有从语音直接生成动画的功能，虽然独特但需要进行额外的配置。最后，MetaStudio 实现了工业级别的数字人物批量生成。表 3-1 对上述 4 种建模软件进行了比较，用户可根据实际需求进行合理的选择。

表 3-1   4 种建模软件的对比

建模软件	获取和安装	3D 人脸建模操作步骤	算法模型	使用效果	应用场景
Blender	开源免费，需要额外安装 FaceBuilder 插件	数据准备、网格重建、纹理贴图、参数调优、渲染输出；需要人工操作和参数调整	基于多视图几何重建、参数化人脸模型优化；组合算法灵活	可生成细节丰富的数字人模型；精度高，逼真度好	要生成高质量数字人的场景，如游戏、动画制作
UE5	免费，资产商店丰富	直接使用预设模型和插件，参数化调整人脸；可导入其他软件生成的模型	基于预设的数字人系统，使用参数化人脸模型	操作简单，具有交互性；精度略低于 Blender	前端数字人应用，如虚拟主播、数字人游戏
Omniverse	需安装 Audio2Face	上传语音，一键生成动画	基于深度学习实现语音到动画映射的模型	可直接驱动数字人模型，但需要使用不同语音	可用于电影、游戏等场景
MetaStudio	直接使用基于云的网页平台	上传照片，自动生成数字人模型	使用自研的数字人生成算法	易用性好，可批量生成数字人	数字人的批量生产，如虚拟主播、电商直播

3.2　表情分析

表情分析是人机交互和情感计算领域的关键技术，其目的是通过观察一个人的面部表情来识别和理解其内在的情感状态。近年来，表情分析从最初的基于手工特征提取和传统的机器学习方法演进到了基于深度学习的端到端框架。随着技术的进步，表情分析在智能教育、医疗辅助、社交机器人等领域得到了广泛的应用。

表情分析主要包括 4 部分：表情识别、表情生成、表情跟踪和表情融合。表情识别借助计算机视觉和机器学习方法识别面部表情类别。表情生成使用人脸图像和表情类别条件来合成不同的表情效果。表情跟踪专注于分析面部表情的时域变化。表情融合则通过联合训练和多任务学习实现表情识别、生成和跟踪等技术的协同。

尽管表情分析技术取得了巨大的进步，但仍需要进一步研究相关算法，以提升其准确率、鲁棒性和应对复杂情况等方面的能力。下面将详细介绍表情分析的各部分，以展示当前技术的发展状况，并为未来的研究方向提供启示。

3.2.1　表情识别

表情分析中最基础和最重要的技术之一是表情识别，其目的是将面部图像分类并确定其所表达的表情类别。面部表情可以直观地反映一个人内心的情感状态。随着技术的发展，表情识别在人机交互、安防监控、医疗诊断等领域得到广泛应用。最近，随着计算机视觉和机器学习理论的进步，表情识别算法也快速发展。

当前表情识别算法的主要目标是提高识别准确率，有效处理复杂姿态、遮挡和复杂背景等实际问题，并增强对不同人群或数据集的泛化能力。早期，表情识别主要依赖支持向量机等传统机器学习分类器实现，非常依赖图像预处理和特征提取，因此存在泛化能力不足等问题。

本节将详细介绍表情识别技术的各个子领域。对每个子领域，我们都总结了常用方法、当前热点和未来可探索的方向。静态图像表情识别部分讨论了从单张图片中识别人脸表情的方法。序列图像表情识别关注如何建模图像序列中的时序信息。多模态表情识别描述了如何结合多种信息（语音、视觉等）来进行建模和识别表情。

希望上述内容可以展示表情识别技术的发展趋势，并为进一步研究提供借鉴。

1. 静态图像表情识别

静态图像表情识别是一种重要技术，旨在从单张图片中识别人脸的表情，这些表情通常包括常见的情感类别，如快乐、愤怒或悲伤。下面介绍两种常用的静态表情识别算法：支持向量机（SVM）和 CNN。

（1）支持向量机

支持向量机是一种监督学习算法，主要用于分类和回归问题中。在静态表情识别领域，支持向量机可以用于对人脸图像进行分类，识别出图像中的表情。支持向量机的工作原理是在高维空间中寻找一个最优超平面，使得两个类别之间的间隔最大化从而提高分类的准确性和泛化能力。

静态表情识别中使用支持向量机的基本步骤如下。

1）对输入的人脸图像进行预处理，包括灰度化、直方图均衡化、归一化等操作，以消除光照、对比度等因素的影响。

2）从预处理后的图像中提取有助于表情识别的特征，局部二值模式（LBP）、主成分分析（PCA）或高斯混合模型（GMM）等都是常用的特征提取方法。这些方法可以从图像中提取对表情变化敏感的特征，如面部纹理、形状变化等。

3）将提取的特征输入支持向量机分类器中进行训练。在训练过程中，支持向量机会找到一个最优超平面，使得不同类别（如不同的情绪状态）之间的间隔最大化。这个超平面能够有效地区分不同的表情类别。

4）使用训练好的支持向量机分类器对新的静态人脸图像进行表情识别。新的图像经过同样的预处理和特征提取步骤后，其特征会被输入分类器中，支持向量机会根据训练得到的模型对表情进行分类。

使用支持向量机进行静态表情识别的 Python 代码如下。

```python
import numpy as np
from sklearn.model_selection import train_test_split
from sklearn.svm import SVC
from sklearn.metrics import classification_report
from sklearn.preprocessing import StandardScaler

# 加载数据集（请替换为你的数据集路径）
data = np.load("your_dataset.npz")
X = data["X"]
y = data["y"]

# 划分训练集和测试集
X_train, X_test, y_train, y_test = train_test_split(X, y, test_size=0.2, random_state=42)

# 数据预处理
scaler = StandardScaler()
X_train = scaler.fit_transform(X_train)
X_test = scaler.transform(X_test)

# 支持向量机模型训练
svm_model = SVC(kernel="rbf", C=1, gamma="scale")
svm_model.fit(X_train, y_train)
```

```
# 预测
y_pred = svm_model.predict(X_test)

# 输出分类报告
print(classification_report(y_test, y_pred))
```

注意，上述示例采用了简单的示例数据集，并运用了高斯核（RBF）的支持向量机进行分类。在实际应用中，需要根据数据的特点和问题选择合适的特征提取方法和模型配置。

（2）CNN

CNN 是一种深度学习算法，特别适合用于处理具有网格结构的数据，如图像。在静态表情识别任务中，CNN 可以自动学习从原始像素到高级特征的层次化表示，从而提高识别准确性。

使用 CNN 进行静态表情识别的基本步骤如下。

1）对输入的人脸图像进行预处理，如缩放、裁剪等，使其适应 CNN 的输入尺寸。同时减少光照、对比度等因素的影响，为后续的特征提取和分类打下基础。

2）将预处理后的图像输入 CNN 中。CNN 包括多个卷积层、激活函数、池化层和全连接层，可以自动学习并提取图像中的特征表示。这些层级结构的设计使得 CNN 能够捕捉到从局部到全局的多层次特征。

3）在训练过程中，CNN 通过随机梯度下降（SGD）或其他优化算法来调整网络权重，以最小化损失函数。损失函数衡量了模型预测与实际标签之间的差异。通过反向传播算法，网络学习到能够区分不同表情的特征表示。

4）使用训练好的 CNN 模型对新的静态人脸图像进行表情识别。模型会输出一个概率分布，表示图像属于不同表情类别的可能性，通常选择概率最高的类别作为识别结果。

使用 CNN 进行静态表情识别的 Python 代码如下。

```
import keras
from keras.models import Sequential
from keras.layers import Conv2D, MaxPooling2D, Flatten, Dense, Dropout
from keras.preprocessing.image import load_img, img_to_array
from keras.utils import to_categorical
from keras.models import model_from_json

# 加载数据集（请替换为你的数据集路径）
data = np.load("your_dataset.npz")
X = data["X"]
y = data["y"]

# 划分训练集和测试集
X_train, X_test, y_train, y_test = train_test_split(X, y, test_size=0.2, random_state=42)
```

```
# 数据预处理
X_train = np.array([img_to_array(load_img(img, target_size=(48, 48))) for img in X_train])
X_test = np.array([img_to_array(load_img(img, target_size=(48, 48))) for img in X_test])

# 转换为张量并归一化
X_train = np.array(X_train) / 255.0
X_test = np.array(X_test) / 255.0

#将标签转换为独热编码
y_train = to_categorical(y_train)
y_test = to_categorical(y_test)

# 构建CNN模型
model = Sequential()
model.add(Conv2D(32, kernel_size=(3, 3), activation='relu', input_shape=(48, 48, 1)))
model.add(MaxPooling2D(pool_size=(2, 2)))
model.add(Conv2D(64, kernel_size=(3, 3), activation='relu'))
model.add(MaxPooling2D(pool_size=(2, 2)))
model.add(Flatten())
model.add(Dense(128, activation='relu'))
model.add(Dropout(0.5))
model.add(Dense(num_classes, activation='softmax'))    # num_classes为类别数量

# 编译模型
model.compile(loss='categorical_crossentropy', optimizer='adam', metrics=['accuracy'])

# 训练模型
model.fit(X_train, y_train, batch_size=32, epochs=10, validation_data=(X_test, y_test))

# 保存模型
model.save("cnn_model.h5")

# 加载模型进行预测
loaded_model = model_from_json(open("cnn_model.json", "r").read())
loaded_model.load_weights("cnn_model.h5")
predictions = loaded_model.predict(X_test)

# 输出预测结果
print(predictions)
```

总之，支持向量机和 CNN 都可以用于静态表情识别任务。支持向量机是一种简单且易于实现的算法，但在处理复杂模式和高维数据时可能不如 CNN。CNN 具有强大的特征学习能力，尤其适合处理图像数据，但需要大量的训练数据和计算资源支持。在实际应用中，可以根据具体需求和资源情况选择合适的算法。

在数字人领域，静态图像表情识别技术发挥着重要的作用，为人们提供了更加智能、高效的人机交互体验。

在虚拟现实和增强现实环境中，静态图像表情识别技术可以帮助数字人更好地模拟人类的情感状态。通过识别人类的面部表情，数字人可以作出相应的情感反应，从而提供更加自然、真实的交互体验。

静态图像表情识别技术在数字人的情感分析领域也有着广泛的应用。数字人通过分析人类面部的微表情、肌肉运动等特征，可以推断出人类情感状态，从而为情感交流和交互提供更加准确的信息。

此外，静态图像表情识别技术还可以用于数字人的个性化定制。比如，可以为用户量身打造更加符合其个性特征的数字人形象，进而提供更加真实、贴心的交互体验。

总之，静态图像表情识别技术在数字人领域的应用，可以帮助人们实现更加智能、高效的人机交互体验，为未来数字人技术的发展带来更加广阔的应用前景。

2. 序列图像表情识别

与静态图像表情识别不同，序列图像表情识别专注于连续图像帧中的表情变化。在数字人视觉领域，序列图像表情识别用于分析和理解表情随时间推移而产生的变化。

序列图像表情识别包括以下重要步骤。

1）数据采集和预处理：这一步骤需要获取包含表情变化的图像序列，这通常需要通过摄像头或录制视频来实现。为了提取精确的面部特征，这些图像帧必须经过预处理，预处理包括人脸识别、关键点定位和图像对齐等环节。

2）特征提取：与静态图像不同，序列图像的特征提取需要考虑时间维度。因此，常使用循环神经网络（RNN）及其变体，如长短时记忆网络和门控循环单元（GRU）来提取时间序列特征。它们能够处理序列数据，并捕捉数据中的时序依赖关系。

3）模型训练和分类：提取的特征随后被用于训练分类器模型，以判断在序列中不同时间点的表情类别。模型可以是基于传统的机器学习算法构建的，也可以是基于深度学习技术构建的。在训练过程中，需要使用带有时间标签的数据进行监督学习。

序列图像表情识别有许多用途，主要如下。

▶ 情感分析：通过分析视频会议和社交媒体，识别人们的情感变化，以便更好地理解他们对不同内容的反应。

▶ 身心健康监测：在医疗保健领域，可以用于监控患者的心理状态，尤其是在诊断和治疗焦虑症、抑郁症等心理障碍时。

▶ 虚拟角色互动：在虚拟现实游戏、在线教育和虚拟助手等领域，增强虚拟角色的情感智能，以促进与用户的互动。

▶ 娱乐和媒体制作：在制作电影、特效和动画时，可以根据角色的情感状态自动调整表情，以增强作品的情感表达。

下面是一个简化的 LSTM 算法示例，展示了使用 keras 库创建一个简单的序列图像表情识别模型的方法。

```
import tensorflow as tf
from tensorflow import keras
from tensorflow.keras import layers

# 构建LSTM模型
model = keras.Sequential([
    layers.LSTM(64, input_shape=(seq_len, feature_dim), return_sequences=True),
    layers.LSTM(64),
    layers.Dense(num_classes, activation='softmax')
])

# 编译模型
model.compile(optimizer='adam',
              loss='categorical_crossentropy',
              metrics=['accuracy'])

# 准备训练数据和标签
X_train = ...
y_train = ...

# 训练模型
model.fit(X_train, y_train, epochs=10, batch_size=32)

# 准备测试数据
X_test = ...

# 进行推理
predictions = model.predict(X_test)

# 获取预测结果
predicted_emotion = predictions.argmax(axis=1)
```

序列图像表情识别在数字人领域具有巨大的潜力，因为它可以更全面地捕捉和理解人类情感的动态变化。

3. 多模态表情识别

多模态表情识别是数字人视觉领域的一个重要研究方向，其目标是通过整合从各种传感器收集的多模态数据（如音频、文本等）来识别和理解一个人的情感状态。这种方法不仅丰富了信息来源，还提高了表情识别的鲁棒性和准确性。

多模态表情识别的主要步骤如下。

1）数据采集和融合：利用各种传感器收集多模态数据（如音频、文本等），然后进行同步处理和融合。可以同时或分别收集这些数据。

2）特征提取：对于不同模态的数据，采用不同的特征提取方法。例如，图像数据可以通过卷积神经网络来提取空间特征，音频数据可以通过声谱分析提取声音特征，而文本数据则可以通过自然语言处理（NLP）技术，如词嵌入或句子编码器，来提取语义和结构特征。

3）多模态特征融合：构建一个多模态融合模型，将不同模态的特征融合在一起。深度神经网络（如多模态注意力模型）或传统融合方法（如加权平均或级联模型）可以完成这项任务。

4）情感分类：利用融合后的特征来进行情感分类。深度学习模型（如多层感知器或循环神经网络）或传统机器学习算法（如支持向量机或决策树）可以完成这项任务。

多模态表情识别技术在许多领域中都得到了应用，包括但不限于以下领域。

▶ 社交媒体分析：用于分析用户在社交媒体上的情感和情绪。这有助于了解用户对特定事件或话题的反应。

▶ 用户体验评估：用于评估用户对产品、应用程序或网站的满意度，以指导产品改进。

▶ 虚拟现实和游戏：用于创建更具互动性和沉浸感的虚拟环境，例如将面部表情和语音情感同步到虚拟角色中。

▶ 心理健康监测：用于识别和监测患者的情感状态，为改善心理健康提供数据支持。

在算法层面，多模态表情识别涉及多模态深度神经网络、多模态注意力模型、多模态融合卷积神经网络等技术。多模态深度神经网络通常会集成多个子网络，这些子网络负责处理不同模态的数据，它们可以相互分享信息，共同完成情感分类任务。

下面是一个使用 Python 的 keras 库构建简单的多模态表情识别模型示例，里面使用了以下 3 种模态。

▶ 视觉模态（人脸关键点）：通过提取人脸关键点来表示面部表情。

▶ 音频模态（语音信号）：通过分析语音信号的特征来捕捉情感信息。

▶ 文本模态（文本描述）：通过分析与表情相关的文本来提供额外信息。

请注意，这个示例仅用于演示目的，你需要根据自己的实际数据集进行调整。

```python
import numpy as np
import pandas as pd
from keras.models import Model
from keras.layers import Input, Dense, Dropout, Concatenate, TimeDistributed, Activation
from keras.preprocessing.image import load_img, img_to_array
from keras.preprocessing.sequence import pad_sequences
from keras.utils import to_categorical
from keras.callbacks import ModelCheckpoint


# 加载数据集（请替换为你的数据集路径）
```

```
data = pd.read_csv("your_dataset.csv")

# 提取视觉模态（人脸关键点）特征
X_visual = data[["keypoint_x1", "keypoint_y1", ...]].values

# 提取音频模态（语音信号）特征
X_audio = data[["audio_feature1", "audio_feature2", ...]].values

# 提取文本模态（文本描述）特征
X_text = data["text_description"]

# 将标签转换为独热编码
y = to_categorical(data["expression"])

# 数据预处理：将文本描述扩充到固定长度（结尾补0）
max_length = 100   # 设定最大文本长度
X_text = pad_sequences([X_text], maxlen=max_length, padding='post')

# 构建多模态模型
input_visual = Input(shape=(X_visual.shape[1],))
input_audio = Input(shape=(X_audio.shape[1],))
input_text = Input(shape=(max_length,))

x_visual = TimeDistributed(Dense(64, activation='relu'))(input_visual)
x_audio = Dense(64, activation='relu')(input_audio)
x_text = Dense(64, activation='relu')(input_text)

merged = Concatenate()([x_visual, x_audio, x_text])

model = Model(inputs=[input_visual, input_audio, input_text], outputs=merged)

# 添加全连接层和输出层
model.add(Dense(128, activation='relu'))
model.add(Dropout(0.5))
model.add(Dense(num_classes, activation='softmax'))   # num_classes为类别数量

# 编译模型
model.compile(loss='categorical_crossentropy', optimizer='adam', metrics=['accuracy'])

# 训练模型
checkpointer = ModelCheckpoint(filepath="multimodal_model.h5", verbose=1, save_best_only=True)
model.fit([X_visual, X_audio, X_text], y, batch_size=32, epochs=10, validation_split=0.2,
callbacks=[checkpointer])

# 加载最佳模型
```

```
model.load_weights("multimodal_model.h5")

# 推理示例
new_visual_data = np.array([[new_visual_data1, new_visual_data2, ...]])
new_audio_data = np.array([[new_audio_data1, new_audio_data2, ...]])
new_text_data = np.array([new_text_description])

new_text_data_padded = pad_sequences([new_text_data], maxlen=max_length, padding='post')

predictions = model.predict([new_visual_data, new_audio_data, new_text_data_padded])
predicted_class = np.argmax(predictions, axis=1)
```

多模态表情识别的发展不仅拓宽了情感分析的应用范围，还提高了情感识别的多样性和准确性，为数字人技术带来了更加丰富的可能性。

3.2.2   表情生成

表情分析中的一个重要领域是表情生成，其目标是基于人脸图像和表情类别等条件合成所需的面部表情效果。随着深度生成模型和计算机图形学的发展，表情生成技术已广泛应用于数字人、虚拟角色、人机交互等领域。

早期的表情生成主要依赖人工设计的表情映射规则和 3D 面部模型，这不仅需要大量的先验知识，而且合成过程复杂。然而，随着生成式对抗网络等深度生成模型的兴起，直接基于大量数据进行端到端的表情生成逐渐成为主流方法。当前表情生成算法主要关注提升生成图像的质量和逼真度、处理姿态变化和遮挡等情况，以及提高算法效率。

本节首先介绍最流行的对抗学习网络在表情合成中的应用。然后介绍编码器 - 解码器结构，该结构因其能够有效学习表情表示的转换而被广泛使用。最后介绍迁移学习，它可以用在其他任务上学习到的知识来改进表情合成的性能。

表情生成仍有很多值得深入研究的问题，如进一步提高图像的真实性、处理复杂的场景和优化算法效率等。表情生成技术的应用场景包括数字人、智能游戏、社交软件等。下面将详细介绍表情生成的各种方法和模型。

1. 基于 GAN 的表情生成

基于 GAN 的表情生成已经取得了显著进展，现在已经能够创建出逼真的表情图像。在本节中，我们将介绍基于 GAN 的常见表情生成算法，其中最著名的是 Conditional GAN（CGAN）。

GAN 通过生成器和判别器这两个神经网络来工作。生成器负责制作图像，而判别器负责评估图像是否足够真实。在表情生成任务中，CGAN 可以学习基于表情标签（如"高兴""悲伤"等）生成相应的人脸图像。

CGAN 的 Python 代码示例如下。

```python
import tensorflow as tf
from tensorflow.keras.layers import Input, Dense, Reshape, Flatten, Concatenate
from tensorflow.keras.layers import BatchNormalization, Activation, Embedding, multiply
from tensorflow.keras.layers import Conv2DTranspose, Conv2D
from tensorflow.keras.optimizers import Adam
from tensorflow.keras.models import Model
import numpy as np

# 定义生成器模型
def build_generator(z_dim, num_classes, img_shape):
    noise_input = Input(shape=(z_dim, ))
    label_input = Input(shape=(1, ), dtype='int32')
    label_embedding = Embedding(num_classes, z_dim)(label_input)
    label_embedding = Flatten()(label_embedding)
    joined_representation = multiply([noise_input, label_embedding])
    generator = Dense(256, input_dim=z_dim*num_classes)(joined_representation)
    generator = LeakyReLU(alpha=0.2)(generator)
    generator = BatchNormalization(momentum=0.8)(generator)
    generator = Dense(512)(generator)
    generator = LeakyReLU(alpha=0.2)(generator)
    generator = BatchNormalization(momentum=0.8)(generator)
    generator = Dense(1024)(generator)
    generator = LeakyReLU(alpha=0.2)(generator)
    generator = BatchNormalization(momentum=0.8)(generator)
    generator = Dense(np.prod(img_shape), activation='tanh')(generator)
    generator = Reshape(img_shape)(generator)
    gen_model = Model(inputs=[noise_input, label_input], outputs=[generator])
    return gen_model

# 定义判别器模型
def build_discriminator(img_shape, num_classes):
    img_input = Input(shape=img_shape)
    label_input = Input(shape=(1, ), dtype='int32')
    label_embedding = Embedding(num_classes, np.prod(img_shape))(label_input)
    label_embedding = Flatten()(label_embedding)
    flat_img = Flatten()(img_input)
    merged_input = concatenate([flat_img, label_embedding])
    discriminator = Dense(1024)(merged_input)
    discriminator = LeakyReLU(alpha=0.2)(discriminator)
    discriminator = Dense(512)(discriminator)
    discriminator = LeakyReLU(alpha=0.2)(discriminator)
    discriminator = Dense(256)(discriminator)
    discriminator = LeakyReLU(alpha=0.2)(discriminator)
```

```
        discriminator = Dense(1, activation='sigmoid')(discriminator)
        disc_model = Model(inputs=[img_input, label_input], outputs=[discriminator])
        return disc_model

# 定义CGAN模型
def build_cgan(generator, discriminator):
        z_dim = generator.input_shape[0][1]
        num_classes = discriminator.input_shape[1][1]
        noise_input = generator.input[0]
        label_input = generator.input[1]
        img = generator([noise_input, label_input])
        discriminator.trainable = False
        valid = discriminator([img, label_input])
        cgan = Model([noise_input, label_input], valid)
        cgan.compile(loss='binary_crossentropy', optimizer=Adam(lr=0.0002, beta_1=0.5))
        return cgan

# 定义训练函数
    def train_cgan(generator, discriminator, cgan, X_train, y_train, z_dim, num_classes,
epochs, batch_size):
        valid = np.ones((batch_size, 1))
        fake = np.zeros((batch_size, 1))
        for epoch in range(epochs):
            for _ in range(X_train.shape[0] // batch_size):
                idx = np.random.randint(0, X_train.shape[0], batch_size)
                real_images = X_train[idx]
                labels = y_train[idx]
                noise = np.random.normal(0, 1, (batch_size, z_dim))
                gen_images = generator.predict([noise, labels])
                d_loss_real = discriminator.train_on_batch([real_images, labels], valid)
                d_loss_fake = discriminator.train_on_batch([gen_images, labels], fake)
                d_loss = 0.5 * np.add(d_loss_real, d_loss_fake)
                noise = np.random.normal(0, 1, (batch_size, z_dim))
                valid_labels = np.ones((batch_size, 1))
                g_loss = cgan.train_on_batch([noise, labels], valid_labels)
            print(f"Epoch {epoch}, D Loss: {d_loss[0]}, G Loss: {g_loss}")
        return generator

# 设置参数
z_dim = 100  # 噪声向量维度
num_classes = N  # 类别数量
img_shape = (64, 64, 3)  # 图像形状
epochs = 10000
batch_size = 64
```

```
# 创建并编译生成器和判别器
generator = build_generator(z_dim, num_classes, img_shape)
discriminator = build_discriminator(img_shape, num_classes)
discriminator.compile(loss='binary_crossentropy', optimizer=Adam(lr=0.0002, beta_1=0.5),
metrics=['accuracy'])

# 创建并编译CGAN模型
cgan = build_cgan(generator, discriminator)

# 加载和准备数据（请根据实际情况更改）
X_train = ...
y_train = ...

# 训练CGAN模型
trained_generator = train_cgan(generator, discriminator, cgan, X_train, y_train,
z_dim, num_classes, epochs, batch_size)

# 生成表情图像的示例
noise = np.random.normal(0, 1, (1, z_dim))
label = np.array([0])  # 替换为所需的标签
generated_image = trained_generator.predict([noise, label])
```

基于 GAN 的表情生成其应用场景如下。

▶ 虚拟角色动画：CGAN 可以创建更生动的虚拟角色表情。

▶ 面部编辑工具：用于在视频通话应用程序中编辑或混合面部图像。

▶ 情感数据增强：通过制作带有情感标记的图片，增强情感分析模型的训练数据。

GAN 在表情生成方面具有优秀的表现，然而仍需面对一些挑战，例如它在生成图像的多样性和逼真度上还有所欠缺。随着训练策略和 GAN 变体的持续改进，我们期待表情生成的质量和多样性有进一步的提升。

2. 基于编码器 - 解码器的表情生成

基于编码器 - 解码器的表情生成通过学习数据的潜在表示来创建逼真的表情。自编码器（Autoencoder）和变分自编码器（Variational Autoencoder，VAE）是常用于这种方法中的两种模型，下面将重点关注 VAE。

VAE 的目标是学习输入数据（包括表情图像）的潜在分布。VAE 由编码器和解码器组成。编码器负责将图像映射到可预测空间的分布参数中，然后在分布参数中采样，获得一个潜在向量。为了生成图像，解码器要将这个潜在向量映射回图像空间。通过这种方式，VAE 可以制作出符合要求的图像。

VAE 的 Python 代码示例如下。

```
import tensorflow as tf
from tensorflow.keras.layers import Input, Dense, Lambda
```

```python
from tensorflow.keras.models import Model
from tensorflow.keras import backend as K
import numpy as np

# 定义VAE模型
def build_vae(input_dim, latent_dim):
    # 编码器
    input_img = Input(shape=(input_dim, ))
    encoder = Dense(256, activation='relu')(input_img)
    z_mean = Dense(latent_dim)(encoder)
    z_log_var = Dense(latent_dim)(encoder)

    # 采样层
    def sampling(args):
        z_mean, z_log_var = args
        epsilon = K.random_normal(shape=(K.shape(z_mean)[0], latent_dim), mean=0., stddev=1.0)
        return z_mean + K.exp(0.5 * z_log_var) * epsilon

    z = Lambda(sampling)([z_mean, z_log_var])

    # 解码器
    decoder_input = Input(shape=(latent_dim, ))
    decoder = Dense(256, activation='relu')(decoder_input)
    output_img = Dense(input_dim, activation='sigmoid')(decoder)

    # 构建编码器和解码器
    encoder_model = Model(input_img, [z_mean, z_log_var, z])
    decoder_model = Model(decoder_input, output_img)

    # 构建VAE模型
    output_img = decoder_model(encoder_model(input_img)[2])
    vae = Model(input_img, output_img)

    # 定义VAE的损失函数
    reconstruction_loss = tf.keras.losses.binary_crossentropy(input_img, output_img)
    reconstruction_loss *= input_dim
    kl_loss = 1 + z_log_var - K.square(z_mean) - K.exp(z_log_var)
    kl_loss = K.sum(kl_loss, axis=-1)
    kl_loss *= -0.5
    vae_loss = K.mean(reconstruction_loss + kl_loss)
    vae.add_loss(vae_loss)

    return vae, encoder_model, decoder_model

# 设置参数
```

```
input_dim = 64 * 64 * 3  # 图像数据维度
latent_dim = 100  # 潜在空间维度

# 创建并编译VAE模型
vae, encoder, decoder = build_vae(input_dim, latent_dim)
vae.compile(optimizer='adam')

# 加载和准备数据（请根据实际情况更改）
X_train = ...

# 训练VAE模型
vae.fit(X_train, epochs=epochs, batch_size=batch_size)

# 使用VAE生成表情图像的示例
z_sample = np.random.normal(0, 1, (1, latent_dim))
generated_image = decoder.predict(z_sample)
```

VAE 在数字人领域的应用场景如下。

▶ 数字人生成：生成具有特定特征（如特定发型、脸型、服装等）的数字人，可用于游戏开发、动画制作等领域。

▶ 数字人动画：学习数字人物的姿态、表情等特征，并生成新的动画，使得数字人更加逼真和生动。

▶ 数字人语音合成：结合语音合成技术生成具有特定语音特征的数字人声音，可用于语音助手、虚拟主播等领域。

▶ 数字人交互：实现数字人与用户的交互，例如在虚拟现实环境中与用户进行对话和交互，提升用户体验。

▶ 数字人识别：对数字人图像进行识别和分类，可用于人脸识别、行为识别等领域。

使用基于编码器 – 解码器的表情生成方法，我们不仅能够获得灵活性，还能解释潜在空间的结构。然而，要生成高质量的表情图像，还需要大量训练数据和计算资源的支持。

3. 基于迁移学习的表情生成

迁移学习可以应用于表情生成任务，即将先前在相关任务上学习到的知识迁移，用于提升表情生成的性能。以下的示例用于说明如何将迁移学习应用于表情生成。

任务描述：根据给定的情绪文本生成相应的面部表情。在实际应用中，需要使用大量的训练数据来训练模型，以达到逼真的效果。然而，在某些情况下，可用的表情数据集可能有限。这时，迁移学习可以发挥重要作用。

基于迁移学习的表情生成过程如下。

（1）任务分解

我们可以将任务分解为源任务和目标任务。

- ▶ 源任务：源任务可以是预先存在的面部表情识别任务，它已经从大量的面部表情数据中学习到了各种特征。
- ▶ 目标任务：目标任务是表情生成任务，根据输入的情绪文本生成对应的面部表情。

（2）知识传输

这一步要将源任务中的特征表示和模型权重传输到目标任务中。

- ▶ 特征表示：源任务的特征表示可以用来训练目标任务的图像特征提取器。这些特征可能包括面部特征（如眼睛、嘴巴和眉毛等部位）的相对位置。
- ▶ 模型权重：源任务的模型权重可以用来初始化解码器网络。这使得模型在生成面部表情时可以利用在源任务中所学的特征。

（3）确定迁移策略

在目标任务中，我们可以利用源任务中的特征表示和模型权重来初始化图像特征提取器和编码器网络的一部分。这部分网络可以被用于从情绪文本中提取关键信息，并生成相应的面部表情。然后，我们可以针对目标任务进行微调，以优化网络在生成表情方面的性能。这一过程包括训练一个生成器网络，该网络接受情绪文本作为输入，并输出相应的面部表情图像。

通过这种方式，即使目标任务可用的数据量有限，模拟系统也可以利用从源任务中迁移来的知识生成更加逼真的面部表情。

以下是一个简化的 Python 代码示例，该示例使用 Hugging Face 的 transformers 库来生成图像描述，然后使用图像生成模型生成数字人表情。

```python
import torch
from transformers import AutoTokenizer, AutoModelForTextToImageGeneration
from torchvision import transforms
from PIL import Image
import matplotlib.pyplot as plt

# 将预训练的文本加载到图像生成模型中
text_to_image_model = AutoModelForTextToImageGeneration.from_pretrained("dall-e2")
tokenizer = AutoTokenizer.from_pretrained("dall-e2")

# 输入文本描述
text_description = "一个带笑脸的数字人"

# 将文本描述编码为token
input_ids = tokenizer.encode(text_description, return_tensors="pt")

# 生成图像
with torch.no_grad():
    output = text_to_image_model.generate(input_ids)
```

```
# 解码生成的图像
image = output[0].cpu().numpy()
image = image.transpose(1, 2, 0)
image = ((image + 1) / 2) * 255  # 将像素值映射到0~255这个范围
image = image.astype(int)
image = Image.fromarray(image)

# 显示生成的图像
plt.imshow(image)
plt.axis('off')
plt.show()
```

请注意，上述代码中使用了 Salesforce 的 DALL-E 模型，该模型可以将文本描述转换为图像。此示例中的文本描述是"一个带笑脸的数字人"，可以根据自己的需求进行修改。此外，可能需要对生成的图像进行后续处理，以使其更适应实际的应用程序。

3.2.3 表情跟踪

表情跟踪算法是构建数字人和实现人机交互的基础，其目标是在图像序列或视频中追踪和分析面部表情的变化。该领域经历了几十年的演进，从最初基于规则的方法逐步发展到统计建模方法，再到现在基于深度学习的端到端方法。根据输入类型，表情跟踪可以分为基于静态图像和基于视频序列两大类；根据方法，可以分为基于特征点、基于运动模型和基于深度学习三类。

基于特征点的表情跟踪通过识别和跟踪面部关键点来推断表情，但容易受遮挡影响；基于运动模型的表情跟踪可结合面部肌肉的运动来实现精确的表情跟踪，但模型的构建较复杂。

本节将详细介绍基于视频序列的表情跟踪、基于特征点的表情跟踪、基于运动模型的表情跟踪，并讨论相关算法的实现原理、应用场景等。

1. 基于视频序列的表情跟踪

基于视频序列的表情跟踪使用连续的视频帧来记录和追踪人脸表情的变化。基于粒子滤波器的表情跟踪算法、基于 Lucas-Kanade 光流法的表情跟踪算法、基于观察模型的表情跟踪算法都是相关的常见算法。

在表情跟踪领域，使用最为广泛的一种算法是 Lucas-Kanade 光流法。Lucas-Kanade 光流法的核心原理基于动态光流这个概念，即当物体移动时，由于光具有传播特性，相邻帧图像间的像素会发生微小的位移，从而形成动态光流。Lucas-Kanade 光流法利用这种位移信息，通过加权和运算连续帧图像的像素亮度值来精确地捕捉目标物体的运动状态，进而实现表情跟踪。此算法不仅计算效率高，而且跟踪精度高，已经在计算机视觉和人机交互等领域得到广泛应用。

Lucas-Kanade 光流法通过比较连续帧之间的像素变化来估计人脸关键点的运动轨迹。为了实现这一目标，Lucas-Kanade 光流法利用图像金字塔技术，通过在不同尺度的图像上计算光流，实现对关键点的实时跟踪。此方法简单且计算速度快，但在处理遮挡、表情变化剧烈或光照条件变化较大的情况时，其性能可能会受到影响。

下面是上述算法的 Python 代码示例。

```python
import cv2

# 读取视频文件
cap = cv2.VideoCapture('face_expression_video.mp4')

# 创建人脸检测器
face_cascade = cv2.CascadeClassifier('haarcascade_frontalface_default.xml')

# 创建光流法对象
lk_params = dict(winSize=(15, 15), maxLevel=2, criteria=(cv2.TERM_CRITERIA_EPS + cv2.
TERM_CRITERIA_COUNT, 10, 0.03))

# 初始化特征点
old_frame = None
while cap.isOpened():
    ret, frame = cap.read()
    if not ret:
        break

    gray = cv2.cvtColor(frame, cv2.COLOR_BGR2GRAY)

    faces = face_cascade.detectMultiScale(gray, scaleFactor=1.3, minNeighbors=5)
    for (x, y, w, h) in faces:
        roi_gray = gray[y:y + h, x:x + w]
        p0 = cv2.goodFeaturesToTrack(roi_gray, maxCorners=100, qualityLevel=0.3, minDistance=7)

        # 计算光流
        p1, st, err = cv2.calcOpticalFlowPyrLK(roi_gray, gray, p0, None, **lk_params)

        # 在图像上绘制光流轨迹
        for i, (new, old) in enumerate(zip(p1, p0)):
        if st[i] == 1:
                a, b = new.ravel()
                c, d = old.ravel()
                frame = cv2.circle(frame, (a, b), 5, (0, 0, 255), -1)

    cv2.imshow("Face Expression Tracking", frame)
    k = cv2.waitKey(30) & 0xff
```

```
    if k == 27:
        break

cap.release()
cv2.destroyAllWindows()
```

基于视频序列的表情跟踪广泛用于娱乐、用户体验研究、面部动画制作及人机交互等领域。

名词解释——光流

光流是指在连续的两帧图像中，因物体移动或摄像头移动而导致的图像中目标像素的位移。这一现象可以用来描述相对于观察者而言，观测目标、表面或边缘所产生的运动。光流法在物体跟踪、运动估计等应用中发挥着重要作用，可用于实现自动驾驶、视频监控、虚拟现实等技术。

---

2. 基于特征点的表情跟踪

基于特征点的表情跟踪是一种经典方法，它通过在人脸上标记关键的特征点，如眼睛、嘴巴、鼻子等，来跟踪和分析表情变化。计算机视觉算法通常会自动识别或手动标记这些特征点。Active Appearance Model（AAM）算法是该领域的经典算法之一。

AAM 通过融合形状模型和纹理模型来进行表情分析和跟踪。

形状模型主要关注人脸的几何结构，利用一组关键特征点的坐标来描绘人脸的形状特征，这些特征点包括鼻子、嘴巴、眼睛等。为了识别主要的形状变化，形状模型通常采用主成分分析技术进行降维处理。

纹理模型则关注人脸表面的纹理信息，如皱纹、皮肤等。纹理模型通常采用图像块或纹理滤波器来提取相应的特征，并利用 PCA 技术对这些特征进行降维处理。

AAM 结合形状和纹理模型来创建特定的人脸表情。它会在图像中寻找与当前人脸最匹配的形状和纹理参数组合，并观察表情的变化。AAM 具有描述人脸形状和外观的强大能力。然而，在处理遮挡和表情变化剧烈的情况时，AAM 的性能可能会受到一定影响。

下面是一个简化的 Python 代码示例，展示了使用 dlib 库实现 AAM 表情跟踪的方法。

```
import dlib
import cv2

# 加载人脸检测器和AAM
detector = dlib.get_frontal_face_detector()
predictor = dlib.shape_predictor("shape_predictor_68_face_landmarks.dat")
```

```
aam_model = dlib.shape_predictor("aam_predictor.svm")

# 读取输入视频
cap = cv2.VideoCapture("input_video.mp4")

while True:
    ret, frame = cap.read()
    if not ret:
        break

    # 检测人脸
    gray = cv2.cvtColor(frame, cv2.COLOR_BGR2GRAY)
    faces = detector(gray)

    for face in faces:
        landmarks = predictor(gray, face)

        # 使用AAM跟踪表情
        aam_points = aam_model(gray, face)

        # 在图像上绘制特征点
        for point in aam_points.parts():
            cv2.circle(frame, (point.x, point.y), 2, (0, 255, 0), -1)

    cv2.imshow("Facial Expression Tracking", frame)

    if cv2.waitKey(1) & 0xFF == ord('q'):
        break

cap.release()
cv2.destroyAllWindows()
```

请注意,这只是一个简单的演示,实际的 AAM 实现可能更复杂。

基于特征点的表情跟踪在数字人领域有许多应用,例如在人机交互过程中,通过捕捉和模拟真实人类的面部表情,使虚拟角色的表情更加生动;对于动画和游戏开发,基于特征点的表情跟踪可以实现实时制作虚拟角色的面部动画,使角色更加逼真且富有生命力。此外,基于特征点的表情跟踪还可以用于用户体验研究,帮助评估消费者对商品或广告的反应。

总之,基于特征点的表情跟踪在数字人领域具有广泛的应用前景,可以帮助我们更好地理解和利用面部表情信息,还能提高人机交互体验,了解消费者喜好,以及提升动画和游戏的品质。

3. 基于运动模型的表情跟踪

基于运动模型的表情跟踪利用面部肌肉运动的数学模型来跟踪和拟合表情序列。使用这种方法通常需要了解面部的结构，以及不同肌肉的收缩对面部形状的影响。其中，约束局部模型（Constrained Local Model，CLM）是这一领域中典型且有效的运动模型。

　　CLM 是一种结合了局部特征和全局模型的表情跟踪模型。CLM 通过在训练数据上学习（训练）来得到一个通用的人脸模型，该模型包括形状参数、纹理参数和局部特征之间的关系。在跟踪过程中，CLM 首先通过局部特征（如 Gabor 特征或 LBP 特征）初始化关键点，然后利用全局模型优化关键点位置。CLM 能够处理一定程度的遮挡和表情变化，但在处理极端表情变化和光照条件变化时，性能可能会受到影响。与 AAM 相比，CLM 增加了形状约束，可应对角度变化和遮挡，但 CLM 更复杂，跟踪速度较慢。在跟踪时，CLM 使用最大后验概率估计表情状态，并添加约束条件，使跟踪更稳定可靠。

　　下面是 CLM 的 Python 代码示例。

```python
import dlib
import cv2

# 加载人脸检测器和CLM
detector = dlib.get_frontal_face_detector()
predictor = dlib.shape_predictor("shape_predictor_68_face_landmarks.dat")
clm_model = dlib.cnn_face_detection_model_v1("mmod_human_face_detector.dat")

# 读取输入视频
cap = cv2.VideoCapture("input_video.mp4")

while True:
    ret, frame = cap.read()
    if not ret:
        break

    # 检测人脸
    gray = cv2.cvtColor(frame, cv2.COLOR_BGR2GRAY)
    faces = detector(gray)

    for face in faces:
        landmarks = predictor(gray, face)

        # 使用CLM跟踪表情
        clm_points = clm_model(gray, face)

        # 在图像上绘制特征点
        for point in landmarks.parts():
            cv2.circle(frame, (point.x, point.y), 2, (0, 255, 0), -1)

    cv2.imshow("Facial Expression Tracking", frame)
```

```
    if cv2.waitKey(1) & 0xFF == ord('q'):
        break

cap.release()
cv2.destroyAllWindows()
```

基于运动模型的表情跟踪有很多用途，主要如下。

▶ 人机交互：用于实现更自然和智能的用户界面，可以应用于面部表情识别和游戏控制等领域。

▶ 娱乐和虚拟现实：用于制作逼真的虚拟角色和动画，以增强娱乐体验。

▶ 情感分析：用于市场研究和用户体验研究，可通过分析面部表情来推断一个人的情感状态。

3.2.4　表情融合

表情融合是将多个表情特征或参数进行整合，以生成更丰富和逼真的面部表情。早期的表情融合主要依赖 3D 面部模型在几何结构上实现表情融合。随着统计建模和概率图模型的发展，研究人员提出了在概率空间进行表情融合的方法。近年来，基于深度学习和风格迁移的生成式方法在数字娱乐、人机交互、数据增强等领域得到了广泛的应用。

基于混合模型的表情融合主要依赖 3D 形态模型（3D Morphable Model，3DMM），它可在几何结构上进行表情融合。使用这种方法需要构建精确的 3D 面部模型，计算复杂。基于概率图模型的表情融合采用概率推理的方式在特征空间进行融合，鲁棒性更高。基于风格迁移的表情融合将表情特征看作风格，使用深度网络进行端到端融合。深度学习方法利用强大的特征提取和重构能力来实现高质量的表情融合。

本节将详细介绍基于混合模型的表情融合、基于概率图模型的表情融合、基于风格迁移的表情融合，并讨论它们的算法流程、优缺点和应用。

1. 基于混合模型的表情融合

基于混合模型的表情融合是一种经典方法，通常使用 3D 运动模型和面部模型来实现面部表情的融合。其中，3DMM 最常见。下面将详细介绍 3DMM 实现原理和步骤、Python 代码示例以及应用场景。

3DMM 是一种用于描述人脸形状和纹理的 3D 统计模型。在表情融合任务中，3DMM 可以将多个人的面部特征融合到一起，生成具有新特征的人脸。通过在三维空间中对人脸形状和纹理进行建模，3DMM 可以捕捉人脸的全局和局部变化。这种方法可以用于生成具有特定表情、年龄、性别等特征的新人脸图像。

3DMM 的实现步骤如下。

1）构建 3D 面部模型。这一步通过收集大量 3D 面部图像和进行 3D 面部扫描，来构建一个 3D

面部模型，该模型显示了面部的形状和纹理。通常，这个模型包括形状空间和纹理空间。

2）构建运动模型。运动模型用于解释表情的变化，以便融合各种表情。这一步通常需要在形状和纹理空间中模仿各种表情之间的差异。

3）进行表情融合。在融合过程中，会将一个人的表情特征与另一个人的面部模型相结合，生成新的面部图像。这可以通过在 3D 形状和纹理空间中调整参数来实现。

以下是一个基本的 Python 代码示例，演示如何将牛顿的脸与爱因斯坦的脸相融合。

```python
import dlib
import cv2
import numpy as np

# 加载dlib的人脸检测器和3DMM
predictor_path = "shape_predictor_68_face_landmarks.dat"  # 替换为实际的模型路径
face_detector = dlib.get_frontal_face_detector()
landmark_predictor = dlib.shape_predictor(predictor_path)

# 加载牛顿和爱因斯坦的图像
newton_image = cv2.imread("newton.jpg")  # 替换为牛顿的脸的图像路径
einstein_image = cv2.imread("einstein.jpg")  # 替换为爱因斯坦的脸的图像路径

# 打开摄像头
cap = cv2.VideoCapture(0)

while True:
    ret, frame = cap.read()
    gray = cv2.cvtColor(frame, cv2.COLOR_BGR2GRAY)

    # 使用dlib检测人脸
    faces = face_detector(gray)

    for face in faces:
        # 使用dlib检测关键点
        landmarks = landmark_predictor(gray, face)

        # 将关键点坐标转换为numpy数组
        landmarks = np.array([(p.x, p.y) for p in landmarks.parts()])

        # 根据3DMM进行表情融合操作
        # 这部分需要根据你的 3DMM 中特定的要求来实现
        # 在这个示例中，只是将牛顿的脸放在爱因斯坦的脸上
        # 这种简单的融合不会考虑形状和光照等因素

        # 获取爱因斯坦的脸部区域
```

```
einstein_face = einstein_image[face.top():face.bottom(), face.left():face.right()]

# 调整牛顿图像的大小以匹配爱因斯坦的脸部大小
newton_face = cv2.resize(newton_image, (einstein_face.shape[1], einstein_face.shape[0]))

# 将牛顿的脸与爱因斯坦的脸相融合
result_face = cv2.addWeighted(einstein_face, 0.7, newton_face, 0.3, 0)

# 将融合后的脸部放回原始图像
frame[face.top():face.bottom(), face.left():face.right()] = result_face

# 显示结果图像
cv2.imshow("3DMM Facial Expression Fusion", frame)

# 退出循环
if cv2.waitKey(1) & 0xFF == ord('q'):  # 按q键退出
    break

# 释放摄像头和关闭窗口
cap.release()
cv2.destroyAllWindows()
```

基于混合模型的表情融合方法在表情合成领域具有广泛的应用前景，但需要使用大量训练数据及构建复杂的模型。尽管深度学习方法发展迅速，但在表情融合领域中，基于混合模型的表情融合仍然是一种重要的方法，该方法主要应用于医学图像处理、影视特效、制作虚拟角色及虚拟现实等领域。

2. 基于概率图模型的表情融合

基于概率图模型的表情融合使用概率图模型来描述面部表情的形成和融合过程。实现表情融合的方法通常包括对面部特征进行详细建模，以及通过统计推断来实现表情的自然过渡和融合。本节将重点介绍高斯条件随机场，包括其实现原理和步骤、Python 代码示例以及应用场景。

高斯条件随机场（Gaussian Conditional Random Field，G-CRF）是一种基于概率图模型的方法，用于处理图像分割和表情融合问题。G-CRF 通过建立像素间的条件概率关系，将图像中的语义信息和空间信息进行有效融合。在表情融合任务中，G-CRF 可以根据图像中的纹理信息和形状信息将不同人脸的表情进行融合。这种方法可以用于生成具有特定表情和特征的新人脸图像。

G-CRF 的实现步骤如下。

1）基于面部特征建模。建模时，涉及的面部特征包括面部的形状和纹理等。这些面部特征通常被称为随机变量。

2）使用条件随机场建模。这一步会对面部特征之间的条件依赖关系进行建模。这个条件随机场考虑了面部表情生成的概率分布，包括特征之间的相互作用和约束。

3）进行表情融合。这一步通过在条件随机场上进行推断操作来实现表情融合。在推断过程中，会使用观察到的数据和条件随机场的模型来估计最可能的表情融合结果。

下面是一个简化的示例代码，演示了如何使用 Python 进行基于 G-CRF 的表情融合。

```python
import cv2
import numpy as np
import pydensecrf.densecrf as dcrf
import pydensecrf.utils as dcrf_utils

# 加载牛顿和爱因斯坦的图像
newton_image = cv2.imread("newton.jpg")   # 替换为牛顿的脸的图像路径
einstein_image = cv2.imread("einstein.jpg")   # 替换为爱因斯坦的脸的图像路径

# 打开摄像头
cap = cv2.VideoCapture(0)

while True:
    ret, frame = cap.read()

    # 确保图像大小一致
    newton_image = cv2.resize(newton_image, (frame.shape[1], frame.shape[0]))
    einstein_image = cv2.resize(einstein_image, (frame.shape[1], frame.shape[0]))

    # 创建一个掩码来指定融合区域
    newton = np.zeros_like(frame, dtype=np.uint8)
    newton[:frame.shape[0] // 2, :, :] = 255   # 上半部分为牛顿, 下半部分为爱因斯坦

    # 使用G-CRF算法进行图像融合
    blended_image = np.copy(frame)
    crf = dcrf.DenseCRF2D(frame.shape[1], frame.shape[0], 3)

    U = -np.log(newton_image / 255.0 + 1e-3)
    U = U.transpose(2, 0, 1).reshape((3, -1))

    crf.setUnaryEnergy(U)

    d = dcrf_utils.createPairwiseBilateral(sdims=(10, 10), schan=(0.01, ), img=frame, chdim=2)
    crf.addPairwiseEnergy(d, compat=10)

    d = dcrf_utils.createPairwiseGaussian(sxy=(1, 1), img=frame, chdim=2)
    crf.addPairwiseEnergy(d, compat=3)

    Q = crf.inference5)
    Q = np.argmax(np.array(Q), axis=0).reshape((frame.shape[0], frame.shape[1]))
```

```
    for c in range3):
        blended_image[:, :, c] = (1 - Q) * frame[:, :, c] + Q * einstein_image[:, :, c]

    # 显示结果图像
    cv2.imshow("G-CRF-based Facial Expression Fusion", blended_image)

    # 退出循环
    if cv2.waitKey(1) & 0xFF == ord('q'):  # 按q键退出
        break

# 释放摄像头和关闭窗口
cap.release()
cv2.destroyAllWindows()
```

基于概率图模型的表情融合方法通常用于医学图像处理、情感分析、用户体验研究，以及需要高度精确表情融合技术的领域。

基于概率图模型的表情融合方法在需要考虑面部特征之间复杂关系的场景中具有优势，但构建和调整模型也需要一定的数学和统计知识，因为其依赖数学和统计学原理构建模型。此外，还需要具有专业的知识和技能，才能实现精确的表情融合。在实际应用中，这可能涉及对面部表情编码系统的理解，以及如何将这些编码有效地映射到概率图模型中，以实现表情的自然过渡和变化。

3. 基于风格迁移的表情融合

基于风格迁移的表情融合使用图像风格迁移技术将一个人的面部表情融合到另一个人的面部图像上。它不仅可以创造具有独特艺术风格的表情融合效果，还可以在各种创意和娱乐应用中实现独特的视觉效果。下面将介绍基于风格迁移的典型表情融合算法——神经风格迁移，包括其实现原理和步骤、Python 代码示例以及应用场景。

神经风格迁移（Neural Style Transfer，NST）是一种基于深度学习的算法，用于将一幅图像的风格应用到另一幅图像上。在表情融合任务中，NST 可以将一幅图像 A 的表情特征迁移到另一幅图像 B 上，实现表情的融合。这种算法通过优化一个损失函数，使得生成的图像既保留了原始图像 B 的细节，又具有迁移图像 A 的表情特征。神经风格迁移可以用于生成具有特定表情的新人脸图像，同时保持原始图像的其他特征。

NST 的实现步骤如下。

1）进行特征提取。这一步会用到提取输入图像特征的卷积神经网络，如 VGG 网络。我们通常会选择提取不同层次的特征，包括浅层和深层特征。

2）获得风格表示。这一步通过计算每个特征图的 Gram 矩阵来获得风格表示。Gram 矩阵是特征图之间的协方差矩阵，这些矩阵收集了图像中不同特征之间的风格信息。

3）实现目标函数。NST 的目标是在生成图像中复制风格图像的艺术风格，同时确保内容图像的主要视觉元素得以保留。这里的"风格"指的是风格图像中的颜色、纹理和笔触等艺术特征，而

"内容"则指的是内容图像中的主要视觉信息，如物体的形状、位置和整体布局。NST算法通过内容损失函数和风格损失函数来衡量生成图像与内容图像、风格图像之间的差异，并将这两个损失函数加权求和形成的总损失函数作为目标函数。

4）迭代优化。这一步使用梯度下降等优化算法来调整生成图像，以使目标函数（即总损失函数）最小化。这个过程会迭代多次，逐渐生成融合了风格的图像。

下面是一个简化的代码示例，演示了如何使用PyTorch库torch进行神经风格迁移，将一个图像的风格应用到另一个图像上。

```python
import torch
import torch.nn as nn
import torch.optim as optim
from torchvision import models, transforms
from PIL import Image

# 加载内容图像和风格图像
content_image = Image.open("content.jpg")
style_image = Image.open("style.jpg")

# 转换图像大小并对其进行规范化
preprocess = transforms.Compose([
    transforms.Resize((256, 256)),
    transforms.ToTensor(),
    transforms.Normalize(mean=[0.485, 0.456, 0.406], std=[0.229, 0.224, 0.225]),
])

content_tensor = preprocess(content_image).unsqueeze(0)  # 添加批次维度
style_tensor = preprocess(style_image).unsqueeze(0)

# 使用GPU（如果可用）
device = torch.device("cuda" if torch.cuda.is_available() else "cpu")

# 加载预训练的VGG模型，用于特征提取
vgg = models.vgg19(pretrained=True).features.to(device).eval()

# 定义损失函数，包括内容损失和风格损失
class ContentLoss(nn.Module):
    def __init__(self, target):
        super(ContentLoss, self).__init__()
        self.target = target.detach()

    def forward(self, x):
        loss = nn.functional.mse_loss(x, self.target)
```

```
        return loss

class StyleLoss(nn.Module):
    def __init__(self, target):
        super(StyleLoss, self).__init__()
        self.target = self.gram_matrix(target).detach()

    def forward(self, x):
        G = self.gram_matrix(x)
        loss = nn.functional.mse_loss(G, self.target)
        return loss

    def gram_matrix(self, input):
        a, b, c, d = input.size()
        features = input.view(a * b, c * d)
        G = torch.mm(features, features.t())
        return G.div(a * b * c * d)


# 定义生成图像，初始为内容图像的副本
generated_image = content_tensor.clone().requires_grad_(True).to(device)

# 定义优化器
optimizer = optim.LBFGS([generated_image])

# 定义损失函数权重
content_weight = 1   # 调整权重以控制内容与风格之间的平衡
style_weight = 1000

# 迭代优化过程
num_steps = 300
for step in range(num_steps):

    def closure():
        optimizer.zero_grad()

        # 计算内容损失
        content_loss = content_weight * content_criterion(generated_image, content_tensor)

        # 计算风格损失
        style_loss = style_weight * style_criterion(generated_image, style_tensor)

        # 总损失
        total_loss = content_loss + style_loss
        total_loss.backward()
```

```
        return total_loss

    optimizer.step(closure)
```

```
# 将生成图像从张量（矩阵）格式转换回图像格式，为显示图像做准备
output_image = generated_image.squeeze(0).cpu().clone()
output_image = output_image.clamp(0,  1)
output_image = transforms.ToPILImage()(output_image)
```

```
# 显示融合后的图像
output_image.show()
```

上述代码示例是一个简化版本的神经风格迁移示例，在实际应用中，可以进一步修改参数和网络架构，以获得更高的速度和更好的效果。

神经风格迁移在图像处理和创意领域非常受欢迎，因为它可以创建独特的视觉风格和艺术效果。基于风格迁移的表情融合方法主要应用于艺术创作、创意表达和娱乐应用等领域。它允许将多种视觉风格或视觉效果应用到面部图像上，从而产生独特的表情融合效果。

虽然 NST 提供了创造性的方法，但它通常不会产生非常逼真的面部表情，深度学习方法可能更适合需要非常逼真的表情的应用领域。然而，在艺术和创意领域，NST 仍然具有广泛的应用前景。

3.3 姿态估计

姿态估计是计算机视觉领域的一个重要研究方向，旨在理解和解释人体或手部的姿势和动作。随着深度学习和多模态传感器技术的不断发展，姿态估计技术取得了巨大的进步，极大地拓宽了其在虚拟现实、增强现实、医疗康复和游戏开发等领域的应用场景。本节将探讨姿态估计技术的发展历程，涵盖 2D 姿态估计、3D 姿态估计及手势估计与生成等领域，并介绍相关典型方法的工作原理、操作步骤、代码示例和应用场景。

在姿态估计技术的演进过程中，首先出现的是 2D 姿态估计相关方法，它们通过分析图像中的人体关键点或热力图来估计人体姿态。其中包括基于热力图的方法、基于关键点回归的方法和基于转换器的方法。随着对三维空间信息需求的增加，3D 姿态估计逐渐成为研究热点。这一领域涌现出基于单视角、多视角和参数化模型等的方法。现在，手势估计与生成也已成为姿态估计的重要分支，手势估计涉及基于图像和视频的方法，用于理解手部动作和姿势。

3.3.1 2D 姿态估计

2D 姿态估计是计算机视觉中重要的基础任务，经过几十年的努力，其方法逐渐从传统方法转换为当前主流的深度学习方法。它为动作分析、人机交互等上层应用提供了至关重要的姿态信息。

早期，研究人员只能根据手工提取的特征进行姿态建模，这种方法在设计和训练上都需要大量的专业知识，往往局限于受控环境。随着深度学习技术的兴起，端到端的数据驱动方法逐渐成为主流。当前的 2D 姿态估计相关方法包含基于热力图的方法、基于关键点回归的方法和基于转换器的方法等。

基于热力图的方法通过概率分布来表征姿态，对遮挡情况展现出良好的鲁棒性，但需要通过后处理技术来生成关键点坐标。其中，HRNet（High-Resolution Network）算法使用多阶段高分辨率特征来获得更精细的热力图。基于关键点回归的方法可直接预测坐标，速度更快但对遮挡更敏感。Microsoft SimpleBaseline（简称 SimpleBaseline）算法证明仅使用一个强大骨干网络就可达到很高的精度。基于转换器的方法使用注意力机制对长程依赖关系建模。

在深度学习技术迅速发展的时代，得益于大量公共数据集与先进模型训练技术支持，2D 姿态估计的可靠性和精度大幅提升。随着移动计算的发展，其实时性也得到了改善。这为数字人相关应用提供了坚实的技术支持。尽管如此，该领域仍面临一些挑战，如弱监督与少样本学习问题，以及对复杂动作和服饰的鲁棒性差等。未来仍需要持续的算法创新，以获得更精准和通用的 2D 姿态估计结果。

1. 基于热力图的方法

在数字人领域，基于热力图的姿态估计方法非常流行。这些方法使用人体关键点的热力图来预测人体的姿态。增强现实、虚拟现实、体育分析和人机交互等领域都受到了这些技术的影响。其中，HRNet 作为一种表现出色的算法，已引起广泛的研究兴趣。

HRNet 是一种基于深度学习的 2D 姿态估计算法。其主要特点是通过并行多分辨率分支来保持高分辨率特征，同时通过多尺度融合来增强这些特征。这种设计使其在处理姿态估计任务时，不仅能够保持较高分辨率，还能有效地捕捉图像中的局部和全局信息。HRNet 算法在多个 2D 姿态估计数据集上表现出了优越的性能，成为一种具有代表性的姿态估计算法。HRNet 算法的操作步骤如下。

1）多尺度特征融合。HRNet 算法的网络结构允许在不同的分辨率下保留特征信息，而不是在不同分辨率之间进行简单的上采样或下采样。这使网络能够捕捉到细节和全局信息，从而提高姿态估计的准确性。

2）高分辨率信息处理。HRNet 算法将输入图像分为多个分支，每个分支均会保留高分辨率信息，以确保姿态估计不会丢失关键信息。

3）进行自底向上的处理。HRNet 算法采用自底向上的策略，从低分辨率到高分辨率逐步提取特征，以便更好地理解姿态。

以下是使用 HRNet 算法进行 2D 姿态估计的代码示例。

```
import cv2
import numpy as np
import torch
from hrnet import HighResolutionNet
```

```
# 加载HRNet预训练模型（需要下载并提供模型权重文件）
model = HighResolutionNet()

# 读取输入图像
image = cv2.imread("input_image.jpg")

# 预处理图像
image = cv2.cvtColor(image,  cv2.COLOR_BGR2RGB)
image = image / 255.0  # 归一化到 [0, 1]
image = torch.tensor(image.transpose(2,  0,  1),  dtype=torch.float32)

# 前向传播，获得关键点热力图
with torch.no_grad():
    output = model(image.unsqueeze(0))  # 添加批次维度

# 后处理，提取关键点坐标
keypoints = extract_keypoints(output)

# 可视化关键点
visualize_keypoints(image,  keypoints)

# 输出姿态估计结果
print("Estimated keypoints:",  keypoints)
```

基于热力图的方法，尤其是 HRNet 算法，已在数字人领域的许多场景中得到广泛应用。HRNet 算法的主要应用场景如下。

▶ 虚拟现实和增强现实：用于实时追踪用户的姿态，以便更好地与虚拟环境进行交互。

▶ 体育分析：分析运动员的姿态，帮助教练和体育分析师更好地理解运动员的动作，并改进训练方法和策略。

▶ 人机交互：HRNet 算法在人机交互中非常有用，可进行手势识别和创建自然用户界面。

总之，基于热力图的方法已经成为数字人领域中强大的工具，能够实现准确的姿态估计。这在推动数字人技术的发展方面发挥了重要作用。

2. 基于关键点回归的方法

基于关键点回归的姿态估计方法广泛应用于数字人领域，它们通过直接预测人体关键点的坐标来实现姿态估计。这些方法可用于手势识别、虚拟试衣和人体动作分析等。其中，SimpleBaseline 算法作为其中的代表，具有简洁且高效的特点。

SimpleBaseline 算法采用了一种自顶向下的方法，首先对图像进行人体检测，然后在检测到的人体区域上进行关键点检测。

SimpleBaseline 算法使用 ResNet 作为基本网络结构，通过在不同层次的特征图上进行关键点检测，来提高关键点检测的准确性。此外，SimpleBaseline 算法还采用了一种级联的回归策略，即通过多阶段的回归来逐步优化关键点的位置。这种方法在保证实时性的同时，实现了较高的姿态估计精度。其操作步骤如下。

1）搭建网络架构。SimpleBaseline 算法通常使用轻量级的卷积神经网络作为骨干网络，例如 ResNet，该网络负责从输入图像中提取特征。

2）添加用于关键点回归的卷积层。SimpleBaseline 算法在骨干网络之后添加了用于关键点回归的卷积层。这些层将根据图像特征确定关键点的坐标。

3）实现损失函数。SimpleBaseline 算法使用回归损失函数来预测关键点坐标和真实坐标之间的差距。常用的损失函数包括均方误差（MSE）和 Smooth L1 损失，这些函数旨在最小化预测值与真实值之间的差异。

4）使用后处理技术。在获得关键点预测后，SimpleBaseline 算法通常会使用后处理技术，例如非极大值抑制（NMS），以提高准确性。

以下是使用 SimpleBaseline 算法进行 2D 姿态估计的代码示例。

```python
import cv2
import numpy as np
import torch
from simplebaseline import SimpleBaseline

# 加载SimpleBaseline预训练模型（需要下载并提供模型权重文件）
# 假设模型权重文件名为model_weights.pth
model = SimpleBaseline(weights_path='model_weights.pth')

# 读取输入图像
image = cv2.imread("input_image.jpg")

# 预处理图像
image = cv2.cvtColor(image,  cv2.COLOR_BGR2RGB)
image = image / 255.0  # 归一化到 [0, 1]
image = torch.tensor(image.transpose(2, 0, 1), dtype=torch.float32)

# 对图像添加批次维度
image = image.unsqueeze(0)

# 前向传播，获得关键点坐标
with torch.no_grad():
    output = model(image)


# 假设output是一个字典，包含'keypoints'键，其中存储了关键点坐标
```

```
# 如果模型的输出不是字典，需要根据模型的输出结果来提取关键点
keypoints = extract_keypoints(output)

# 可视化关键点
visualize_keypoints(image, keypoints)

# 输出姿态估计结果
print("Estimated keypoints:", keypoints)
```

基于关键点回归的方法，如 SimpleBaseline 算法，在数字人领域具有广泛的应用场景，包括但不限于如下场景。

▶ 人体动作分析：用于分析人体的动作和姿态，例如体育分析、舞蹈学习等。

▶ 虚拟试衣：帮助用户在虚拟环境中试穿不同的服装。

▶ 手势识别：用于手势控制和手部姿态估计，广泛应用于人机交互和虚拟现实领域。

▶ 医疗诊断：用于骨骼和关节等的诊断和治疗。

由于高效性和简洁性，SimpleBaseline 算法成为许多数字人应用程序中的首选算法。

名词解释——热力图

热力图（Heatmap）是一种图像处理技术，用于表示图像中特定区域的热度或活跃度。在进行关键点检测时，热力图通常用来表示各个关键点的可能位置，颜色越亮的地方越有可能是关键点的位置。这种方法可以帮助计算机视觉模型定位和识别关键点。

坐标回归（Coordinate Regression）是另一种用于检测关键点的技术。它直接回归出关键点的具体坐标值，通常是二维空间中的 (x, y) 坐标。这种方法适合需要提供准确关键点位置的应用，如人体姿态估计。

3. 基于转换器的方法

基于转换器的姿态估计方法采用了自注意力机制，在处理 2D 或 3D 姿态估计任务时表现出色，显著提高了准确性，这使其在许多数字人应用程序中发挥重要作用。其中，TokenPose 算法是该领域的最新突破。

TokenPose 是一种基于 Transformer 架构的 2D 姿态估计算法。与基于 CNN 的算法不同，TokenPose 算法将图像分割成不重叠的区域，并在这些区域上应用 Transformer 模型进行关键点检测，这些区域被称为"标记"（token）。TokenPose 算法利用 Transformer 的自注意力机制捕捉图像中的长距离依赖关系，从而提高姿态估计的性能。此外，TokenPose 算法还采用了一种动态采样策略，可以根据输入图像的大小自动调整 token 的数量，这使得算法具有较好的适应性。其操作步骤如下。

1）输入序列编码。TokenPose 算法将输入图像划分为一系列空间位置上的 token，每个 token 代表图像中的一个区域，这个区域通常是一个小的图像块。这些 token 随后被发送给一个编码器，编码器使用自注意力机制来识别各 token 之间的上下文关系，然后将图像信息编码成一个高维特征表示。

2）通过解码器生成关键点的坐标。在将图像信息编码成高维特征表示后，解码器使用自注意力机制生成关键点的坐标序列。在每个解码步骤中，解码器都会考虑之前生成的坐标和输入图像的全局信息。

3）训练。TokenPose 算法使用监督学习进行训练，通过最小化生成坐标与真实坐标之间的差距来优化模型参数。

以下是使用 TokenPose 算法进行 2D 姿态估计的简化代码示例。

```python
import cv2
import numpy as np
import torch
from tokenpose import TokenPose

# 加载TokenPose预训练模型（需要下载并提供模型权重文件）
# 假设模型权重文件名为model_weights.pth
model = TokenPose(weights_path='model_weights.pth')

# 读取输入图像
image = cv2.imread("input_image.jpg")

# 预处理图像
image = cv2.cvtColor(image, cv2.COLOR_BGR2RGB)
image = image / 255.0 # 归一化到 [0, 1]
image = torch.tensor(image.transpose(2, 0, 1), dtype=torch.float32)

# 将图像添加批次维度
image = image.unsqueeze(0)

# 前向传播，获得关键点坐标序列
with torch.no_grad():
    keypoints = model(image)

# 输出姿态估计结果
print("Estimated keypoints:", keypoints)
```

基于转换器的方法，如 TokenPose 算法，已经在数字人领域取得显著进展。TokenPose 算法在以下场景中得到了广泛应用。

▶ 虚拟试衣：让用户在虚拟环境中实时观察不同服装的穿着效果。

▶ 电影制作：实时捕捉演员的动作和表情，以便在计算机生成的角色中能够展现出更加真实的表情。

▶ 医疗模拟：在医疗培训中模拟患者的姿态和动作，帮助医生进行实际操作和练习。

TokenPose 算法因其独创性和准确性而成为数字人领域中备受关注的技术，预计将在更多领域中发挥重要作用。

3.3.2　3D 姿态估计

3D 姿态估计用于预测在三维空间中人体的关节位置和角度信息。相较于 2D 姿态估计，它可以提供更丰富的姿态表征，这对于许多基于姿态的交互应用来说至关重要。

早期的 3D 姿态估计主要依赖摄像机标定和多视角重建技术，这不仅需要精心设置场景，而且计算过程也较复杂。随着深度学习和 RGB-D 摄像技术的发展，直接基于单目 RGB 图像预测 3D 姿态变得可能。目前，相关的主流方法包括基于监督学习的方法和基于参数化模型的方法。

基于监督学习的方法通过标注数据集来训练网络，并将图像映射到三维空间。其中，单视角方法面临自遮挡问题，多视角方法则需要更强的约束，且数据集较少。基于参数化模型的方法引入生物力学结构的先验知识，使姿态和视角变化更具鲁棒性，但它需要联合优化模型参数使用。其中，图卷积网络方法能在姿态结构上直接建模，可更好地利用身体各部位之间的联系。

虽然 3D 姿态估计的可靠性已大幅提高，但在处理复杂姿态和服饰遮挡等情况时，鲁棒性仍较弱。未来仍需要在模型表示、监督信号及多源异构数据的利用等方面不断深入研究，以实现对复杂动作和场景的可靠 3D 人体姿态分析，从而有力推动数字人技术和相关交互应用的发展。

1. 基于监督学习的方法

（1）单视角方法

可以从单视角的图像或视频中还原人体的 3D 姿态信息，这在数字人技术中非常重要。在虚拟现实、动画制作和人机交互中，单视角方法是一种常见的 3D 姿态估计方法。下面将介绍的 VIBE（Video Inference for Body Pose and Shape Estimation）算法是最具代表性的单视角方法。

VIBE 算法通过分析连续的视频帧来估计人体的 3D 姿态和形状。VIBE 算法的核心创新是将人体姿态和形状表示为一个可变形的体积模型，该模型在视频的每一帧中都会进行更新和优化。为了实现这一目标，VIBE 算法采用了一种基于卷积神经网络的技术，它可以从视频帧中提取关键点信息。通过最小化关键点重投影误差和体积模型的能量函数，VIBE 算法能够实时地估计人体的 3D 姿态和形状。

VIBE 算法的主要优势在于它能够处理视频数据，从而捕捉到连续的姿态变化。通过使用可变形的体积模型，VIBE 算法能够在不依赖特定人体模型的情况下实现较为准确的 3D 姿态和形状估计。其操作步骤如下。

1）进行 2D 姿态估计。VIBE 算法使用 2D 姿态估计模型（例如 OpenPose）从图像中提取 2D 姿态估计信息。

2）进行 3D 姿态估计。VIBE 算法使用基于生成对抗网络的模型从 2D 姿态估计中获得 3D 姿态估计结果。

3）进行姿态融合。VIBE 算法还引入了一个姿态融合策略，该策略通过整合来自多个连续帧的 3D 姿态估计结果，来减少姿态估计的抖动并提高准确性。

以下是使用 VIBE 算法进行 3D 姿态估计的简化代码示例。

```
import cv2
import torch
from vibe import VIBE

# 加载VIBE预训练模型（需要下载并提供模型权重文件）
model = VIBE()

# 读取输入视频
video_frames = load_video_frames("input_video.mp4")

# 预处理视频帧
preprocessed_frames = preprocess_video_frames(video_frames)

# 前向传播，获得3D姿态估计结果
with torch.no_grad():
    poses_3d = model(preprocessed_frames)

# 输出姿态估计结果
print("Estimated 3D poses:", poses_3d)
```

VIBE 算法是一种基于单视角的 3D 姿态估计方法，其在数字人领域的应用场景如下。

▶ 虚拟现实：实时跟踪用户的身体动作，从而产生沉浸式的虚拟现实体验。

▶ 电影制作：用于捕捉演员的动作和姿态，以便在计算机生成的角色中实现更真实的动画效果。

▶ 体育分析：分析运动员的动作和姿态，提供实时反馈和指导。

▶ 医疗模拟：在医疗培训中模拟患者的动作和姿态，帮助医生进行实际操作练习。

VIBE 算法的创新性和准确性使其成为数字人领域的热门技术，预计其将在更多应用中发挥重要作用。通过从单视角的图像中还原人体的 3D 姿态，VIBE 算法为数字人技术的发展带来了新的前景。

（2）多视角方法

多视角方法旨在通过多视角的图像或视频来还原人体的 3D 姿态。这种方法利用多个视角的信息来提高估计的准确性和稳定性，因为它能够更好地捕捉人体姿态的深度信息和空间结构。该方法被广泛应用于虚拟现实、动画制作、人体分析等领域。下面详细介绍其中的 Multi-view Pose

Transformer（MvP）算法。

MvP 算法是一种基于深度学习的多视角多人 3D 姿势估计算法，它利用 Transformer 架构进行 3D 姿态估计。该算法首先从多视角的 2D 关键点中提取特征，然后将这些特征输入到一个 Transformer 编码器 – 解码器网络中。通过建立多视角特征之间的注意力机制，MvP 算法能够捕捉到不同视角之间的关联信息，从而在准确性和鲁棒性方面取得较好的平衡。

其操作步骤如下。

1）提取多视角图像的特征表示。

2）使用 Transformer 解码器将关节查询嵌入（即关节的位置和方向信息）和多视角特征映射到 3D 关节位置。

3）使用投影注意力（Projective Attention）聚合多视角信息（注意力模块将提取的特征投影到不同的视角或平面上，分别进行卷积处理，最后将不同视角或平面上的信息融合起来），根据每个关节的查询嵌入来预测 3D 关节的位置。

4）在模型训练中，采用一种匹配策略来将骨架关节正确地关联到不同的人体实例中。

5）模型通过多层逐步回归来提高准确性，最终输出多人 3D 姿势。

以下是一个简化的代码示例。

```python
import torch
import torch.nn as nn
import numpy as np

# 1. 提取多视角图像的特征表示
class FeatureExtractor(nn.Module):
    def __init__(self):
        super(FeatureExtractor, self).__init__()
        # 在这里添加多视角图像的特征提取网络，如ResNet

    def forward(self, multi_view_images):
        # 在这里基于多视角图像的特征提取网络获取特征表示
        return features

# 2. 使用Transformer解码器将关节查询嵌入和多视角特征映射到3D关节的位置
class PoseTransformer(nn.Module):
    def __init__(self):
        super(PoseTransformer, self).__init__()
        # 在这里添加Transformer解码器网络，用于预测3D关节的位置

    def forward(self, joint_queries, multi_view_features):
        # 在这里将关节查询嵌入和多视角特征输入Transformer解码器，预测3D关节的位置
        return predicted_3d_joints
```

```python
# 3. 使用投影注意力聚合多视角信息,根据每个关节的查询嵌入来预测 3D 关节的位置
class ProjectiveAttention(nn.Module):
    def __init__(self):
        super(ProjectiveAttention, self).__init__()
        # 在这里添加投影注意力网络,用于融合多视角信息
        # ... 实现项目式注意力 ...

    def forward(self, joint_queries, multi_view_features):
        # 在这里使用投影注意力来融合多视角信息,预测 3D 关节的位置
        # ... 实现前向传播 ...
        return predicted_3d_joints


# 4. 在模型训练中,采用一种匹配策略来将骨架关节正确关联到不同的人体实例中
def match_skeletons(skeletons):
    # 在这里实现匹配策略,将骨架关节正确关联到不同的人体实例中
    return matched_skeletons


# 5. 模型通过多层逐步回归来提高准确性,最终输出多人 3D 姿势
class MvPModel(nn.Module):
    def __init__(self):
        super(MvPModel, self).__init__()
        self.feature_extractor = FeatureExtractor()
        self.pose_transformer = PoseTransformer()
        self.projective_attention = ProjectiveAttention()

    def forward(self, multi_view_images):
        # 1. 提取多视角图像的特征表示
        multi_view_features = self.feature_extractor(multi_view_images)

        # 2. 使用 Transformer 解码器将关节查询嵌入和多视角特征映射到 3D 关节的位置
        joint_queries = initialize_queries()    # 初始化关节查询嵌入
        predicted_3d_joints = self.pose_transformer(joint_queries, multi_view_features)

        # 3. 使用项目式注意力聚合多视角信息
        predicted_3d_joints = self.projective_attention(joint_queries, multi_view_features)

        # 4. 匹配策略,将骨架关节正确关联到不同的人体实例中
        matched_skeletons = match_skeletons(predicted_3d_joints)

        # 5. 返回多人 3D 姿势估计结果
        return matched_skeletons


# 创建 MvP 模型实例
mvp_model = MvPModel()
```

```
# 输入多视角图像
multi_view_images = torch.randn(4, 3, 256, 256)  # 4个视角, 每个视角3个通道, 图像大小为256×256

# 获取多人3D姿势估计结果
estimated_poses = mvp_model(multi_view_images)
```

上述代码只是简化示例。实际上，实现 MvP 算法需要更详细的网络架构信息和损失函数，还要有数据加载和训练等过程。此外，MvP 算法的性能高度依赖数据和训练，因此需要大量数据和计算资源的支持。这个示例有助于我们更好地理解 MvP 算法的工作原理。

多视角方法，如 MvP 算法，可以用于许多领域，包括但不限于以下这些。

▶ 虚拟现实：实时追踪用户身体的姿态，为用户提供非常有沉浸感的体验。

▶ 电影制作：用于捕捉演员的动作和姿态，以便在计算机生成的角色中实现更真实的动画效果。

▶ 人体分析：用于人体运动分析、生物医学研究和康复领域，例如研究运动员的运动技能并监控患者康复的进展。

▶ 动画和游戏开发：用于角色动画的制作和游戏中的实时角色控制。

基于多视角的 3D 姿态估计方法在数字人领域发挥着重要作用，为多种应用场景提供了强大的姿态估计技术支持。MvP 算法是其中的一个例子，其高度准确性和鲁棒性为数字人相关领域的发展提供了有力支撑。

2. 基于参数化模型的方法

在数字人领域，基于参数化模型的方法被广泛应用于虚拟试衣、角色建模和人体动画等领域。这种方法通常具有较高的灵活性和准确性，因为它们能够表示各种不同的姿态和形状。下面将重点介绍基于参数化模型的 SMPLify 算法。

SMPLify 算法是一种创新的 3D 姿态估计方法。它基于参数化人体（Skinned Multi-Person Linear，SMPL）模型，通过一组参数，如顶点位置和骨骼姿态等，来表示人体的形状和姿态。SMPLify 算法首先通过在 2D 关键点上训练一个回归模型，来将关键点映射到 SMPL 模型参数空间。然后，通过优化这些参数使得生成的 3D 模型与输入的 2D 关键点保持一致。在处理单视角数据时，该算法表现出较好的性能，它能够利用 SMPL 模型的先验知识来约束 3D 姿态的合理性。其操作步骤如下。

1）参数化模型。使用 SMPL 模型来表示人体的姿态和形状，该模型通过少量参数来描述关节角度和形状。

2）进行回归模型训练。在 2D 关键点上训练一个回归模型，将这些关键点映射到 SMPL 模型参数空间。

3）进行参数优化。通过优化算法（如迭代方法）调整模型参数，使得生成的 3D 模型与输入的 2D 关键点保持一致。

4）进行约束和先验。在优化过程中引入关节角度范围、身体形状先验信息以及身体部位相对位置等约束，以提高优化的稳定性和 3D 姿态的合理性。

以下是一个简化的代码示例，展示了使用 SMPLify 算法进行 3D 姿态估计的基本步骤。

```
import cv2
from smplify import SMPLify

# 创建SMPLify实例
smplify = SMPLify()

# 读取输入图像和2D关键点
image = load_image("input_image.jpg")
keypoints_2d = load_keypoints("keypoints.json")

# 运行SMPLify优化
optimized_params = smplify(image, keypoints_2d)

# 输出估计的3D姿态和形状参数
print("Estimated pose and shape parameters:", optimized_params)
```

基于参数化模型的方法，如 SMPLify 算法，具有广泛的应用场景。SMPLify 算法的应用场景如下。

▶ 虚拟试衣：用于虚拟试衣制作，帮助客户了解服装穿在身体上的效果。

▶ 数字角色建模：用于制作游戏和电影中的角色的姿态和形状，从而创建逼真的角色动画。

▶ 医学图像分析：用于医学图像中的姿态估计和解剖结构分析，例如将其用于骨骼系统。

▶ 运动分析：在体育科学领域分析运动员的动作和姿态，提供实时反馈和训练指导。

SMPLify 算法是基于参数化模型的 3D 姿态估计方法的代表之一，为数字人技术的发展提供了重要支持，因为它能够灵活地描述人体的姿态和形状，因此在数字人领域具有广泛的应用潜力。

3.3.3 手势估计

手势估计是计算机视觉和人机交互领域的重要研究方向，旨在通过分析图像、视频或传感器数据来理解和解释人类手部动作和姿势。随着深度学习技术的飞速发展，手势估计技术在准确性和实用性方面取得了显著进步，这极大地拓宽了它在虚拟现实、增强现实、医疗康复、游戏开发等领域的应用前景。本节将讨论手势估计典型方法的工作原理、操作步骤、代码示例和应用场景。

在手势估计领域，首先应运而生的是基于图像的方法，这些方法通过分析单幅图像中的手部特征点或轮廓来识别手势的静态表示。随后，基于视频的方法引入了时间维度，方便对手势的动态变化进行建模。接着，基于传感器融合的方法将从深度摄像头、IMU 传感器等处获取的多模态数据进行融合，这提高了手势估计的鲁棒性和精确性。最近，还出现了基于隐式函数的方法，该方法利用深度学习模型从数据中学习手势的隐式表示，使得手势估计更加灵活和高效。

1. 基于图像的方法

基于图像的方法旨在通过分析静态图像来理解和识别手势。在计算机视觉领域,这些方法被广泛研究并应用于虚拟现实、手势识别、数字人和人机交互等领域。下面重点介绍基于图像的方法——Mesh MANO 算法,包括它的工作原理、操作步骤、代码示例和应用场景。

Mesh MANO 是一种基于网格模型的手势估计算法,该算法通过手部 3D 网格模型及手指姿态信息来实现手势识别。网络模型为从图像到 3D 手势姿态的转换提供一个中间层,使得神经网络能够直接对遮挡、低分辨率和噪声影响的图像中的手部姿态进行预测,这里称其为 Mesh MANO 模型。Mesh MANO 模型是一个 3D 参数化模型,它具有 778 个顶点和 1538 个面,能从顶点中提取 5 个手指的指尖点来构成完整的手部链条,该链条也被称为前向动力学树。Mesh MANO 模型结合 2D 关节位置提取技术和 PnP(Perspective-n-Point)算法,从 RGB 图像中估计手部的 3D 姿态和形状。它通过深度学习网络学习 2D 关节位置到 MANO 模型参数空间的映射,进而生成手部的 3D 网格模型。这一过程无须使用深度相机或手套设备即可实现。

Mesh MANO 算法的操作步骤如下。

1)手部模型建模。这一步会建立基于解剖学的手部模型。该模型包括 3D 网格形状,以及手指的姿态参数。这个模型是一个低维度的表示,能够识别手部的形状和运动。

2)参数估计。Mesh MANO 算法可以根据输入图像中的手部特征(例如轮廓或关键点)估计姿态参数,从而还原手部的 3D 姿态。

3)引入几何约束。这一步引入了几何约束,以确保手部模型的形状和姿态在解空间中的合理性,提高估计的准确性。

4)优化和拟合。通过优化和拟合过程,姿态参数与手部模型逐步匹配,从而获得最终的手势估计结果。

以下是一个简化的代码示例,演示了如何使用 Mesh MANO 算法进行基于图像的手势估计。

```
import torch
from manopth.manolayer import ManoLayer
from manopth import demo

batch_size = 10
# 设置姿态空间的主成分数量
ncomps = 6

# 初始化MANO层,用于生成手部网格
mano_layer = ManoLayer(mano_root='mano/models', use_pca=True, ncomps=ncomps)

# 生成随机形状参数
# 这里的形状参数用于控制手部的形状变化
random_shape = torch.rand(batch_size, 10)
```

```
# 生成随机姿态参数，包括全局旋转的轴角表示
# 姿态参数用于控制手部的姿态变化
random_pose = torch.rand(batch_size, ncomps + 3)

# 通过MANO层进行前向传播，生成手部顶点和关节点
# 这里的形状和姿态参数用来生成手部的3D网格
hand_verts, hand_joints = mano_layer(random_pose, random_shape)
demo.display_hand({'verts': hand_verts, 'joints': hand_joints}, mano_faces=mano_layer.th_faces)
```

基于图像的方法广泛应用于数字人、虚拟现实、手势识别和人机交互等领域。一些主要应用场景如下。

▶ 虚拟现实和游戏开发：用于在虚拟世界中实现手势交互，增强沉浸感和互动性。

▶ 医疗康复：用于追踪患者手部动作，监测康复进展。

▶ 手势识别：用于识别手势命令，例如控制智能设备。

▶ 数字人创建：用于数字人的建模和动画，使其能够模仿真实手部动作。

作为基于图像的方法的代表，Mesh MANO 算法为上述应用提供了重要的技术支持。其优势在于它能够高度还原手部的形状和姿态，为数字和虚拟世界的互动提供了更多的可能性。随着深度学习技术的发展，涌现出了一些新方法，这些方法可以进一步提高手势估计的准确性和性能。

2. 基于视频的方法

基于视频的方法对于分析连续视频帧中的手势至关重要，因为它能够记录手势的变化。虚拟现实、人机交互、手势识别都是这些技术的应用领域。下面介绍其中最常见的 Real-time-GesRec 算法的工作原理、操作步骤、代码示例和应用场景。

Real-time-GesRec 算法通过卷积神经网络实现实时手势识别，它能从视频流中自动识别手势，无须明确的开始和结束信号。该算法包含两个核心模型，一个是用于检测手势的轻量级的 CNN 模型，另一个是用于对手势进行分类的深度 CNN 模型。Real-time-GesRec 算法采用滑动窗口法处理视频帧，一旦检测到手势，检测器便激活分类器。为确保每个手势分类器仅被激活一次，该算法采用了加权平均等后处理技术。作为一种基于深度学习的实时手势识别技术，Real-time-GesRec 算法首先使用轻量级的 CNN 模型对输入的 RGB 图像进行特征提取，然后通过时序建模捕捉手势的动态信息。此算法在多个手势数据集上表现出优异的性能，且具有高效的实时处理能力。其操作步骤如下。

1）检测手势。使用轻量级的 CNN 模型分析视频帧，寻找手势的迹象。

2）激活分类器。一旦检测到手势，激活深度分类器来识别手势的具体类型。

3）单次激活。使用权重来确保在手势的核心部分（如动作的顶点）触发分类器的单次激活，以提高实时识别性能。

4）使用后处理技术。对分类器的输出进行后处理，通过加权平均等技术提高准确性并减少误判。

以下是一个简化的代码示例，展示了如何使用 Real-time-GesRec 算法进行基于视频的手势估

计。请注意，实际应用中可能需要更多的配置和数据预处理。

```python
import cv2
import torch
import torchvision.transforms as transforms
import numpy as np
from temporal_transforms import TemporalCenterCrop
from target_transforms import ClassLabel

# 创建手势检测模型（轻量级CNN）
gesture_detection_model = TemporalCenterCrop()

# 创建手势分类模型（深度CNN）
gesture_classification_model = ClassLabel()

# 读取视频
cap = cv2.VideoCapture('your_video.mp4')   # 替换为实际的视频文件路径

while cap.isOpened():
    ret, frame = cap.read()

    if not ret:
        break

    # 预处理图像
    transform = transforms.Compose([
        transforms.ToPILImage(),
        transforms.Resize((224, 224)),
        transforms.ToTensor(),
        transforms.Normalize(mean=[0.485, 0.456, 0.406], std=[0.229, 0.224, 0.225]),
    ])
    frame = transform(frame)

    # 手势检测
    detection_result = gesture_detection_model(frame)

    # 如果检测到手势
    if detection_result:
        # 手势分类
        gesture_class = gesture_classification_model(frame)

        # 在图像上绘制检测结果和分类结果
        cv2.putText(frame, f'Gesture Class: {gesture_class}', (10, 30), cv2.FONT_HERSHEY_
SIMPLEX, 1, (0, 255, 0), 2)
```

```
# 显示处理后的图像
cv2.imshow('Real-time Gesture Recognition', frame)

if cv2.waitKey(1) & 0xFF == ord('q'):
    break

cap.release()
cv2.destroyAllWindows()
```

基于视频的方法在多个应用场景中发挥关键作用，包括但不限于以下这些。

▶ 虚拟现实和增强现实：通过手势控制增强现实和虚拟现实环境中的对象和界面，改善用户互动性。

▶ 游戏开发：通过在游戏中使用手势控制来增强游戏的交互性和沉浸感。

▶ 医疗康复：用于监控患者的手部动作，支持运动康复和康复治疗。

▶ 人机交互：通过手势来控制智能设备，如电视和智能家居设备。

▶ 新媒体和社交媒体：制作有趣的手势互动内容，用于在线直播和社交媒体平台等。

在上述应用场景中，Real-time-GesRec 算法能够准确识别手势和姿态。它的优势在于，能够处理连续视频帧、捕捉手部和目标物体的复杂动态，为数字和虚拟世界的互动提供更多的可能性。然而，应用程序必须考虑算法的实时性和性能，并根据需要进行配置和优化。

3.3.4 手势生成

手势生成是旨在根据手势、物体和互动状态生成相应的互动图像。这项任务有广泛的应用前景，涵盖 AR 或 VR 游戏和在线购物等领域。它的主要功能是通过指导目标姿势来生成互动的手和物体的图像，同时保持源图像的外观特征。这可以为用户提供沉浸式体验，对在线购物的商品自定义和相关研究领域都很重要，因为它在处理两个实例之间复杂的相互作用关系时，需要解决遮挡、图像翻译和保持外观特征一致等问题。这项技术可用于提升 AR、VR、在线购物和数据增强等领域的用户体验并提供更多的定制选项。

下面将详细介绍手势生成算法 HOIG（Hand-Object Interaction Image Generation）的工作原理、操作步骤、代码示例和应用场景。

HOIG 是一种用于生成手和物体互动图像的算法。该算法首先对输入的手和物体进行特殊的表示，以捕捉它们的关键特征。随后，结合这些表示和拓扑信息，生成展示详细互动场景的图像。HOIG 算法在诸多应用领域中表现出色，包括但不限于增强现实、虚拟现实游戏，以及在线购物等。

HOIG 算法采用了一种分层生成对抗网络的结构，以便在不同的层次上捕捉手势的局部和全局特征。HOIG 算法先通过中心网络生成手势的基本轮廓，再通过多个子网络生成细节特征，最终生成具有高度真实感和多样性的 3D 手势。

HOIG 是一种具有重要应用价值的算法，其操作步骤如下。

1）进行数据准备。收集手、物体互动的数据集，如 HO3Dv3 和 DexYCB。

2）进行模型训练。使用数据集训练 HOGAN 模型，该模型基于 PyTorch 框架实现。

3）展示结果。查看训练结果和损失情况，运行 visdom 服务器并访问 URL(http://localhost:8097)。

4）进行模型测试。使用 bash 命令运行测试脚本（eval_hov3.sh）。查看测试结果（结果将存储在 ./results/ 目录下）。

以下是一个简化的代码示例，演示了如何使用 HOIG 算法实现手势生成。请注意，实际应用中可能需要更多的配置和数据预处理。

```python
import torch
from torch.utils.data import DataLoader
from hogan_model import HOGANModel  # 替换为实际的 HOGAN 模型代码
from hogan_dataset import HOGANDataset  # 替换为实际的数据集处理代码
from hogan_loss import HOGANLoss  # 替换为实际的损失函数代码
from torch.optim import Adam
from visdom import Visdom


# 数据准备
def prepare_data():
    # 在这里加载手和物体互动的数据集，例如 HO3Dv3 和 DexYCB
    dataset = HOGANDataset(...)  # 替换为实际的数据集加载代码
    dataloader = DataLoader(dataset, batch_size=64, shuffle=True)
    return dataloader

# 模型训练
def train_hogan_model(model, dataloader, num_epochs=10, learning_rate=0.001):
    criterion = HOGANLoss()  # 替换为实际的损失函数
    optimizer = Adam(model.parameters(), lr=learning_rate)

    for epoch in range(num_epochs):
        for batch in dataloader:
            inputs, targets = batch
            outputs = model(inputs)
            loss = criterion(outputs, targets)

            optimizer.zero_grad()
            loss.backward()
            optimizer.step()

        print(f'Epoch {epoch+1}/{num_epochs}, Loss: {loss.item()}')
```

```python
# 结果展示
def display_results():
    # 在这里运行visdom服务器并查看训练结果和损失情况
    viz = Visdom()
    # 在这里添加可视化代码，如用来绘制损失曲线、展示生成图像等的代码


# 模型测试
def test_hogan_model(model, dataloader):
    # 使用bash命令运行测试脚本 (eval_hov3.sh)
    # 在这里添加代码运行测试脚本，查看测试结果


# 主程序
if __name__ == "__main__":
    # 数据准备
    dataloader = prepare_data()

    # 创建并训练HOGAN模型
    hogan_model = HOGANModel(...)    # 替换为实际的HOGAN模型代码
    train_hogan_model(hogan_model, dataloader)

    # 结果展示
    display_results()

    # 模型测试
    test_hogan_model(hogan_model, dataloader)
```

请注意，上述代码示例仅提供了一个基本的框架，实际使用时需要根据自己的数据集、模型和需求进行更多的定制，确保有合适的 HOGAN 模型、数据集处理代码、损失函数等。

手势生成在数字人和虚拟现实等领域具有广泛的应用前景。一些主要应用场景如下。

▶ 数字人创建：利用手势生成技术创建逼真的虚拟人物手部模型，为数字人提供更真实的动画效果。

▶ 虚拟现实和增强现实：通过高精度的手势识别和互动增加虚拟现实和增强现实环境的沉浸感和真实感。

▶ 医疗模拟和康复：用于医疗培训和康复治疗，模拟各种手部动作，以提供精确的模拟训练与康复效果监测。

▶ 手势控制：手势生成技术可以为智能设备提供高精度的手势控制界面，使人们可以通过简单的手势与设备进行交互。

手势生成的目标是通过深度学习技术识别图像或视频中的人的手部动作，并将其转化为可理解的手势指令。它可以实现隔空操作，为智能设备交互提供更直观、更自然的用户界面，其广泛应用

于游戏控制、无障碍导航、康复训练、沉浸式体验及各种交互领域。未来，手势生成将更精准、更智能，可能融入 AIoT 领域，实现手势控制家电，甚至手势控制交通工具等。

3.4 唇型检测和口型匹配

唇型检测和口型匹配技术旨在增强人机交互的自然度和虚拟人物的真实表现力。这一领域的发展历程见证了从单一任务到综合评价的转变，以及从 2D 到 3D 技术的跨越。

在计算机视觉和语音处理的早期阶段，研究人员主要关注 2D 图像中的唇型检测和口型匹配，试图实现基于视觉信息的口型同步。然而，随着深度学习和 3D 技术的出现，这一领域发生了重大变化。

随着深度学习的不断推进，研究人员开始探索使用卷积神经网络和循环神经网络等技术来提升唇型检测和口型匹配的准确性，确保口型和语音同步，这对于语音合成和动画制作至关重要。2D 唇型检测技术能够从图像或视频中识别嘴唇的位置、形状和运动，这为虚拟角色的嘴部动画打下了基础。相比之下，3D 唇型检测技术可以更精确地识别嘴部的 3D 形状和运动，从而实现更逼真的口型匹配。

随着综合评价方法的应用，唇型检测和口型匹配技术的评估标准变得更加全面。研究人员现在不仅重视这些技术的准确性，还开始考虑其同步性和感知逼真度，以期获得全面的性能评估。

3.4.1 2D 唇型检测

2D 唇型检测是计算机视觉领域的重要研究方向，其技术从早期的基于颜色空间的方法演进到现代的基于深度学习的方法，历经了多年的发展。2D 唇型检测在人机交互、情感分析和嘴部表情分析等方面都有广泛的应用。本节将深入探讨并比较基于颜色空间的方法、基于活动轮廓模型的方法和基于关键点检测的方法，以帮助读者更好地理解该领域的技术发展历程和趋势。

早期，2D 唇型检测相关方法中，有一种基于颜色空间的方法，该方法依赖唇部的颜色信息，具有一定的鲁棒性。另一种方法则基于活动轮廓模型，它结合形状和纹理信息，并通过建立统计模型来实现唇部的定位和分割。近年来，基于关键点检测的方法逐渐兴起，它通过识别图像中的关键点来定位和分割唇部区域，因此具有出色的细节捕捉能力。

接下来我们将详细探讨这些方法的实现原理、代码示例和应用场景。通过全面地了解和掌握这些 2D 唇型检测方法，可以帮助读者加深对这一领域的理解。

1. 基于颜色空间的方法

在 2D 唇型检测领域，基于颜色空间的方法是一种常见的方法，它利用唇部的颜色信息来识别和分割唇型。其中，要数基于 HSV 颜色模型的算法最典型，它的实现原理是使用唇部在 HSV 颜色空间中的特定颜色范围来识别唇部区域。下面将详细介绍该算法的实现原理、代码示例和应用场景。

在 HSV 颜色模型中，我们使用 3 个主要分量来描绘色彩，分别是色调（Hue）、饱和度（Saturation）及亮度（Value）。考虑到唇部通常具有明显的颜色特点，因此在基于 HSV 颜色模型的唇型检测过程中，应着重关注色调（H）这一分量。HSV 颜色空间能够充分描述唇部的颜色范围。通常，通过设定 HSV 值的最小范围 [H_min，S_min，V_min] 和最大范围 [H_max，S_max，V_max]，我们可以界定唇部的颜色边界。利用特定的颜色范围，我们可以从图像中找到与唇部颜色相近的像素点。HSV 颜色模型为我们提供了一种有效的方法来从图像中提取特定颜色的区域。在唇部检测的应用中，通过设定适当的 HSV 值，我们可以精确地定位嘴唇的位置。这种方法具有简单、易用等优点，但容易受到光照变化及肤色差异的影响。为了提高准确率，我们可以在 HSV 颜色模型的基础上结合其他特性，例如边缘检测、皮肤颜色建模等。

以下是一个基于 HSV 颜色模型的简单代码示例，用于实现 2D 唇型检测。

```python
import cv2
import numpy as np

def detect_lips_hsv(image):
    # 将图像转换为HSV颜色空间
    hsv_image = cv2.cvtColor(image,  cv2.COLOR_BGR2HSV)

    # 定义唇部颜色范围
    lower_bound = np.array([H_min,  S_min,  V_min])
    upper_bound = np.array([H_max,  S_max,  V_max])

    # 根据颜色范围进行掩码操作
    newton = cv2.inRange(hsv_image,  lower_bound,  upper_bound)

    # 执行形态学操作来增强唇部区域
    kernel = np.ones((5,  5),  np.uint8)
    newton = cv2.morphologyEx(newton,  cv2.MORPH_OPEN,  kernel)
    newton = cv2.morphologyEx(newton,  cv2.MORPH_CLOSE,  kernel)

    # 在原始图像上应用掩码
    result = cv2.bitwise_and(image,  image,  newton=newton)

    return result

# 调用函数进行唇型检测
image = cv2.imread('lip_image.jpg')
result_image = detect_lips_hsv(image)

# 显示结果图像
cv2.imshow('Lip Detection',  result_image)
```

```
cv2.waitKey(0)
cv2.destroyAllWindows()
```

基于 HSV 颜色模型的方法可以应用于多种场景,主要场景如下。

▶ 人脸识别系统:唇型识别可以帮助人脸识别系统更准确地识别嘴部特征。

▶ 表情分析:通过观察唇部的形状和颜色变化,可以识别开心、愤怒等情感状态。

▶ 语音识别:唇型识别能与语音识别技术相结合,提升语音识别的准确度。

总之,基于 HSV 颜色模型的方法在计算机视觉和人机交互等领域有着广泛的应用价值。通过提取颜色信息,该方法可以精确地实现唇部的检测和分割任务。

2. 基于活动轮廓模型的方法

基于活动轮廓模型的方法利用形状和纹理信息,通过构建统计模型来实现唇型的定位和分割。Active Shape Model(ASM)是其中最常见的模型之一。下面将详细介绍 ASM 的实现原理和操作步骤、代码示例以及应用场景等。

ASM 是一种基于统计学的形状模型,用于描述物体形状并建模。在进行唇部检测时,ASM 可以通过训练数据集学习到嘴唇的形状变化规律。然后,通过在输入图像中搜索与训练模型最匹配的形状,实现唇部定位。对于遮挡和光照变化,ASM 具有一定的鲁棒性,但可能需要较长的训练时间。其操作步骤如下。

1)创建训练集。创建的训练集中应包含大量不同人的唇部照片。这些图片用于训练统计模型。通常,形状和纹理模型由主成分分析等方法创建。形状模型用于捕捉唇部的几何特征,纹理模型则展示了唇部的纹理特征。

2)定义形状约束。ASM 使用形状模型来对唇部的几何形状进行建模,该模型包括主要的形状变化模式和平均唇部形状。在检测阶段,ASM 使用形状模型进行初始化,然后通过迭代优化来调整图像中的唇部形状。

3)应用纹理约束。ASM 使用纹理模型来模拟唇部的纹理。这个模型记录了唇部纹理变化的主要模式,可以用于识别纹理一致性。

4)模型匹配与优化。ASM 会在检测阶段将纹理和形状数据结合起来,以确定最佳唇部轮廓。优化算法通常用于完成这个过程。

以下是一个简化的 ASM 代码示例,用于实现 2D 唇型检测。请注意,实际的 ASM 需要用到大量的训练数据和模型训练时间,这里只演示其基本思想。

```
import cv2
import numpy as np
from skimage.io import imread
from skimage.color import rgb2gray
from skimage.transform import warp
from skimage.feature import canny
```

```
from skimage.measure import label, regionprops
from skimage.morphology import closing
from skimage.draw import polygon_perimeter
from skimage.morphology import dilation

# 加载训练好的ASM
# 注意，这里需要有一个训练好的ASM文件，例如lip_asm_model.pkl
asm_model = load_asm_model('lip_asm_model.pkl')

# 加载待检测的图像
image = imread('lip_image.jpg')

# 将图像转换为灰度
gray_image = rgb2gray(image)

# 应用Canny边缘检测
edges = canny(gray_image, sigma=2, low_threshold=10, high_threshold=30)

# 应用形态学操作去除噪声
kernel = closing((3, 3))
edges = kernel(edges)

# 使用ASM进行唇部检测
lip_shape = asm_model.predict(gray_image)

# 将唇部形状转换为轮廓
lip_contour = polygon_perimeter(lip_shape)

# 在原始图像上绘制唇部轮廓
for contour in lip_contour:
    cv2.polylines(image, [contour], isClosed=True, color=(0, 255, 0), thickness=2)

# 显示结果图像
cv2.imshow('Lip Detection', image)
cv2.waitKey(0)
cv2.destroyAllWindows()
```

基于 ASM 的方法主要应用于以下场景。

▶ 唇部识别和跟踪：用于唇部识别和跟踪任务，例如在视频会议中识别演讲者的唇部轮廓，以提高语音识别的准确性。

▶ 口红试色应用：帮助用户选择适合自己的口红颜色，从而提高虚拟试妆体验。

▶ 面部表情分析：提取唇部形状和纹理信息，以帮助分析人脸表情，如皱眉、微笑等。

总之，基于活动轮廓模型的方法在计算机视觉和人机交互领域具有广泛的应用价值。通过结合形状和纹理信息进行建模，这种方法能够实现精确的唇部检测和分割，为多种应用场景提供有力的支持。

3. 基于关键点检测的方法

基于关键点检测的方法通过识别图像中的特征或关键点来定位和分割唇部区域。Hourglass Network 是其中最典型的方法。下面介绍 Hourglass Network 的实现原理和操作步骤、示例代码以及应用场景。

Hourglass Network 是一种专为图像分割和实例分割设计的深度学习架构，其独特的编码器-解码器结构特别适用于复杂形状的识别与重建。在唇部检测任务中，Hourglass Network 首先通过编码器捕获图像中的多尺度特征，这些特征包含了唇部的局部细节和全局形状信息。随后，解码器利用这些特征进行上采样，逐步恢复图像的分辨率，并精细调整唇部的边界，最终生成高精度的唇部轮廓或关键点预测。

相比前两种方法，Hourglass Network 具有更高的准确性和鲁棒性，但计算复杂度也更高。其操作步骤如下。

1）进行数据准备。收集并准备一个包含唇部图像的数据集。这些图像应该包含多种角度、光照条件和不同表情下的唇部特征，以确保模型能够学习到唇部的多样性。

2）标注数据。对收集的图像进行标注，标记出唇部的关键点或轮廓。这些标注将作为训练模型时的监督信号。

3）构建网络。设计 Hourglass Network 的结构，该结构通常包含多个 Hourglass 模块，每个模块由上采样、池化和卷积层组成，用于捕捉不同尺度的唇部特征。

4）实现关键点预测。在 Hourglass Network 中，模块用于预测唇部的关键点位置，网络通过回归分支来生成关键点的坐标。

5）进行多尺度处理。Hourglass Network 能够处理不同尺度的特征数据，这有助于准确捕捉唇部的局部细节和整体形状。

6）训练模型。使用标注的数据集训练 Hourglass Network。在训练过程中，模型将学习如何从输入图像中提取唇部特征，并预测唇部的关键点。

7）验证与调整模型。在训练完成后，使用验证集评估模型的性能，并根据评估结果调整模型参数，如学习率、优化器等，以优化模型性能。

8）测试与应用。在模型训练和调整完成后，使用测试集进行最终评估。如果模型性能满足要求，可以将其应用于实际的唇型检测任务中。

以下是一个简化的 Hourglass Network 代码示例，用于实现 2D 唇型检测。请注意，实际的 Hourglass Network 需要用到更大规模的数据和训练，这里只提供了一个基本的框架。

```
import torch
import torch.nn as nn
```

```
# 定义Hourglass模块
class Hourglass(nn.Module):
    def __init__(self, num_blocks, num_features):
        super(Hourglass, self).__init__()
        # 构建Hourglass模块的卷积和上采样层
        # ...（这里应该添加具体的卷积和上采样层的构建代码）

    def forward(self, x):
        # Hourglass模块的前向传播逻辑
        # ...（这里应该添加具体的前向传播逻辑代码）


# 定义Hourglass Network
class HourglassNet(nn.Module):
    def __init__(self, num_stacks, num_blocks, num_features):
        super(HourglassNet, self).__init__()
        # 构建Hourglass Network的多个Hourglass模块
        self.hourglass_modules = nn.ModuleList([Hourglass(num_blocks, num_features)
        for _ in range(num_stacks)])
        # ...（这里可以添加其他必要的网络层）

    def forward(self, x):
        # Hourglass Network的前向传播逻辑
        # ...（这里应该添加具体的前向传播逻辑代码）


# 创建Hourglass Network模型
model = HourglassNet(num_stacks=2, num_blocks=4, num_features=256)


# 加载待检测的图像并进行预处理
input_image = preprocess_image('lip_image.jpg')


# 使用模型进行唇型关键点检测
with torch.no_grad():
    keypoints = model(input_image)


# 可视化检测结果
visualize_keypoints(input_image, keypoints)
```

基于关键点检测的方法可以应用于多个场景，主要场景如下。

▶ 嘴部状态分析：通过识别唇部关键点的位置变化，分析嘴部状态，例如张嘴、微笑等。

▶ 语音合成：通过识别唇部关键点的运动轨迹，帮助完成语音合成任务，这在创建虚拟人物和动画角色时特别有用。

▶ 医疗诊断：在进行医疗诊断时，唇部关键点可以用于诊断早期面部神经疾病。

总之，基于关键点检测的方法具备捕捉细节和形状信息的能力，可在多个领域中应用，包括计算机视觉、娱乐、医疗和语音合成等。

3.4.2　2D 口型匹配

2D 口型匹配技术是数字人领域在面部动画和语音合成方面的重大突破，其发展历程可追溯至计算机图形学和人工智能领域的融合时期。起初，研究人员专注于基于 2D 图像的面部运动分析，但随着深度学习和生成对抗网络等技术的出现，2D 口型匹配技术取得了重大进展。现在，它已经成为媒体制作、虚拟主播、电影特效等领域的重要工具。

本节将详细讨论 2D 口型匹配技术的多种实现方法，涵盖生成对抗网络、深度学习等关键技术。首先，介绍基于生成对抗网络的方法，如 Wav2Lip 和 Wav2Lip-GAN，它们通过生成对抗网络来生成与语音片段相对应的面部图像，实现了面部与语音的精准同步。然后，介绍 FaceSwap 和 DeepFake 等基于表情迁移的方法，这些方法通过表情合成技术让面部动作与语音相融合。最后，介绍基于 LSTM 的方法，如 LSTM-based Lip Sync，该方法通过使用长短时记忆网络来实现口型与音频的同步，为实时语音合成提供了新的可能性。

本节的目标是通过剖析各种 2D 口型匹配技术，来展示这些技术在数字媒体领域中的广泛应用，例如电影特效的制作、虚拟主播的创建和音视频同步的实时性提升等。

1. 基于生成对抗网络的方法

在 2D 口型匹配技术中，基于生成对抗网络的方法取得了重大进展。这类方法通过将音频信号与视频图像进行匹配来实现高质量的嘴部运动同步。下面将深入研究基于生成对抗网络的典型算法 Wav2Lip 和 Wav2Lip-GAN，并讨论它们的实现原理和步骤、示例代码、应用场景。

Wav2Lip 是一种基于深度学习的口型同步算法，它利用卷积神经网络将音频输入映射到相应的口型图像序列。Wav2Lip 通过训练模型学习音频与口型之间的映射关系，从而实现自动对口型。尽管该方法在生成的口型同步效果上展现出了较好的性能，但可能在处理复杂场景和表情时表现欠佳。

Wav2Lip-GAN 是 Wav2Lip 算法的改进版本，它通过引入生成对抗网络来提高生成口型的质量和真实感。Wav2Lip-GAN 算法由一个生成器和一个判别器组成，生成器负责生成口型图像，判别器则负责判断生成的口型是否足够真实。通过这种对抗性的训练，Wav2Lip-GAN 算法在口型同步的准确性和真实感上有更好的表现。

Wav2Lip 和 Wav2Lip-GAN 算法能够将音频信息与静态人脸图像相结合，生成具有准确嘴部运动的唇部图像。其实现步骤如下。

1）提取音频特征。从输入音频中提取音频特征，通常使用 Mel 频谱特征或梅尔倒谱系数（MFCC）来表示音频内容。

2）检测人脸关键点。使用面部关键点检测器，如 Dlib 或 OpenCV，识别静态人脸图像中的嘴部位置。

3）变换嘴部形状。使用生成器网络获得音频特征和嘴部关键点位置，以此来改变静态嘴部形状，使数字人的嘴部动作与输入的音频信号在视觉上保持一致。

4）生成嘴部图像。生成器网络输出一个动态的嘴部图像，其与音频信号同步。

5）合成视频。将生成的嘴部图像与原始静态人脸图像进行合成。

以下是一个简化的 Wav2Lip 算法代码示例，用于将音频与静态人脸图像匹配，生成同步的嘴部运动。

```python
import wav2lip

# 加载音频和人脸图像
audio = wav2lip.load_audio('audio.wav')
face_image = wav2lip.load_face_image('face.jpg')

# 提取音频特征
audio_features = wav2lip.extract_audio_features(audio)

# 检测嘴部关键点
mouth_keypoints = wav2lip.detect_mouth_keypoints(face_image)

# 嘴部形状变换
transformed_mouth_shape = wav2lip.transform_mouth_shape(audio_features, mouth_keypoints)

# 生成嘴部图像
mouth_image = wav2lip.generate_mouth_image(transformed_mouth_shape)

# 合成视频
output_video = wav2lip.compose_video(face_image, mouth_image, audio)
```

基于生成对抗网络的 2D 口型匹配方法具有广泛的应用场景，主要场景如下。

▶ 虚拟主持人：用于创建虚拟主持人或虚拟演讲者，让它们的嘴部动作与语音同步，为在线演讲和教育提供更生动的体验。

▶ 电影制作：用于电影特效制作，可以将演员的声音与数字角色的嘴部动作同步，实现更逼真的视听效果。

▶ 动画制作：用于创建动画角色的口型动画，节省制作成本，提高制作效率。

▶ 语音合成：用于确保生成的虚拟角色的嘴部动作与语音内容一致，提高语音合成的自然度。

Wav2Lip 和 Wav2Lip-GAN 算法在多种媒体制作与虚拟化应用中表现优秀，为口型同步技术的进步与革新提供了坚实的支持。

2. 基于表情迁移的方法

基于表情迁移的方法作为一种广泛应用于图像处理和媒体制作领域的方法,通过将一个人的面部表情复制到另一个人的脸上来实现口型匹配和面部表情的同步。下面将详细介绍 DeepFake 和 FaceSwap 算法的实现原理和步骤、代码示例、应用场景及优势。

DeepFake 是一种基于深度学习的算法,其借助生成对抗网络实现。它的实现原理是通过训练神经网络,将源人物的面部表情复制到目标人物脸上,实现高度逼真的口型与面部表情。DeepFake 算法能够将一个人的面部特征无缝融合到另一个人的脸上,但是在处理光照变化、表情和脸部遮挡方面可能存在一定的局限性。此外,由于它可能被用于不道德的场景,因此在社会上引起了一定的争议。

FaceSwap 是一种基于深度学习的面部交换算法,可以将一个人的面部特征应用到另一个人的脸上。它通过特征点匹配和融合技术实现面部表情同步,并广泛应用于媒体制作和口型匹配任务。在口型匹配方面,FaceSwap 算法能准确地将说话人的口型应用到目标人物的脸上,实现口型同步。尽管它在处理复杂场景和表情时具有较好的性能,但需要大量训练数据和计算资源的支持。

上述算法的实现步骤如下。

1)收集数据。收集源人物和目标人物的面部图像和视频数据,包括各种表情和嘴部动作。

2)提取面部特征。使用面部关键点检测器或深度学习模型提取面部特征,如眼睛、嘴巴和鼻子的位置。

3)进行表情迁移模型训练。训练深度学习模型(通常是 GAN),让其学习源人物和目标人物之间的表情迁移关系。这个模型能够将源人物的面部表情迁移到目标人物的脸上。

4)生成嘴部图像。使用训练好的模型将音频或语音内容同步到源人物的面部特征上,生成嘴部运动图像。

5)合成视频。将生成的嘴部运动图像与目标人物的脸部图像合成,得口型匹配且面部表情同步的视频。

以下是一个简化的基于 DeepFake 算法的表情迁移代码示例,展示了如何使用 DeepFake 算法来实现口型匹配。

```
import deepfake

# 加载源人物和目标人物的图像和视频数据
source_face = deepfake.load_image("source_face.jpg")
target_face = deepfake.load_image("target_face.jpg")
source_video = deepfake.load_video("source_video.mp4")

# 训练DeepFake模型
deepfake_model = deepfake.train(source_face, target_face, source_video)

# 生成口型匹配的视频
```

```
output_video = deepfake.generate_video(source_video, deepfake_model)

# 保存生成的视频
deepfake.save_video(output_video, "output_video.mp4")
```

基于表情迁移的方法在以下场景中发挥了重要作用。

▶ 媒体制作：用于制作电影、电视剧和广告，实现角色的口型匹配和面部表情同步。

▶ 虚拟化应用：用于制作虚拟主持人、角色和演讲者，提高虚拟世界中的互动性和逼真度。

▶ 教育和培训：用于创建口型匹配的虚拟教师，以提供更生动的教学体验。

▶ 特效制作：在电影和视频特效中用于实现角色的面部表情，包括口型匹配和情感传达。

基于表情迁移的方法蕴藏着广阔的创新与应用前景。DeepFake 和 FaceSwap 等算法为媒体制作和虚拟化应用提供了创新的解决方案。

3. 基于 LSTM 的方法

基于 LSTM 的方法通过 LSTM 神经网络来捕捉嘴部运动与音频之间的复杂关系，从而实现极其精确的口型匹配。下面将介绍其中常用的 LSTM-based Lip Sync 算法的实现原理和步骤、代码示例、应用场景。

LSTM 神经网络的 Lip Sync 技术是一种深度学习技术，其主要实现原理是将嘴部动作和音频特征之间的时空关系编码到 LSTM 模型中，从而实现口型匹配的精确控制。该技术广泛应用于语音合成、虚拟角色创建和媒体制作等领域。LSTM-based Lip Sync 算法首先通过分析音频序列和对应的口型图像序列，学习音频和口型之间的时序关系。然后，将目标音频输入到 LSTM 神经网络中，生成相应的口型序列。这种方法在处理不同说话人、语速变化和情感表达方面具有较好的性能，但可能需要较长的训练时间。其实现步骤如下。

1）提取音频特征。从音频信号中提取有关语音内容的特征，通常使用梅尔频谱特征或梅尔倒谱系数提取。

2）提取嘴部运动特征。使用面部关键点检测器或深度学习模型提取嘴部运动的特征，如嘴巴的开合程度。

3）LSTM 模型训练。训练一个 LSTM 模型，以学习音频特征和嘴部运动特征之间的时空关系。模型会捕捉到语音与嘴部运动之间的同步模式。

4）口型匹配预测。使用训练好的 LSTM 模型，通过输入音频特征来预测嘴部运动状态，从而生成口型匹配的图像或视频。

5）合成视频。通过将生成的嘴部运动状态与原始静态人脸图像或视频进行合成，生成口型匹配的最终视频。

以下是一个简化的基于 LSTM 的口型匹配代码示例，展示了如何使用 LSTM-based Lip Sync 算法来实现口型匹配。

```
import tensorflow as tf
from tensorflow.keras.models import Sequential
from tensorflow.keras.layers import LSTM, Dense

# 构建LSTM模型
model = Sequential()
model.add(LSTM(128, input_shape=(timesteps, input_dim)))
model.add(Dense(output_dim, activation='softmax'))

# 编译和训练模型
model.compile(loss='categorical_crossentropy', optimizer='adam', metrics=['accuracy'])
model.fit(X_train, y_train, epochs=10, batch_size=64)

# 预测口型匹配
predictions = model.predict(X_test)
```

基于 LSTM 的方法广泛应用于以下场景。

▶ 语音合成：为语音合成引擎制作逼真的口型动画，提高合成语音的自然度和表现力。

▶ 虚拟角色：创建虚拟主持人、角色和演讲者，确保他们的口型与语音高度同步。

▶ 媒体制作：在电影、电视剧和广告制作中实现角色的口型与语音匹配及面部表情同步，提升作品的真实度和观赏性。

▶ 在线教育：创建能够实时同步口型的虚拟教育角色，增强在线教育的互动性和吸引力。

基于 LSTM 方法具备在语音与嘴部运动之间建立紧密联系的能力，因而在多媒体领域中占有重要的地位。此方法不仅可以有效提升口型匹配的精确性，还可以增强数字人物的真实感和交互体验。

3.4.3　3D 唇型检测

3D 唇型检测技术是数字人领域中的重要技术，伴随着深度传感器技术的蓬勃发展，近几十年来，该技术在面部形状和运动分析方面取得了巨大的进展。早期的研究主要集中在 2D 领域，但由于缺乏深度信息，对唇部运动的精确建模一直是一个难题。然而，随着深度传感器技术的引入，我们现在能够以精确、实时的方式捕捉面部的 3D 深度信息，这为虚拟现实、医学、游戏、面部识别等领域的数字人应用开辟了广阔的前景。

本节将详细介绍 3D 唇型检测的各种方法，涵盖从统计模型到深度学习的各类先进技术。首先介绍一种基于 3DMM（3D Morphable Face Model）的方法，该方法借助统计模型对面部进行建模，为传统的口型匹配技术提供了强有力的支持。然后介绍一种基于 RGB-D 摄像的方法，该方法将彩色图像和深度信息结合，从而实现了更精准的 3D 面部建模和唇型剖析。最后介绍基于参数化人脸模型的方法，这种方法使用参数化模型展示面部的形状和动作，具有很高的灵活性和可控性。

　　本节旨在帮助读者全面理解和有效应用 3D 唇型检测领域的创新和多样性。下面通过详细介绍相关方法的工作原理、操作步骤、代码示例和应用场景为读者提供全方位的指导。

1. 基于 3DMM 的方法

　　基于 3DMM 的方法可实现对嘴唇的形状和运动的精确建模。其核心是使用 3D 形状模型来展示嘴唇的形变过程。

　　3DMM 是一种采用统计学原理来描述人脸 3D 形状及纹理的模型，它通过平均纹理和形状模型及多个主成分变化模型来描绘人脸形状和纹理的多样性。3DMM 通常用于模拟嘴唇的形状和运动。在唇型检测任务中，3DMM 通过将输入的 2D 图像与 3D 模型进行拟合，来估计出唇部的 3D 形状。然而，这种方法计算复杂度较高，且需要大量的训练数据，因此难以实现实时处理。

　　上述方法的操作步骤如下。

　　1）对人脸形状和纹理进行建模。创建一个包含各种人脸形状和纹理的 3DMM，这个模型通常包括一个平均人脸模型、一组描述形状和纹理变化的主成分分析系数。

　　2）提取嘴唇特征。使用关键点检测器从输入的图像或视频帧中提取嘴唇区域的特征点。

　　3）重建 3D 形状。利用 3DMM 将嘴唇特征点映射到三维空间中，从而重建出嘴唇的 3D 形状。这通常涉及将 2D 特征点与 3DMM 中的对应点进行匹配，并用模型的 PCA 系数来调整模型以匹配输入数据等环节。

　　4）运动估计。通过计算特征点在时间序列中的位置变化来估计嘴唇的运动轨迹。从而跟踪嘴唇的形状变化。

　　5）口型匹配预测。根据估计的形状和运动轨迹来预测唇部的口型，可以将其用于语音合成或虚拟角色创建。

　　以下是一个简化的基于 3DMM 的 3D 唇型检测代码示例。

```python
import dlib
import numpy as np
from scipy.spatial import procrustes

# 初始化人脸关键点检测器
predictor = dlib.shape_predictor('shape_predictor_68_face_landmarks.dat')

# 从图像中检测关键点
def detect_landmarks(image):
    gray = cv2.cvtColor(image,  cv2.COLOR_BGR2GRAY)
    rects = detector(gray)
    landmarks = []
    for rect in rects:
        shape = predictor(gray,  rect)
        landmarks.append(shape)
```

```
        return landmarks

# 计算嘴唇型状的3D重建
def reconstruct_lips_3d(landmarks, mean_shape_model, shape_model_components):
    # 实现3D重建的代码
    # ...
    return reconstructed_lips

# 嘴唇运动跟踪和口型匹配
def track_lip_movement(landmarks_sequence, mean_shape_model, shape_model_components):
    # 实现运动估计和口型匹配的代码
    # ...
    return lip_movement

# 示例代码的使用
image = cv2.imread('face_image.jpg')
landmarks = detect_landmarks(image)
reconstructed_lips = reconstruct_lips_3d(landmarks, mean_shape_model, shape_model_components)
lip_movement = track_lip_movement(landmarks_sequence, mean_shape_model, shape_model_components)
```

基于 3DMM 的方法可以广泛应用于以下场景。

▶ 语音合成：可以提高语音合成的逼真度，实现嘴唇运动与语音内容的精确匹配。

▶ 虚拟角色：可用于创建虚拟演员或主持人，确保它们的嘴唇动作与它们的语音同步，从而提供高度自然的角色表现。

▶ 医学仿真：用于诊断和交流培训，模仿患者或医生的口型。

▶ 人机交互：在虚拟助手、虚拟会议中，用于增强人机交互界面的自然性和互动性。

由于 3DMM 具备对嘴唇形状及其运动进行精细建模能力，因此，它在那些需要精确口型匹配及面部表情同步的应用中扮演着至关重要的角色，为数字人物的真实感和交互体验提供了强大的支持。

2. 基于 RGB-D 摄像的方法

基于 RGB-D 摄像的方法是一种使用深度信息来实现对嘴唇精确检测和建模的技术。该方法的核心是结合 RGB 图像和深度图像获取更准确的 3D 嘴唇形状信息。

RGB-D（Red, Green, Blue - Depth）是一种利用彩色图像和深度信息进行 3D 唇型检测的先进方法。通过使用 RGB-D 相机，我们能够在同一时间捕捉到彩色图像和深度信息。这样，在唇部检测任务中，我们就能利用深度信息来提取唇部的 3D 几何信息。虽然 RGB-D 方法在实时性方面具有优势，但其精度可能会受到环境光照和传感器精度的影响。

Kinect Fusion 是一项由 Microsoft Kinect 传感器驱动的技术，专门用于 3D 建模和跟踪，该技术主要依赖深度摄像机采集的深度图像和 RGB 图像。在 3D 唇型检测领域，该技术通过整合深度和颜色数据，来精确测定嘴唇的 3D 形状。

　　上述方法的操作步骤如下。

　　1）获取深度图像。使用 RGB-D 摄像机，如 Kinect，获取包含颜色和深度信息的图像。

　　2）提取嘴唇区域。通过分析 RGB 图像，使用深度学习或计算机视觉技术来分析和提取嘴唇区域的像素。

　　3）进行深度信息融合。将深度信息与嘴唇区域的 RGB 信息结合起来，形成 3D 点云或体素表示。

　　4）进行 3D 形状建模。使用基于融合后的深度信息的 3D 建模算法（如点云处理或 3D 重建）来估计嘴唇的 3D 形状。

　　5）进行口型匹配预测。根据估计的 3D 形状来预测嘴唇的口型，以供后续应用使用。

　　以下是一个简化的基于 RGB-D 摄像的 3D 唇型检测代码示例，展示了如何使用深度信息来进行口型匹配。

```python
import cv2
import numpy as np
import open3d as o3d

# 初始化深度摄像机
kinect = cv2.VideoCapture(cv2.CAP_OPENNI2)
if not kinect.isOpened():
    raise Exception("Unable to open Kinect")

# 读取深度图像和RGB图像
ret, depth_frame = kinect.read()
ret, color_frame = kinect.read()

# 嘴唇区域提取（示例）
lip_region = color_frame[100:200, 200:400]

# 深度信息融合
depth_data = depth_frame[100:200, 200:400]
point_cloud = np.zeros((lip_region.shape[0], lip_region.shape[1], 3), dtype=np.float32)

for i in range(point_cloud.shape[0]):
    for j in range(point_cloud.shape[1]):
        depth = depth_data[i, j]
        if depth > 0:
            point_cloud[i, j, 0] = j
            point_cloud[i, j, 1] = i
            point_cloud[i, j, 2] = depth

# 创建点云对象
pcd = o3d.geometry.PointCloud()
```

```
pcd.points = o3d.utility.Vector3dVector(point_cloud)

# 三维形状建模
o3d.visualization.draw_geometries([pcd])

# 进行口型匹配预测
# ...

# 关闭深度摄像机
kinect.release()
```

基于 RGB-D 摄像的方法可以广泛应用于以下场景。

▶ 虚拟现实：在虚拟现实应用中用于面部捕捉和表情同步，确保虚拟角色的嘴部动作与用户实际嘴部动作高度一致。

▶ 医学仿真：可以在医学培训中使用这种方法来模拟医生或患者的口型，以进行手术培训和诊断训练。

▶ 人机交互：可以提高人机界面的自然性和互动性，如用于手势控制系统和智能助手。

▶ 面部识别：可以用于身份验证和面部识别，以提高准确性和抗欺骗性。

RGB-D 摄像技术融合了彩色和深度信息，在精确性和逼真性方面具有明显的优势。这种技术的应用为数字人交互和仿真模拟等领域提供了可靠的支持。

3. 基于参数化人脸模型的方法

基于参数化人脸模型的方法使用数学模型模拟嘴唇的形状和运动。这个方法的核心在于采用参数化的人脸模型，通过调整模型参数来模拟和跟踪嘴唇的动态变化。

Active Appearance Model（AAM）是一种应用广泛的参数化人脸模型，用于描述人脸的形状和外观，它被广泛应用于嘴唇的建模和跟踪。通过调整 AAM 的参数，可以有效地追踪嘴唇的运动和变形。AAM 通常基于统计学的形状模型和纹理模型实现，这些模型通过分析大量的人脸图像数据集来学习。在 3D 唇型检测任务中，AAM 的应用进一步扩展到三维空间，允许模型通过分析训练数据集中的唇部形状和纹理变化，来学习如何在新的 3D 图像中定位和识别唇型。虽然这个模型可以处理多种唇部形状和纹理变化，但它对遮挡和光照变化的敏感性可能会影响其在复杂场景下的性能。

上述方法的操作步骤如下。

1）人脸建模。通过收集并处理大量人脸数据，创建一个参数化的人脸模型，该模型包含嘴唇的形状和外观信息。

2）特征点检测。使用计算机视觉或深度学习技术识别输入图像中嘴唇区域的关键特征。

3）参数拟合。通过调整参数化人脸模型的参数，将模型与识别到的特征点对齐，从而确定嘴唇的形状和运动状态。

4）口型匹配预测。根据估计的嘴唇形状和运动信息来预测嘴唇的口型，以供后续使用。

以下是一个简化的基于参数化人脸模型的 3D 唇型检测代码示例，展示了如何使用 AAM 来进行口型匹配。

```python
import dlib
import numpy as np

# 初始化AAM
aam_model = dlib.shape_predictor('aam_model.dat')

# 从图像中检测关键点
def detect_landmarks(image):
    gray = cv2.cvtColor(image,  cv2.COLOR_BGR2GRAY)
    shape = aam_model(gray)
    landmarks = np.array([[p.x,  p.y] for p in shape.parts()])
    return landmarks

# 参数拟合
def fit_aam_model(landmarks,  aam_model):
    # 实现参数拟合的代码
    # ...
    return fitted_parameters

# 嘴唇形状重建
def reconstruct_lips_shape(fitted_parameters):
    # 实现形状重建的代码
    # ...
    return reconstructed_shape

# 进行口型匹配预测
# ...

# 示例代码的使用
image = cv2.imread('face_image.jpg')
landmarks = detect_landmarks(image)
fitted_parameters = fit_aam_model(landmarks,  aam_model)
reconstructed_shape = reconstruct_lips_shape(fitted_parameters)
```

基于参数化人脸模型方法广泛应用于以下场景。

▶ **面部动画**：用于制作电影和游戏，确保虚拟角色的嘴部动作与语音同步。

▶ **医学仿真**：模拟医生或患者的口型，以进行手术培训和诊断训练。

▶ **虚拟会议**：用于捕捉并再现参与者的表情和唇部动作，增强远程会议的互动性和逼真度。

▶ 人机交互：通过使用虚拟助手和面部识别技术来增强人机交互界面的自然性和互动性。

基于参数化人脸模型的方法能够构建精确、稳定的嘴唇模型，并在多个应用领域拥有出色的实践效果。

3.4.4 3D 口型匹配

3D 口型匹配技术的目标是实现音频和面部表情的精准同步，以创造出逼真的口型动画，从而增强数字人交互沉浸感。随着计算机视觉、计算机图形学及深度学习技术的发展，3D 口型匹配算法越来越受欢迎，并涌现出多样化的方法体系，涵盖基于模型预测、参数化模型、深度学习、音频驱动和神经渲染等的方法。

基于模型预测的方法（以 Intel Audio2Face 算法为代表）利用模型来预测面部表情，并将其与声音同步。基于参数化模型的方法（如 LipSync 等技术）通过参数化模型来实现口型匹配。基于深度学习的方法（如 MakeItTalk）利用深度学习技术来实现面部动画的生成。基于音频驱动的方法（如 Talking Head Synthesis 等技术）将音频作为驱动力，生成口型动画。基于神经渲染的方法（以 RAD-NeRF 算法为代表）将神经渲染应用于口型匹配。

上述方法作为数字人技术的先锋，不仅丰富了虚拟角色和人物的表现力，而且在虚拟现实、游戏开发、医学、人脸识别和用户体验研究等多个领域展现出广阔的应用前景。下面仔细研究其中三个方法。

1. 基于模型预测的方法

在 3D 口型匹配领域，基于模型预测的方法使用深度学习模型来预测口型和唇型的 3D 表示。此类方法涵盖多种典型的算法，包括 NVIDIA 的 Audio2Face 算法，以及 Nerf-Wav2Lip 算法等。下面将着重介绍 NVIDIA Audio2Face 算法，探讨其实现原理和步骤、Python 代码示例，以及应用场景。

NVIDIA Audio2Face 算法是一种创新的深度学习技术，旨在从音频输入中生成逼真的 3D 口型和唇型动画。该算法的核心思想是将音频特征与唇型运动关联起来，并利用生成对抗网络结构，通过一个生成器和一个判别器将这些关联映射到 3D 口型上。

生成器负责生成逼真的 3D 面部动画，而判别器则负责判断生成的动画是否足够真实。通过不断优化，模型可以学习到音频和面部表情之间的映射关系。此外，研究人员还引入了一种称为"时间一致性损失"的技术，以确保生成的动画在时间上保持连贯性。

通过这种方法，NVIDIA Audio2Face 算法可以基于音频输入生成逼真的 3D 口型和唇型动画，为虚拟现实、游戏、电影制作等领域提供了更多的可能性。该算法的实现包括以下关键步骤。

1）音频特征提取。从输入的音频中提取梅尔频谱等声学特征，以获取语音的声音信息。

2）生成唇型参数。使用深度学习模型（通常是循环神经网络或 Transformer 等），为音频特征与唇型参数建立映射关系。这些参数可以包括嘴巴的开合度、唇部形状等。

3）生成 3D 口型。利用生成模型，将生成的唇型参数转换为逼真的 3D 口型模型。这可能涉及图像合成技术，如生成对抗网络。

4）渲染和同步。将生成的 3D 口型模型渲染为视频，同时与音频同步，以实现逼真的唇型运动。

以下伪代码示例展示了如何使用 Audio2Face 算法生成 3D 口型动画。请注意，实际实现需要更多的细节和模型训练。

```
import deep_learning_library as dl

# 加载预训练的Audio2Face模型
model = dl.load_audio2face_model()

# 提取音频特征
audio_features = dl.extract_audio_features(audio_input)

# 预测唇型参数
lip_parameters = model.predict(audio_features)

# 生成3D口型
three_d_lip_model = dl.generate_3d_lip_model(lip_parameters)

# 渲染和同步
rendered_video = dl.render_video(three_d_lip_model,  audio_input)
```

NVIDIA 的 Audio2Face 算法在许多应用场景中都具有潜力，主要应用场景如下。

▸ 动画电影制作：可以用于为动画角色赋予逼真的口型和唇型动画，以提高角色的表现力。

▸ 虚拟主持人：可以创建虚拟主持人或虚拟演讲者，使其能在视频中与观众进行更自然的互动。

▸ 语音合成：可以与语音合成技术结合，实现带有逼真口型的语音输出，适用于语音助手等场景。

▸ 游戏开发：可以用于游戏角色的口型动画，提高游戏的沉浸感和表现力。

总之，基于模型预测的方法为众多领域提供了高效且精准的工具，使得实现逼真的口型和唇型动画效果成为可能。

2．基于深度学习的方法

基于深度学习的方法借助深度神经网络模型直接从音频或文本输入中生成逼真的 3D 口型动画。其中最典型的算法就是 Adobe 的 MakeItTalk。下面将详细介绍 MakeItTalk 算法，包括其实现原理和步骤、Python 代码示例，以及应用场景。

MakeItTalk 算法能够将音频或文本转化为逼真的 3D 口型动画。该算法的核心思想是，通过深度神经网络学习音频、文本与唇部运动之间的映射关系。MakeItTalk 是一种基于深度学习的 3D 口型匹配方法，它通过分析输入的音频和目标角色的 3D 模型，生成与音频同步的 3D 面部动画。这一过程依赖一种轻量化的端到端网络，该网络直接由音频特征驱动，可以自动地将音频特征映射到 3D 面部动画中，简化动画制作流程。此外，MakeItTalk 还采用一种基于物理的面部动画模型来提高生成动画的真实感。

以下是实现 MakeItTalk 算法的关键步骤。

1）提取音频特征。从输入音频中提取声学特征，通常使用梅尔频谱或声学特征向量实现。

2）将文本进行编码。如果输入是文本而不是音频，则需要将文本进行编码。通常使用循环神经网络或 Transformer 来捕获文本的语义信息。

3）建立深度神经网络模型。该模型接受音频特征和文本编码作为输入，并输出唇部运动的参数或特征。这个模型通常是端到端的结构。

4）训练模型。使用大规模的标记数据集对深度神经网络进行训练，以便准确地预测唇部运动。

5）生成 3D 口型。利用训练好的模型，根据输入的音频或文本生成唇部动画的 3D 表示。

6）渲染和同步。将生成的 3D 口型模型渲染为视频，并与音频同步，以实现逼真的唇部运动效果。

以下代码示例展示了如何使用 Adobe 的 MakeItTalk 算法生成 3D 口型动画。请注意，实际实现需要更多的细节和深度学习框架支持。

```
import deep_learning_library as dl

# 加载预训练的MakeItTalk模型
model = dl.load_makeittalk_model()

# 提取音频特征或文本编码
audio_features = dl.extract_audio_features(audio_input)
text_encoding = dl.encode_text(text_input)

# 预测唇部参数或特征
lip_features = model.predict(audio_features,  text_encoding)

# 生成3D口型
three_d_lip_model = dl.generate_3d_lip_model(lip_features)

# 渲染和同步
rendered_video = dl.render_video(three_d_lip_model,  audio_input)
```

MakeItTalk 算法在多个应用场景中展现出广泛的用途，如下所示。

▶ 电影制作：可用于虚拟角色的唇部动画制作，实现高质量的口型与语音同步。

▶ 动画制作：可用于动画角色的口型动画生成，提高角色的表现力和真实感。

▶ 虚拟主持人：可用于创建虚拟主持人或虚拟演讲者，增强其与观众的互动性。

▶ 教育和培训：可用于创建虚拟教师或培训导师，提供更生动的教学体验。

▶ **医疗领域**：可用于医学模拟和手术培训，实现高度逼真的口腔解剖模拟。

▶ **游戏开发**：可用于游戏中的角色配音和口型动画制作，提高游戏的沉浸感和互动性。

总之，基于深度学习的方法可以实现逼真的口型和唇型动画效果，提高了数字人的真实感和表现力。这类方法在多个领域中得到广泛应用。

3. 基于神经渲染的方法

近年来，基于神经渲染的方法取得了长足的进展。这类方法利用神经辐射场（NeRF）来对面部的 3D 结构进行建模，实现高保真的口型匹配。

NeRF 采用多层感知器（MLP）将输入的位置和视角映射到颜色值和密度上，并通过渲染生成图像。在口型匹配任务中，NeRF 将面部结构模型化为连续的 3D 几何结构，并学习将音频特征映射到对应口型的方法。

RAD-NeRF 是一种基于神经辐射场的 3D 口型匹配算法，它也是首个将 NeRF 应用于实时口型匹配的方法。RAD-NeRF 使用哈希编码加快 NeRF 的渲染速度，并以音频特征为条件，实现了实时、高保真的口型匹配效果。此外，RAD-NeRF 算法还采用了一种多任务学习框架，该框架集成了音频特征提取、面部形状估计和纹理合成等多个任务。通过引入时间一致性损失和面部先验知识，RAD-NeRF 算法能确保生成的 3D 动画在时间和空间上保持连贯性。

RAD-NeRF 的实现代码示例如下。

```python
import torch
import torch.nn as nn
import torch.nn.functional as F
import numpy as np

# 定义主模型类
class RADNeRF(nn.Module):
    def __init__(self, audio_in_dim, audio_dim, in_dim, out_dim, hidden_dim, max_steps, grid_size, density_bitfield, cascade):
        super(RADNeRF, self).__init__()
        self.audio_feature_extractor = AudioFeatureExtractor(audio_in_dim, audio_dim)
        self.ray_marcher = RayMarching(max_steps, grid_size, density_bitfield, cascade)
        self.nerf = NeRF(in_dim, out_dim, hidden_dim)

    def forward(self, audio_features, rays_o, rays_d, nears, fars, ind_code, eye):
        # 提取音频特征
        audio_encoding = self.audio_feature_extractor(audio_features)

        # 光线行进
        xyzs, dirs, deltas = self.ray_marcher(rays_o, rays_d, nears, fars, audio_encoding)
```

```
# 通过NeRF模型计算颜色、密度和环境光
sigmas, rgbs, ambients = self.nerf(xyzs, dirs, audio_encoding, ind_code, eye)

# 计算2D图像和深度
image, depth = self.composite_rays(xyzs, dirs, sigmas, rgbs, deltas)

return image, depth
```

上述代码展示了 RAD-NeRF 算法将位置编码、音频编码和 Hash 编码相结合，快速实现神经渲染的方法，进而达到实时口型匹配的效果。

ER-NeRF 是增强版的 NeRF，它在 RAD-NeRF 的基础上进一步提出了区域注意力机制，它可以通过区分语音对不同区域的影响，来获得更精细和自然的口型变化效果。其实现步骤如下。

1）将空间分割为不同的子区域，提取各区域的特征。

2）对音频特征进行注意力加权，得到针对每个区域的音频表示。

3）将区域音频特征与对应区域的空间特征相结合，得到区域感知特征。

4）利用区域特征进行 NeRF 合成，重建口型。

区域注意力机制对语音和空间子区域之间的关系进行了建模，可以捕捉口型运动的细节，生成高质量的匹配结果。ER-NeRF 的 Python 实现代码如下。

```
# 获取空间区域特征
regional_feats = RegionalFeatureExtractor(space)

# 计算注意力权重
attn_weights = Attention(audio_feat, regional_feats)

# 与区域特征拼接
 regional_audio_feats = Concat([audio_feat, regional_feats, attn_weights])

# NeRF
rgb, density = NeRF(regional_audio_feats)
```

上面的代码展示了 ER-NeRF 如何利用区域注意力机制在音频和空间区域之间建立关系，从而实现高精度的口型匹配。

总的来说，基于神经渲染的 3D 口型匹配方法利用可以学习的神经网络来表示 3D 场景，这种方法可以生成逼真、实时的语音驱动口型。此类方法已在数字人、虚拟形象、游戏角色等领域得到广泛应用。随着 NeRF 表示能力的逐步提高，未来口型匹配的质量也将得到进一步的提升。

3.4.5　唇型同步评价

唇型同步的质量直接影响虚拟角色的真实感和互动体验。当虚拟角色的口型动作不自然或与语

音不同步时，观众或用户可能会感到困惑，这降低了虚拟角色的可信度。因此，对唇型同步进行准确评估对于实现逼真的虚拟角色至关重要，我们需要借助有效的评估方法来衡量其同步的准确性和逼真程度。

唇型同步的评价方法分为主观评价和客观评价两种。主观评价依赖人工观察和听觉感知对唇型与语音的同步情况进行直观判断；而客观评价则使用计算机分析和算法来评估。这两种方法各有千秋，因此通常被结合使用，以获得更全面的评估结果。

本节中将讨论主观和客观的唇型同步评估方法，以及它们的操作步骤和评估指标。这些方法对于评估唇型同步的质量、识别存在的问题及指导改进具有重要意义。

1. 主观评价方法

（1）主观评价的概念

在唇型同步研究中，主观评价是一种基于人的主观感知和主观意见的评估方法。其目的在于收集人们对唇型同步质量和逼真程度的主观感受，以此来评估技术的可接受性和用户体验。该方法的重要性不言而喻，它能够提供直观的反馈，帮助研究人员了解唇型同步技术在现实生活中的应用。

主观评价之所以重要，是因为它能够捕捉人类感知和情感反应，这些因素很难通过客观评价方法来量化。例如，尽管一个唇型同步技术在客观评价中获得了很高的分数，但用户仍然可能会感到不自然或不满意，这可能是因为口型与语音的同步不够自然或不符合人们的期望。因此，主观评价对于衡量唇型同步的实际效果和用户体验至关重要。

（2）人类主观评价

人类主观评价涉及让人类参与者观察和聆听唇型同步的效果，并据此提供反馈。这种方法通常要求参与者在观察或聆听相关虚拟或数字化角色的演示后，根据他们的感受和感知来评估这些角色的口型与语音的同步情况。

主观评价的主要挑战之一是个体差异的存在。不同的参与者可能对唇型同步效果有不同的感受，这些感受可能受到他们的个人背景、经验和期望影响。因此，为了获得可靠的结果，主观评价需要足够大的样本量，并且通常需要进行统计分析以处理个体差异。

（3）主观评价的操作步骤

在唇型同步评价中，一种常用的主观评价方法是 MOS（Mean Opinion Score）。MOS 旨在计算参与者对唇型同步效果的平均主观评分，以反映整体满意度。

主观评价的操作步骤如下。

1）招募受试者。招募足够数量的参与者，以获得具有广泛代表性的评价。

2）设计实验。设计一个实验，选择合适的示例或情境，并确定实验的时间和内容。

3）播放示例。参与者观看或聆听唇型同步效果的示例，如虚拟角色的口型与语音同步情况。

4）主观评分。参与者根据其主观感知和感受给出评分，通常使用 MOS 或类似的评分量表。

5）收集数据。收集所有参与者的评分数据。

6）计算平均评分。计算所有参与者评分的平均值，得出 MOS 分数。

7）数据分析。进行进一步的数据分析，例如计算标准差以衡量评分的一致性。

MOS 分数通常在 1 到 5 或 1 到 10 之间，其中高分表示高质量的唇型同步效果，低分表示低质量或不自然的效果。MOS 是一种被广泛接受的评价方法，它通过标准化的方式来度量唇型同步的主观质量，从而使不同研究之间的比较更容易。

2. 客观评价方法

（1）客观评价的概念

客观评价是一种基于算法和计算机分析的评价方法，旨在通过量化分析来评估唇型同步的质量和效果。它不同于主观评价，它更加客观、具有可重复性且是自动完成的，它可以提供更详尽的技术细节和性能数据。客观评价的重要性在于它可以为研究人员和开发人员提供明确的指标和反馈，从而帮助他们改进唇型同步算法。

（2）基于标签数据的客观评价

基于标签数据的客观评价方法依赖事先获得的真实标签数据（ground truth）。这些标签数据通常包括唇型运动或口型数据（用于准确反映人类语音和口型的对应关系）。客观评价方法基于标签数据和唇型同步生成的数据来评估唇型同步的准确性。

基于标签数据的客观评价操作步骤如下。

1）准备标签数据。需要准备一组准确的标签数据。这些数据可以是由人工制作的，也可以是从真实视频中提取的。这些标签数据应包含详尽的口型信息（如嘴巴的形状和位置）。

2）生成口型数据。这里使用唇型同步算法来生成数字化或虚拟角色的口型数据。

3）数据对比。将生成的口型数据与标签数据进行比较。为了衡量两者之间的差异，通常会使用差异度量方法，例如均方误差或结构相似性指数（SSIM）。

4）度量误差。通过计算生成的口型数据与标签数据之间的差异值来量化唇型同步的精度。唇型同步的准确性越高，计算出的误差值就越低。

上述客观评价方法适用于评估唇型同步算法在口型生成方面的准确性。然而，它有一定的局限性，即需要准备大量的标签数据，这可能在实际应用中是不可行的。

（3）基于同步度量的客观评价

基于同步度量的客观评价方法旨在评估唇型同步的一致性和流畅性。该方法特别强调唇型动画与语音之间的时间同步性，包括口型变化的精确匹配与嘴巴打开和闭合的同步。常见的基于同步度量的客观评价方法包括关键帧同步度量和连续同步度量。

关键帧同步度量方法通常使用唇型同步效果和真实数据来评估同步性。其操作步骤如下。

1）提取关键帧。从唇型同步效果和真实数据中提取关键帧，这些帧代表口型的变化。

2）进行同步度量计算。使用同步度量指标，如时间对齐误差（TAE），来计算生成的关键帧与真实关键帧之间的同步差异。TAE 值越小，表示唇型动画与语音的同步性越好，同步效果越佳。

连续同步度量技术关注唇型同步效果的连续性和平滑性。它通过观察嘴巴的运动轨迹和变化趋势来确定口型的一致性。其操作步骤如下。

1）轨迹分析。借助唇型检测技术，跟踪和记录数字人嘴巴在说话过程中的运动轨迹，然后将这些轨迹与真实人类说话时的运动轨迹进行对比。

2）一致性度量。使用一致性度量方法，如运动一致性误差来量化嘴巴运动的一致性。这种度量方法可以反映生成的唇型动画与实际语音之间的同步程度。

3）误差度量。一致性度量值越低，通常意味着唇型动画与实际语音之间的同步性越好，即口型一致性更高。

基于同步度量的客观评价方法强调了唇型同步的时间和连续性，有助于评估一致性和流畅性。这些方法不依赖大量的标签数据，因此在实际应用中更具可行性。

（4）基于感知模型的客观评价

基于感知模型的客观评价方法旨在模拟人的视听感知系统并评估唇型同步的质量。这类方法使用计算机模型来模拟人的视听感知系统，以确定唇型同步在视听表现上是否自然和逼真。

基于感知模型的客观评价的操作步骤如下。

1）构建感知模型。构建的感知模型包含听觉和视觉感知两部分，用以模拟人类的感知过程。

2）模拟评价。使用感知模型来评估唇型同步效果。该模型将给出感知质量分数，以此量化唇形同步效果的逼真程度。

3）评分与分析。比较不同唇型同步效果的感知质量分数，并进行统计分析。

基于感知模型的客观评价方法之所以具有更好地捕捉人类主观感知的能力，是因为它模拟了视听感知系统的工作机制。然而，构建精准的感知模型可能需要投入大量数据并使用复杂的算法。此类方法通常应用于研究唇型同步效果在视听方面的逼真程度和自然性上。

3. 综合评价方法

综合评价方法通过结合主观和客观评估方法，来获得全面、综合的唇型同步评估结果。该方法可以结合人类的主观感知和计算机的客观分析能力，提供更准确、全面的评估结果。通过综合评估，研究人员可以更好地了解唇型同步技术在实际应用中的表现，同时考虑用户体验和技术性能。

综合评价方法的操作包括以下几个关键阶段。

（1）数据准备

在启动综合评价之前，需要准备好用于主观评价和客观评价的数据集，包括真实的标签数据、生成的口型数据及与口型相关的语音数据。数据集的质量和多样性对于确保综合评价的可靠性至关重要。

（2）主观评价

进行人类主观评价时，招募一组参与者来体验（观看或聆听）唇型同步效果，并依据 MOS 或其他评分量表来提供主观评分。这一步骤旨在捕捉人类的主观感知并收集满意度。

（3）客观评价

进行客观评价时，使用基于标签数据、同步度量或感知模型的方法来分析唇型同步效果的准确性、同步性和逼真程度。客观评价方法将提供数值化的结果和度量指标。

（4）综合分析

在获得主观评分和客观评价结果之后，进行综合分析。这可以通过计算主观评分与客观评价结果之间的相关性来实现。高度一致的评价结果可能表示唇型同步的质量较高。

（5）结果解释

最后解释综合评价的结果。研究人员应该分析主观评分和客观评价结果之间的关系，探讨不一致之处，并给出结论。这有助于确定唇型同步技术的优势和不足之处，以及改进的方向。

综合评价方法使研究人员能够更全面地了解唇型同步技术的功能和用户体验，同时有效减少了主观和客观评价的局限性。该方法有助于促进唇型同步技术的发展和改进。

4. 评价指标

在唇型同步的评价中，存在多种常用的评价指标，这些指标有助于量化和衡量唇型同步的质量和性能。以下是一些业界通用的唇型同步评价指标。

首先来看误差度量（Error Metrics）指标。

▶ 均方误差（Mean Squared Error，MSE）：一种用于比较两个信号或图像之间差异的常用指标，通过计算生成的唇型数据与标签数据之间的平方差的平均值来得到。MSE 值越低，表示唇型同步效果越接近标签数据。

▶ 绝对均值误差（Mean Absolute Error，MAE）：指的是生成数据与标签数据之间绝对差值的平均值。与 MSE 类似，较低的 MAE 值表示较好的唇型同步效果。

接下来看同步度量（Synchronization Metrics）指标。

▶ 时间对齐误差（Temporal Alignment Error，TAE）：用于评估生成的口型数据与标签数据之间的时间同步性。它衡量了关键帧的同步差异，即嘴巴的打开和闭合的时机是否与标签数据一致。

最后是感知差异（Perceptual Differences）指标。

▶ 结构相似性指数（Structural Similarity Index，SSIM）：一种评估图像或视频之间结构相似性的指标。它考虑了亮度、对比度和结构等因素，用于衡量生成的唇型数据与标签数据之间的感知相似度。

▶ 峰值信噪比（Peak Signal-to-Noise Ratio，PSNR）：一种用于衡量图像或视频质量的指标，是信号的峰值与误差信号的均方根的比率。较高的 PSNR 值表示较好的唇型同步效果。

表 3-2 对业界通用的几个唇型同步评价指标做了对比。

表 3-2 唇型同步评价指标的对比

类别	名称	含义	优点	缺点	典型应用场景
误差度量	均方误差（MSE）	生成数据与标签数据之间每个时间步的平方差的平均值	- 易于计算 - 可用于量化唇型同步的准确性	- 对离群值敏感 - 不考虑误差的方向性	唇型同步准确性评估
	绝对均值误差（MAE）	生成数据与标签数据之间每个时间步的绝对值的平均值	- 易于理解和解释 - 考虑误差的方向性	- 对离群值敏感 - 不如 MSE 敏感	唇型同步准确性评估
同步度量	时间对齐误差（TAE）	生成数据中关键帧与标签数据中关键帧之间的时间差异	- 衡量唇型同步的时间一致性 - 对关键帧同步性敏感	- 需要标签数据中的关键帧信息 - 不考虑连续同步性	关键帧同步性评估
感知差异	结构相似性指数（SSIM）	比较生成数据与标签数据的亮度、对比度和结构相似性	- 模拟人类的感知 - 考虑多个图像特征	- 计算复杂度较高 - 不适用于非图像数据	视觉逼真程度评估
	峰值信噪比（PSNR）	信号的峰值与误差信号的均方根误差之比	- 常用于图像和视频质量评估 - 易于计算	- 不考虑感知特性 - 不适用于非图像数据	视觉逼真程度评估

这些评价指标在唇型同步的评价中应用广泛，每个指标都有其优点和缺点。根据具体应用场景和研究目的，研究人员可以选择合适的评价指标来量化唇型同步效果。

5. 实际案例和应用

（1）实际唇型同步案例

唇型同步技术在多个实际应用中扮演着至关重要的角色，为虚拟主持人、电影制作等领域提供了强有力的支持。以下是一些实际唇型同步应用案例。

▶ 虚拟主持人：虚拟主持人作为唇型同步技术的一个典型应用场景，被广泛应用于在线会议、虚拟现实体验、教育和娱乐等领域。唇型同步技术使虚拟主持人能够实时模仿和同步人类讲话的口型，极大地提升了用户的交互性体验。

▶ 电影制作：在电影制作领域，唇型同步技术有助于将演员的口型与角色对白精准匹配。它不仅增强了视觉效果，还提升了电影的逼真程度。在后期制作中，唇型同步技术可以用于对演员的口型进行微调，以确保配音与角色的嘴巴动作完全一致。

（2）评价方法在案例中的应用

在上述案例中，在确保唇型同步效果的质量和逼真度方面，评价方法扮演着重要的角色。以下是评价方法在这些案例中的应用示例。

1）虚拟主持人评价

对于虚拟主持人应用，主观评价和客观评价方法常常结合使用。进行主观评价时，会招募参与者观察虚拟主持人的口型同步效果，并提供主观评分（如使用 MOS）。这可以帮助评估虚拟主持人的口型是否与实际人类讲话一致。

客观评价方法包括同步度量，如时间对齐误差（TAE）指标，用于检测虚拟主持人的口型与标准音频的时间同步性。此外，感知差异指标如结构相似性指数（SSIM）和峰值信噪比（PSNR）也可用于评估虚拟主持人的视觉和听觉逼真程度。

2）电影制作评价

在电影制作领域，评价方法同样至关重要。主观评价通常由导演和制片人通过直觉评估来完成。他们可能会观察演员的嘴巴动作并提供反馈意见。

客观评价方法在后期制作中可用于进行精细化的调整。通过误差度量（如均方误差和绝对均值误差），制作团队可以量化演员的口型与对白之间的差异，并进行微调以提高同步性。同步度量（如时间对齐误差）也可以帮助检测演员的关键帧是否与对白一致。

总之，评价方法发挥着不可或缺的作用，有助于确保最终的唇型同步效果达到高质量标准。

3.5 本章小结

本章全面概述了数字人视觉算法的主要研究方向，包括 3D 人脸建模、表情分析、姿态估计及口型匹配等。这些研究方向组合在一起，为数字人的应用提供了强有力的视觉表达支持。

对于 3D 人脸建模，本章不仅详细介绍了建模的基本流程和各种参数调整技术，还对比了当前主流的 3D 人脸建模软件。

表情分析涵盖了表情识别、表情生成、表情跟踪和表情融合等多个子领域。本章不仅讨论了基于静态图像、序列图像、多模态的方法进行表情识别，还介绍了基于 GAN、编码器 – 解码器、迁移学习等生成方法进行表情生成。

对于姿态估计，本章详细介绍了 2D 和 3D 姿态估计技术。2D 姿态估计涉及基于热力图、关键点回归等的方法。3D 姿态估计涉及基于监督学习和参数化模型等的方法。此外，这部分还讨论了基于图像和视频的手势估计方法。

至于口型匹配，本章介绍了 2D 唇型和 3D 唇型检测方法和口型匹配方法。

通过阅读本章的内容，读者可以全面了解数字人视觉算法领域的核心概念和技术。希望这些知识能够激发大家的兴趣和热情，并鼓励大家积极参与数字人视觉技术的进一步探索和创新。随着技术的不断发展，数字人视觉算法领域定会涌现出更多的创新和应用。

第 4 章

数字人语音合成

语音合成技术经历了一个从简单到复杂的发展历程。1939 年，Bell 实验室的杜德利研制出 Vocoder（一种电子设备，它将人的声音信号分解成不同的频率带，然后通过调整这些频率带的参数来合成新的声音），这标志着语音合成技术的诞生。这种基于规则的语音合成技术通过拼接预录音素生成语音，但语音不够连贯、自然。20 世纪 80 年代，随着 LPC（线性预测编码）、PSOLA（基音同步叠加算法）等参数合成技术的出现，统计建模技术被引入语音合成，该技术注重控制语音信号的超时段特征（即超出单个发音时段的特征），如基频、时长和音强，从而可以生成更加逼真的合成语音。进入 21 世纪，神经网络技术的发展为语音合成带来了革命性进展，它使用深度学习技术，如长短期记忆循环神经网络来改进语音识别性能。基于深度学习的 Tacotron 和 Tacotron2 等端到端的语音合成模型，能够自动学习发音风格和韵律，可以直接基于文本生成高保真语音，无须进行人工参数提取和处理，大大简化了流程，同时它也使数字人的语音输出质量达到一个新的高度，实现了令人惊艳的语音合成效果。

本章将全面介绍数字人语音合成的关键技术，包括语音数字化原理、基于拼接的语音合成、基于深度学习的语音合成、语音风格迁移、个性化语音合成、语音风格增强和多语种语音合成等内容。希望通过系统学习，读者可以全面掌握数字人语音合成的方法和技巧。

4.1 语音数字化原理

语音信号本质上是一种连续变化的模拟波形。要在计算机上处理和合成语音，第一步就是将连续的语音信号转化为离散的数字序列，这就需要进行音频数字化处理。数字化处理指的是对语音信号进行采样和量化，从而得到一系列有顺序的数字采样点。采样频率决定了记录语音细节的精细程度，量化位数决定了每个采样值的精度。这些经过数字化编码的语音采样点可以被存储、处理和传输，它们构成了实现语音合成的基础。

Python 语音处理生态系统拥有众多成熟的库，它们极大地简化了加载和操作数字化语音信号的过程。例如 librosa 库提供了丰富的音频和音乐信号处理功能，包括语音的采样率转换、梅尔频谱提取、频率掩蔽等；pydub 库提供了一个用户友好的高层语音操作 API，可以轻松处理数字音频样本。借助这些语音处理库，我们可以加载语音采样序列，并进行预处理、特征提取和数据增强等操作，为语音合成任务提供便利的数据接口。

4.1.1 音频采样

音频采样是将连续变化的模拟音频信号转变为一系列离散的数字序列的过程。根据香农采样定理，只要采样频率超过信号中最大频率的 2 倍，就可以完整记录所有的频率信息。采样过程一般包括以下步骤。

1）按照某一固定频率，定期测量并记录模拟信号的瞬时幅值，即对信号进行采样。采样频率越高，采样间隔越小，记录的细节就越丰富。

2）使用 ADC 转换器将每个采样点的模拟量转换为数字量，这称为量化过程。数字量的位数越高，表示精度越高。

3）将这一系列数字量重新按照时间顺序排列，就得到了用数字序列表示的音频信号。

4）对数字序列进行编码，一般采用脉冲编码或差分编码，以去除冗余，达到压缩的目的。比如 16bit@16kHz 的 PCM 编码。

通过采样，语音波形被转化为计算机可以存储、处理和传输的数字信号，从而实现数字化。采样频率和量化位数是影响语音质量的两个关键因素。对数字音频信号的后续处理，如信号变换、特征提取等都会基于这一数字化表示进行。

1. 采样频率选择

采样频率，表示每秒对原始信号进行采样的次数，单位是 Hz。根据香农采样定理，采样频率要大于信号最高频率的 2 倍，才能准确重构原始信号。人耳可听频率范围一般在 20Hz 到 20kHz，所以语音信号采样率似乎需要大于 40kHz。但在实际中我们发现，这么高的采样率带来的音质改善非常有限，因为人耳对高频语音信息并不敏感。与此同时，过高采样率又会明显增加存储空间。在进行语音处理时，通常选择 16kHz 的采样率。这已经包含了人耳可听的全部语音频率信息，同时文件大小也较合适。16kHz 的采样率通常可以满足大多数语音合成任务的需求，能够生成听起来自然的合成语音。在对音质有特别高要求的情况下，例如专业音乐制作或高质量音频录制，可能需要使用 32kHz 或者 44.1kHz 等更高的采样率。

采样频率越高，记录的语音细节就越丰富，但是音质也越高，文件体积也会越大。所以，选择一个既能保证语音质量，又节省空间的合适采样率，需要综合考虑理论基础和实际效果，这是设计语音系统的重要原则。采样率的选择直接影响数字人语音合成系统的性能。总之，选择合适的采样率既可以保证语音质量，也可以控制文件大小，是音频数字化处理的首要问题。

（1）香农采样定理

香农采样定理是确定采样频率的理论基础，其本质是研究信号在离散时间下的表示方式，它阐述了如何将连续时间的信号转化为离散时间的信号，并保证采样后信号信息能够完全恢复。其在数字信号处理、通信等领域有着广泛的应用。例如，在数码相机、数码录音机、有线与无线通信系统等领域都需要依据香农采样定理来进行信号的采集和传输处理，以保证信号质量和信息的无失真传输。

香农采样定理给出了选择采样频率的下限，即采样频率必须高于信号最高频率的 2 倍，才能避免频谱混叠导致的信息丢失，这为设计数字化系统提供了理论指导。

（2）语音质量与采样频率

语音质量主要取决于两个方面：客观质量和主观质量。

客观质量是指采样波形对原始波形的忠实程度，可以用信噪比、总谐波失真等指标来评估。客观质量主要与采样频率及量化位数相关。采样频率越高，采得的波形细节越丰富，量化精度越高，采样波形与原始波形的误差越小，客观质量就越好。

主观质量是指人对语音的听感质量，包括清晰度、连贯度、自然度等。主观质量不仅与客观质量相关，也与人的听觉特性有关。在一定范围内提高采样频率，可以提升语音主观质量，但超过某点后，人耳将难以分辨语音质量的高低，所以并不需要无限追求。

对语音合成任务而言，16kHz 的采样率已经很好地平衡了语音质量与存储效率。我们可以用 librosa 库来加载采样率为 16kHz 的语音。

```
import librosa
audio_path = 'english.wav'
Samples, sample_rate = librosa.load(audio_path,sr=16000)
```

也可以用 pydub 库实现音频重采样。

```
from pydub import AudioSegment
# 加载音频文件
audio = AudioSegment.from_file("input.wav", format="wav")
# 将采样率设置为16kHz
audio = audio.set_frame_rate(16000)
```

```
# 导出重采样后的音频文件
audio.export("output.wav", format="wav")
```

2. 量化位数选择

在对模拟信号进行采样之后，还需要将每个采样点的振幅值量化为数字量。量化位数决定了数字序列对原始信号的保真程度。

量化过程通常使用模数转换器（ADC）或脉冲编码调制（PCM）来实现，它可将连续的电压振幅区间划分为离散的电平。例如，16 位（bit）量化将电压范围 [−1，1] 分为 65536（即 2^{16}）个离散电平，每个采样值可以用 16 位二进制数字来表示。

量化位数越高，表示分辨率越精细，可以保存更多的细节；位数越低，失真越严重。

考虑到存储和传输的效率，语音处理常用的量化位数有 8 位、16 位等。8 位的量化失真可能会对质量产生明显影响，16 位是更好的选择。采用 16bit@16kHz 的 PCM 编码，既能保证语音质量，又有良好的压缩效率。

（1）量化失真概念

在对模拟信号进行数字量化时，使用有限数量的离散量化级会导致无法对信号进行无限精确表示，这会造成一定的量化误差和失真。

均匀量化采用固定量化步长，因此在量化区间内会出现均匀分布的误差。这类失真呈现白噪声特性。非均匀量化根据信号特征设计非统一量化器，可以减小量化误差，改善信噪比。

量化误差主要包括以下两类。

▶ 截断误差：采样值超出量化范围时产生，可以通过扩大量化范围来减小它。
▶ 量化误差：是由采样值圆整到最接近的量化级造成的，误差取决于量化步长。

量化失真会对信号质量产生影响。衡量失真程度的常用客观指标有信噪比、总谐波失真等。增加量化位数可以减小量化失真，但效果递减，即量化位数增大带来的失真减小效果越来越差，例如量化位数从 8 位增加到 16 位，量化误差会大幅减小，质量提升很明显；但如果再从 16 位提升到 32 位，由于量化误差本身就已经很小了，继续增加位数带来的质量提升就很有限了。

（2）位数选择标准

采样位数越高，表示音频样本的分辨率越精细，量化误差越小，音质越好，但文件体积也会增大。

考虑人耳对失真的敏感程度，根据心理声学模型（Psychoacoustic Model）测试，在 16 位量化下语音信号的量化误差小于人耳可听阈值。这意味着在这种量化水平下，人耳很难察觉到由量化过程引入的失真。

不同的音频采样率和量化位数的组合，适合不同的带宽和质量要求。如 8kHz/8bit 适合语音存储，48kHz/16bit 适合高保真音乐。

综合考虑，对语音处理任务而言，16 位量化提供了非常好的质量与压缩比平衡。16bit@16kHz 的 PCM 格式可以满足大多数语音合成系统的需要。使用 Python 的 librosa 库可以方便地读取 16bit@16kHz 语音。

```
import librosa
Samples, sample_rate = librosa.load("speech.wav", sr=16000)
```

如果需要高保真效果,可以使用 24 位或 32 位量化位数,但文件体积会大幅增加。量化位数的选择需要基于应用场景进行优化。

4.1.2 语音编码

语音编码技术随着语音处理技术的发展而不断进步。1939 年,Bell 实验室的杜德利发明了历史上第一个语音编码装置——Vocoder,这一发明奠定了基于波形编码的语音压缩方法的理论基础,并对后来的线性预测编码技术的发展产生了深远影响。到了 20 世纪 80 年代,LPC 被广泛用于语音压缩中。同时,在语音处理领域发明了正弦编码器,该技术成为正弦编码的基础。各种编码方法都试图通过分析语音产生机制找出关键特征并进行参数化编码,以达到高效压缩语音信号的目的。

经典的编码技术在 Python 的语音处理库中都有相应的实现。例如,librosa 提供了 PCM、Mu-law 等编码接口;scipy 支持读写不同格式的语音波形文件,如 PCM、Mu-law、A-law 等编码后的文件。通过相应的语音处理工具,我们可以方便地实现不同的语音编码算法,这为开发语音压缩、合成等应用提供了支持。

1. 使用 PCM 技术编码

PCM 是一种将模拟信号转换为数字信号的方法,它将信号的强度分成数段,并用特定的数字来表示这些分段。PCM 的发展历史可以追溯到 1948 年,当时 Bell 实验室的工程师开发了 PCM 技术,为现代通信奠定了基础。20 世纪 70 年代末,PCM 技术开始在记录媒体中得到应用,特别是在飞利浦和索尼公司共同推出的 CD(Compact Disc,光盘)格式中。CD 采用了 16 位的 PCM,为音频质量设定了新的标准。随着通信技术和信息化的发展,语音编码技术也在不断发展,当下已涌现出自适应差分 PCM(ADPCM)、线性预测编码等技术。作为一种数字信号处理技术,PCM 可将模拟音频信号转换为数字音频信号,广泛应用于计算机、光盘、数字电话等数字音频领域。

使用 PCM 技术编码的基本思路是,先对模拟语音信号进行采样、量化,然后将其转化为二进制数字序列,再进行压缩编码。它可以实现无损语音存储,并支持数字处理,是实现数字语音通信的核心技术。相比模拟传输,使用 PCM 技术编码提高了语音传输质量,增强了系统抗干扰能力,但缺点是生成的比特流冗余较大。

各类改进的 PCM 技术被广泛地应用于电话系统、语音压缩、数字音频存储等领域。标准的数字化语音采样格式如 WAV 等都是基于 PCM 的。在语音合成系统中,PCM 也是表示和处理语音信号的基础。

(1)使用 PCM 技术编码步骤

使用 PCM 技术编码主要包括采样、量化、编码 3 个步骤。

1）采样。在对连续模拟音频信号进行采样时，根据香农采样定理，采样频率要大于信号最高频率的 2 倍，这样才能完整记录语音中所有频率分量，避免频谱混叠。

2）量化。量化是将模拟信号的连续幅度值转换为离散的数字量的过程，这一过程通常使用模数转换器完成。量化的精度决定了数字序列能够以多高的精度来表示原始模拟信号。16 位量化对语音信号来说通常已经足够，因为它提供了足够的动态范围和精度，可以保持语音的自然性和可理解性。

3）编码。PCM 可将每个量化后的数字采样值转换为二进制序列。例如 16 位量化有 65536 个量化级，可以用 16 位二进制数字来表示每个级别。为了方便存储和传输，常将二进制序列打包为 8 位的字节进行处理。

在解码过程中，会先将字节序列转换回原来的 16 位量化值，然后通过数模转换器将这些量化值转换回模拟信号，以重建原始音频波形。

（2）均匀量化与非均匀量化

PCM 可无损地存储语音信号，是数字语音处理的基础，它包含均匀量化和非均匀量化两种方法。均匀量化在量化范围内使用等间隔的量化级别。非均匀量化根据人耳特性在低振幅区域使用更密集的量化级别，以实现更高的信噪比。

▶ 均匀量化指将量化区间均匀地分为若干个量化级，每级的间隔相同。实现均匀量化很简单，但对小振幅信号（或小信号）来说其量化精度较差。均匀量化会产生白噪声类的编码失真。

▶ 非均匀量化指根据语音信号振幅概率分布特点，在小振幅区域采用更密集、更精细的量化级别。这可以提高小信号的量化精度，改善低位信噪比，但实现起来非常复杂。

均匀量化的优点是实现简单，对于大信号的量化效果较好，然而，对于小信号的量化，其失真大，语音质量较差。相比之下，非均匀量化虽实现复杂，但可以显著提升小信号的量化精度，能够从整体上提升语音质量。

所以在语音编码中，多采用非均匀量化方法，如 μ 法则、A 法则等。这些方法都通过设计非线性的量化尺度函数，来实现小信号量化精度的提升。非均匀量化已成为使用 PCM 技术进行语音编码的主流方法。

（3）μ 法则与 A 法则

μ 法则是典型的非均匀量化算法，它通过对量化区间采用非线性的对数压缩，来提高小信号量化的精度。μ 法则在北美数字通信系统中广泛使用。

A 法则也是一种非均匀量化算法，主要用于欧洲数字通信系统。相比 μ 法则，A 法则在小信号量化上的精度更高，但实现更复杂。

在 Python 中 scipy 库提供了这两种算法的编码实现。

```
import librosa
from scipy.io import wavfile

# μ 法则编码
```

```
encoded = librosa.core.codec.mu_encode(samples, mu=255)
# A法则编码
encoded = librosa.core.codec.a_encode(samples, a=87)
```

通过非均匀量化方法，可以改善 PCM 语音编码的量化精度，提升语音质量。

2. LPC

线性预测编码（Linear Predictive Coding，LPC）是语音编码领域中的一种重要压缩方法。
LPC 基于人类语音产生机制建立预测模型（简称 LPC 模型），从而减少语音信号冗余，实现高效的
数据压缩和传输。LPC 模型基于这样的假设：人类语音信号在短时间段内具有平稳性，当前样点可
被前面几个样点的线性组合预测。LPC 模型通过分析语音信号的自相关函数，求出最佳线性预测系
数，然后利用预测器来按照误差最小化准则预测信号。我们只需传输预测误差"残差"即可在接收端
恢复原始语音。

LPC 模型能够很好地提炼语音信号的统计特性，显著改善语音质量。该模型可以很方便地通过
硬件实现，成本低廉。LPC 模型及其改进形式已被广泛应用于早期的数字化语音系统，以及电话带
宽压缩、语音存储、低码率语音编码等领域。现代的 CELP、MPEG 等语音编解码器的设计思想也
源自 LPC 模型。

（1）LPC 模型原理

LPC 模型基于线性预测模型实现，它假设人类语音信号在短时间段内具有平稳性和相关性。当
前样点可表示为过去 p 个样点的线性组合，用数学公式表示为：

$s(n) = \sum a(i) \times s(n - i)$，其中 $s(n)$ 为当前样点，$a(i)$ 为线性预测系数，$s(n-i)$ 为过去 i 个样点，
i 的值为 0 到 p。

LPC 模型的目标是根据前馈自动回归模型估计出最优的预测系数向量，使得预测误差最小。通常
我们通过自相关方法或协方差方法来估计预测系数。在编码过程中，只传输残差误差信号，即原始信号
与预测信号之间的差异，以此达到压缩的目的。在解码端，可以通过相应的系数恢复原始语音信号。

（2）LPC 模型参数

LPC 模型的核心是建立语音信号的线性预测模型，并对模型的参数进行编码后传输。

LPC 模型主要包含以下两组关键参数。

▶ 预测系数：反映语音在短时间段内的平稳性。其含义是，当前语音样本可被过去 p 个样本的
  线性组合来预测。p 的值一般选取 8 ~ 12，所以预测系数向量有 8 ~ 12 个元素。由于人在
  说话时短时间内发音器官的状态相对稳定，所以预测系数在相邻语音帧中变化较小。

▶ 增益系数：反映语音强度，主要取决于发音力度。相邻语音帧的增益系数变化较为平缓。增
  益系数可以表示语音信号的整体性量特征。

其中，预测系数表示语音短时预测特性；增益系数表示语音强度特征。LPC 编码器会实时估计和
传输这些模型参数信息，而不是直接传递语音波形样本。接收端可以通过这些参数合成出高质量的语音。

预测系数和增益系数是 LPC 模型参数化表示语音信号的关键。如果模型参数比较稳定，冗余较

小，那么使用这种模型传输可以得到很高的语音压缩率。这使得 LPC 模型在早期的数字通信系统中得到了广泛应用。许多后来的语音编码技术也借鉴了 LPC 模型的参数化编码思想。

（3）残差信号量化编码

在利用 LPC 模型对原始语音信号进行预测后，还是会存在一定的预测残差误差。如果直接传输这种残差信号，由于其中存在大量冗余，因此压缩效果不佳。为进一步提高 LPC 编码的压缩率，需要对残差信号再进行量化编码处理。

常用的残差信号量化编码方法主要有以下两种。

▶ ADPCM（自适应差分 PCM）编码：它是一种基于预测编码差分的自适应量化方法，可以动态调整量化步长，以适应信号统计特性，从而减小量化误差。

▶ CELP（码激励线性预测）编码：它将残差信号视为随机噪声进行处理，采用向量量化和噪声形状编码技术进一步压缩数据。噪声形状编码通过调整编码器的输出来匹配残差信号的统计特性，从而减少编码后的信号与原始残差信号之间的差异，提高压缩效率。

例如 SPEEX 编解码器就采用了 CELP 方法，在保证语音质量的前提下，该编解码器取得了 8kbit/s 的语音压缩效果。CELP 方法利用残差信号的统计特性，对编解码器进行有效的编码、熵压缩，从而大幅减少需要传输的数据量。

综上所述，LPC 模型参数与残差信号量化编码相结合，实现了语音波形的高效压缩。它充分利用了人类语音生成模型的先验知识，奠定了参数提取编码的理论基础，对语音信号压缩编码技术产生了重大影响。后续的 CELP、ACELP 等语音编解码器都借鉴了这种模型参数化编码思想。

（4）LPC 模型的 Python 实现

下面使用 librosa 库和 scipy 库来实现 LPC 模型的代码。

1）确保已经安装了 librosa 库和 scipy 库。这两个库将用于音频处理和 LPC 模型的实现。

```
pip install librosa scipy
```

2）导入所需的库。

```
import numpy as np
import librosa
from scipy.signal import lfilter
```

代码说明如下。

▶ numpy：用于数值计算。

▶ librosa：用于音频文件的读取。

▶ scipy.signal 中的 lfilter：用于合成 LPC 模型时的滤波操作。

3）定义 lpc_analysis 函数。

```
def lpc_analysis(signal, order):
    autocorr = np.correlate(signal, signal, mode='full')
```

```
    autocorr = autocorr[len(signal)-1:]

    r = np.array([-autocorr[i] for i in range(1, order+1)])
    R = np.array([[autocorr[i-j] for j in range(order)] for i in range(1, order+1)])
    a = np.dot(np.linalg.inv(R), r)

    return a
```

代码说明如下。

▶ 输入原始信号 signal、LPC 模型的阶数 order。

▶ 计算信号的自相关函数。

▶ 计算 LPC 模型的系数。使用自相关函数计算出系数矩阵 R 和向量 r，然后通过求解线性方程组得到 LPC 模型的系数 a。

4）定义 lpc_synthesis 函数。

```
def lpc_synthesis(a, excitation):
    synthetic_signal = lfilter([1] + list(-a), [1], excitation)
    return synthetic_signal
```

代码说明如下。

▶ 输入 LPC 模型的系数 a、激励信号 excitation。

▶ 使用 scipy.signal.lfilter 对激励信号进行滤波，以合成 LPC 模型预测的信号。

5）读取音频文件。

```
filename = 'your_audio_file.wav'
signal, sr = librosa.load(filename, sr=None)
```

这里使用 librosa.load 函数读取音频文件，得到原始信号 signal 和采样率 sr。

6）设置参数。

```
order = 10  # LPC阶数
frame_len = 240  # 每帧的样本数
```

代码说明如下。

▶ order：LPC 模型的阶数，用于确定 LPC 模型的复杂度。

▶ frame_len：每帧的样本数，用于将音频分割成小段进行处理。

7）分析并合成。

```
synthetic_signal = np.zeros_like(signal)
for i in range(0, len(signal), frame_len):
    frame = signal[i:i+frame_len]
    if len(frame) < frame_len:
```

```
        break
    lpc_coeffs = lpc_analysis(frame, order)
    excitation = np.random.normal(0, 0.5, len(frame))
    synthetic_frame = lpc_synthesis(lpc_coeffs, excitation)
    synthetic_signal[i:i+frame_len] = synthetic_frame
```

代码说明如下。

▶ 使用循环遍历音频信号的每个帧。

▶ 对每个帧进行 LPC 模型分析,得到 LPC 模型的系数。

▶ 生成随机激励信号。

▶ 使用 lpc_synthesis 函数将 LPC 模型的系数和激励信号合成为预测信号。

▶ 将合成的帧添加到最终的合成信号中。

8)在代码的最后部分添加可视化或其他进一步处理的步骤。

这个示例代码仅仅是一个基本的 LPC 模型实现,实际应用中可能需要考虑更多的细节,例如预处理、加窗、帧重叠等,以获得更好的结果。

3. 正弦编码

正弦编码是一类基于语音生理模型的参数化语音编码方法。这种方法将语音信号分解为 3 个基本元素:基频、幅度谱和相位谱,并针对这些元素进行编码。通过这种方式,正弦编码能够很好地捕捉语音的核心特征,并在中等比特率下实现有效的语音压缩。

正弦编码的基本模型涉及由声带振动产生的基频,由声道滤波效应产生的幅度谱特征。相较而言,相位谱对语音质量的影响相对较小。在编码过程中,传输基频参数、声道滤波函数或幅度谱参数,即可在接收端重建高质量的语音信号。正弦编码广泛应用于低比特率语音传输系统。

(1)基频检测

基频是人声最显著的特征,反映语音中的音高信息。基频检测的目标是精确提取语音波形中的基频参数。

常用的基频检测方法有相互关联函数法、平均化差分函数法等。相互关联函数法通过求相关峰值来定位基频;平均化差分函数法则通过波形平均化预处理抑制谐波,从而更准确地检测基频。在语音编码过程中,仅传输基频参数可以显著减少数据冗余,实现高效的数据压缩。

基频检测的代码实现如下。

```
import parselmouth
from parselmouth.praat import call

sound = parselmouth.Sound("speech.wav")
pitch = call(sound, "To Pitch", 0.0, 75, 600)

# 提取基频曲线
pitch_values = pitch.selected_array['frequency']
```

（2）幅度谱建模

幅度谱反映了语音在不同频带的能量分布，代表了语音的音色信息。为了压缩语音信息，需要建立参数化的幅度谱模型。

常见的幅度谱建模方法有基于 LPC 预测的全波段幅度谱建模、基于线性预测的子带幅度谱建模等。这些方法通过训练预测模型，以参数化方式表示幅度谱特征，达到压缩效果。

幅度谱建模的代码实现如下。

```
import librosa
import numpy as np

# 提取语音的幅度谱
amp_spect = np.abs(librosa.stft(speech))

# LPC预测全波段幅度谱
lpc_model = librosa.core.lpc(amp_spect, order=10)
```

（3）基频编码

为了进一步压缩语音信息，需要对检测到的基频参数进行编码。

基频编码常用的方法有波形编码、模型编码等。波形编码直接量化基频序列；模型编码利用基频参数与声学模型之间的内在关系进行参数提取和编码。在混合编码策略中，可以根据语音信号的不同时间片段选择不同的编码方法，以实现最佳的编码效果。

基频编码的代码实现如下。

```
from scipy.signal import quantize

# 量化基频参数
quant_pitch = quantize(pitch_values, 64, 'log')

# 基频参数的矢量量化
from sklearn.cluster import KMeans
kmeans = KMeans(n_clusters=32)
kmeans.fit(pitch_values[:, np.newaxis])
```

（4）幅度谱编码

同样，需要对得到的幅度谱进行编码，以便传输语音信号。

可采用矢量量化或标量量化编码方式对幅度谱进行参数化编码，也可提取声道特征进行线性预测编码，以获得高质量的参数化幅度谱特征。

幅度谱编码的代码实现如下。

```
import librosa
from sklearn.cluster import KMeans
```

```
# 幅度谱矢量量化
kmeans = KMeans(n_clusters=16)
kmeans.fit(amp_spect)

# 幅度谱LPC编码
lpc_coeffs = librosa.core.lpc(amp_spect, order=12)
```

综上，正弦编码通过对语音核心特征进行建模编码，来实现低比特率语音压缩。它利用语音生理模型模拟语音产生过程，语音的基频、幅度谱等关键特征采用参数化方式编码，从而达到有效压缩语音信息的目的。正弦编码思想对后续各种参数化语音编码技术产生了重要影响。

4.2 基于拼接的语音合成

基于拼接的语音合成技术是语音合成发展早期使用最广泛的方法之一。20世纪60年代，随着计算机技术的发展，语音合成技术逐渐从原始的纯粹基于规则的合成向基于拼接的语音合成转变。基于规则的合成技术采用语音生成模型，根据输入文本逐个生成所需的音素并进行合成。这种方法可以根据规则100%控制语音生成，但合成语音的质量及自然度较差。基于拼接的语音合成技术突破了这一瓶颈，它的基本思路是，利用语音库中预先录制和编辑好的高质量人声语音片段，根据实际需求进行筛选与拼接，以生成所需的语音输出。与基于规则的合成技术相比，基于拼接的语音合成技术可以产生更加自然、连贯的合成语音。

基于拼接的语音合成系统一般包含两个核心部分：段音拼接模块和语音跨段平滑模块。在段音拼接模块中，需要选择音素片段，设定时长并解决拼接方法等问题。而语音跨段平滑模块则致力于优化拼接处的衔接，减少不连续感，提升合成语音的流畅度。这两者共同构成了完整的基于拼接的语音合成系统。总体来说，基于拼接的语音合成技术克服了基于纯规则合成的语音质量问题，能够生成更加自然、连贯的语音。它曾是早期语音合成系统中最成功且被广泛使用的技术之一。但这种技术也存在需要大量高质量预录音素片段等问题，后来逐渐被基于统计参数和深度神经网络的合成技术所取代，但其核心思想仍对现代语音合成技术产生了启发和影响。

4.2.1 段音拼接

段音拼接是基于拼接的语音合成系统中最核心的环节。在获得将要合成语音的文本后，系统需要将文本转化为用于拼接的语音音素序列。段音拼接模块的作用就是实现这个转化过程的，它可将文本转变为实际的语音波形序列输出。为实现这一目标，段音拼接需要解决3个关键问题：第一，选择合适的语音音素片段作为拼接单元；第二，设定这些拼接单元的时长；第三，选择拼接这些片段的方法。

只有段音拼接效果好，才能使下游的语音跨段平滑等后处理获得良好的效果提升空间。可以说，段音拼接技术的水平决定了基于拼接的语音合成系统的最终效果或质量。因此，段音拼接是整个合成流程中最核心的环节。

1. 拼接单元

选择什么样的音素片段作为拼接单元是段音拼接的第一步。这会直接影响最终合成语音的质量。常见的拼接单元主要有以下两种。

▶ 单音素：选择单个音素如元音、辅音等作为拼接单元时，需要预先录制所有独立单音素。这种方法可以获得匹配更准确的音素组合，但需要大量单音素录音。

▶ 双音素：选择两个音素的组合（即所有可能的音素对）作为拼接单元是一种有效的策略，不过需要预先准备所有双音素的录音样本。使用双音素可以减少录音量，但其拼接效果可能不如单音素。

除了上述拼接单元，有时也会选择一些音节甚至词汇作为拼接单元，以获得更加自然的韵律效果，但这需要更多的录音量。

（1）拼接单元的时长

拼接单元的时长直接影响单元覆盖的语音特征范围，关系到合成语音的语速和韵律。常见的单元时长如下。

▶ 固定时长：所有拼接单元的时长相同，一般为平均音素时长的整数倍，例如 200ms。其实现简单，但无法表示时长的变化。

▶ 可变时长：允许不同单元选择不同的时长，更贴近自然语音的时长变化规律，可实现更好的拼接效果，但需要准备更丰富的可变长音素样本。

▶ 状语从属时长：为状语音素选择从属时长，即根据上下文语音自动调整拼接单元的时长，使之衔接流畅。这种方法复杂度最高，但效果也最好。

（2）拼接单元的选取标准

选择合适的拼接单元是段音拼接的一个关键步骤，它直接影响最终的合成语音效果。主要的拼接单元选取标准如下。

▶ 使用动态规划搜索最优匹配单元。该方法通过动态规划算法在音素库中搜索与目标文本对应的最佳音素片段。它可以充分考虑上下文语音、语调信息，选择使拼接处声学特征最协调、最连贯的音素序列。这种全局搜索方法效果最好，但计算复杂度也最高。

▶ 利用单元选择树快速搜索。该方法通过构建音素库索引树来快速搜索出目标语音所需的音素拼接单元。树结构提高了搜索效率，但无法考虑上下文全局信息，匹配效果略次于动态规划。

▶ 基于类别的单元选择。该方法首先对所有音素（如元音类、塞音类等）进行分类，每个类别有一个音素片段库，合成时根据音素类别选择对应库中的片段。这种方法实现简单，但分类粒度可能无法满足匹配的需要。

▸ 优先使用自然语音片段。该方法优先选择与目标文本相匹配的自然语音句子，并从中截取相应的音素片段，这可以最大程度保持语音的自然、连贯。该方法可与其他方法配合使用。

▸ 考虑上下文语调特征。在选择单元时，综合考虑上下文的语调信息，并选择协调的音素组合，从而保证合成语音的韵律自然。

▸ 人耳选择最佳单元。让专业人员通过主观听感选择效果最自然的音素拼接单元。这种方法质量最高，但费时费力。

满足语音韵律结构的连贯性是获得高质量拼接语音的关键。选择与自然语音、语调特征匹配的拼接单元，是实现这一目标的基础。

2. 拼接方法

在获得音素单元后，还需要选择一种合适的技术将这些单元拼接起来，以生成最终的合成语音。选择的拼接技术直接影响最后合成语音的流畅性和自然度。理想的拼接应该不存在任何间断感，合成语音听起来自然、连贯。

（1）线性拼接

线性拼接是最简单、最直观的拼接方式，它直接将下一个音素片段的头和上一个音素片段的尾相接，实现最基本的拼接效果。这种方法仅需截取音素波形的一部分，并将其按顺序拼接即可。但是这种简单的硬拼接容易出现拼接处不流畅等问题。

```
import librosa

# 加载两个音频片段
audio1, sr = librosa.load('audio1.wav')
audio2, sr = librosa.load('audio2.wav')

# 简单的线性拼接
concat = np.concatenate((audio1, audio2))

# 保存拼接结果
librosa.output.write_wav('linear_concat.wav', concat, sr)
```

线性拼接的优点是实现简单，缺点是拼接处有间断，无法实现平滑过渡。

（2）叠加拼接

叠加拼接是让相邻的两个音素片段在拼接处同时播放（即重叠），并进行加窗调制，从而实现平滑过渡。这种技术可以有效地消除简单线性拼接可能产生的间断问题，改善拼接效果。

假设要拼接的两段语音波形分别为 A 和 B。首先，我们从 A 的末尾部分和 B 的开头部分取一个重叠区，时长可以设定为 5 ~ 20ms；然后为这个重叠区的两部分语音信号分别乘以一个下降的加权窗口（如汉明窗）；最后将加权后的两段信号直接相加，从而实现平滑的过渡效果。窗口的作用是让语音信号在重叠区的两端平滑衰减，而不是硬性间断，这个调制过渡区可明显减轻拼接处的突变。

代码示例如下。

```
import librosa
import numpy as np

# 加载音频片段
audio1, sr = librosa.load('audio1.wav')
audio2, sr = librosa.load('audio2.wav')

# 计算拼接处的重叠长度
overlap = int(sr * 0.01)

# 汉明窗加权叠加
window = np.hamming(overlap)
concat = np.concatenate((audio1[:-overlap],
                         audio1[-overlap:]*window + audio2[:overlap]*window,
                         audio2[overlap:]))

# 保存拼接语音
librosa.output.write_wav('overlap_concat.wav', concat, sr)
```

这种方法可以明显改善简单线性拼接不连贯的情况，但需要额外进行加窗运算。

（3）多音素拼接

多音素拼接通过引入一个过渡区域，同步融合 3 个或者更多相邻音素的部分片段，从而形成一个平滑的过渡区间，避免拼接处的硬间断。这种方法可以获得最流畅、自然的拼接效果，但需要更多的计算资源。

```
import librosa
import numpy as np

# 加载 3 段音频
audio1, sr = librosa.load('audio1.wav')
audio2, sr = librosa.load('audio2.wav')
audio3, sr = librosa.load('audio3.wav')

# 重叠区线性混合

concat = np.concatenate((audio1[:-2],
                         0.5*audio1[-2:] + 0.5*audio2[:2],
                         audio2[2:-2],
                         0.5*audio2[-2:] + 0.5*audio3[:2],
                         audio3[2:]))

# 保存拼接语音
librosa.output.write_wav('multi_concat.wav', concat, sr)
```

多音素拼接法综合利用多个片段资源来构建平滑过渡区，可以获得最自然的拼接效果，但需要做更复杂的混合运算。

4.2.2 语音跨段平滑

运用段音拼接构建语音的基本框架时，由于相邻音素的拼接缺乏协调性和平滑性，且不同音素之间的参数不连贯，很容易导致在拼接处出现间断、突变等问题，进而影响合成语音的自然度和流畅度。为弥补这一不足，必须采用语音跨段平滑技术对参数进行优化。

语音跨段平滑的目标是使拼接处和整句语音中各种音频参数（如基频、音强、频谱包络的跃变等）的变化更加连续、协调，尽可能减少乃至消除拼接处及句子中出现的不连贯突变。通过跨段对这些参数进行平滑化处理，可以极大地改善拼接语音的质量，提升其流畅度和自然度。

实现语音平滑的方法很多，常用的有简单的重叠相加法（类似于拼接方法中的叠加拼接），以及基于最大似然、隐马尔可夫模型（HMM）、回归等统计模型的全局参数优化方法。这些方法都可以在某种程度上实现拼接处和全句语音参数的平滑化处理。通过跨段平滑，可以显著增强拼接合成语音的听觉效果。

1. 最大似然方法

最大似然方法旨在优化语音跨段平滑的全局参数，以在语音合成中实现更平滑、自然的声音过渡。该方法基于最大似然估计理论，通过调整全局参数使合成声音在相邻帧之间的过渡更加连续和自然。

（1）工作原理

最大似然方法的工作原理如下。

▶ 选择一个合适的模型，如隐马尔可夫模型，并对语音的状态转移过程进行建模。

▶ 在训练阶段，使用已有的训练数据集对模型进行训练，学习状态转移概率和发射概率。

▶ 在合成阶段，根据输入的文本或特征序列，使用已训练好的模型来预测每个时间步的状态序列。

▶ 通过调整状态转移概率，使合成声音在帧之间的过渡更加平滑。这可以通过最大似然估计来实现，即选择最可能产生观测序列的状态转移概率。

（2）示例代码

```
import numpy as np
import librosa

def smooth_transitions(audio, transition_prob):
    smoothed_audio = np.copy(audio)

    # 状态转移的平滑处理
    for i in range(1, len(audio)):
        smoothed_audio[i] = smoothed_audio[i-1] * transition_prob
```

```
    return smoothed_audio
```

```
# 示例音频
filename = 'your_audio_file.wav'
audio, sr = librosa.load(filename, sr=None)
```

```
# 设置状态转移概率，示例中简化为一个常数
transition_prob = 0.95
```

```
# 状态转移的平滑处理
smoothed_audio = smooth_transitions(audio, transition_prob)
```

```
# 保存合成的声音
output_filename = 'smoothed_audio.wav'
librosa.output.write_wav(output_filename, smoothed_audio, sr)
```

在这段示例代码中，我们使用一个简化的状态转移概率来模拟实现最大似然连续化过程。在实际应用中，需要根据训练数据和具体模型来调整状态转移概率。

2. 隐马尔可夫模型

隐马尔可夫模型（HMM）是一种用于序列建模的统计模型，常用于语音合成和识别等领域。在语音跨段平滑操作中，HMM 被用来对声音的状态转移过程进行建模，以获得更平滑、自然的声音过渡。

（1）工作原理

HMM 由状态集合、观测集合、状态转移概率矩阵、发射概率矩阵组成。其工作原理如下。

▶ 在训练阶段，使用已有的训练数据集，通过 EM 等算法估计模型参数，包括状态转移概率和发射概率等。

▶ 在合成阶段，根据输入的文本或特征序列，使用已训练好的 HMM 来预测每个时间步的状态序列。

▶ 通过调整状态转移概率，使合成声音在帧之间的过渡更加平滑。与最大似然连续化方法类似，HMM 也可以通过最大似然估计实现。

（2）示例代码

```
import numpy as np
import librosa
from hmmlearn import hmm

def smooth_with_hmm(audio, n_states, transition_prob):
    model = hmm.GaussianHMM(n_components=n_states, covariance_type='diag')

    # 训练HMM
```

```
model.fit(audio.reshape(-1, 1))

# 预测状态序列
_, states = model.decode(audio.reshape(-1, 1))

# 状态转移的平滑处理
smoothed_audio = np.copy(audio)
for i in range(1, len(audio)):
    smoothed_audio[i] = smoothed_audio[i-1] * transition_prob[states[i]]

    return smoothed_audio

# 示例音频
filename = 'your_audio_file.wav'
audio, sr = librosa.load(filename, sr=None)

# 设置HMM的状态数和状态转移概率，这里简化为常数
n_states = 5
transition_prob = np.array([0.95, 0.9, 0.85, 0.9, 0.95])

# 状态转移的平滑处理
smoothed_audio = smooth_with_hmm(audio, n_states, transition_prob)

# 保存合成的声音
output_filename = 'smoothed_audio_hmm.wav'
librosa.output.write_wav(output_filename, smoothed_audio, sr)
```

在这段示例代码中，我们使用 hmmlearn 库中的 GaussianHMM 类来实现隐马尔可夫模型的训练和预测。在实际应用中，需要根据训练数据和具体模型来调整状态数和状态转移概率。

3. 协变量回归

协变量回归方法用于在语音合成中优化声音过渡的连续性。该方法利用协变量信息（即与声音过渡相关的其他变量）来调整声音的合成，以实现更平滑的过渡。

（1）工作原理

协变量回归方法的工作原理如下。

▶ 引入与声音过渡相关的变量作为协变量，如音高、音调和音量等。

▶ 在训练阶段，使用已有的训练数据集，通过回归分析等方法学习协变量与声音过渡之间的关系。

▶ 在合成阶段，基于输入的文本或特征序列，再结合协变量的信息调整声音的合成过程。

▶ 通过使用适当的协变量信息让合成声音在帧之间的过渡更加平滑。例如，当音调逐渐变化时，可以调整声音的频率特征以获得更自然的声音过渡。

（2）示例代码

```
import numpy as np
import librosa

def smooth_with_covariates(audio, covariates):
    smoothed_audio = np.copy(audio)

    # 根据协变量信息进行声音合成调整
    for i in range(1, len(audio)):
        smoothed_audio[i] = smoothed_audio[i-1] * covariates[i]

    return smoothed_audio

# 示例音频
filename = 'your_audio_file.wav'
audio, sr = librosa.load(filename, sr=None)

# 示例协变量，这里简化为线性变化
covariates = np.linspace(0.8, 1.2, len(audio))

# 进行声音合成调整
smoothed_audio = smooth_with_covariates(audio, covariates)

# 保存合成的声音
output_filename = 'smoothed_audio_covariates.wav'
librosa.output.write_wav(output_filename, smoothed_audio, sr)
```

在实际应用中，需要根据协变量信息的具体性质和关系针对上述代码进行适当的调整。

4.3　基于深度学习的语音合成

近年来，深度学习技术在语音合成领域取得了革命性的进展。基于深度神经网络的语音合成模型已逐渐取代了传统的基于 HMM 的统计参数语音合成系统，成为当今语音合成技术的主流和趋势。这些深度学习模型实现了从文本到语音的端到端映射，大大简化了传统流水线式语音合成系统的设计流程，同时也显著提高了合成语音的质量和自然度。

基于深度神经网络的语音合成模型经历了从早期的 RNN 模型到基于注意力机制的 Seq2Seq 模型再到非自回归 Transformer 模型的发展过程。早在 2014 年，阿里公司的 BST 团队就提出利用 LSTM 实现端到端语音合成，将文本特征直接映射为语音参数的方法。LSTM 是 RNN 的一种变体，RNN 的编码器 – 解码器结构奠定了神经网络语音合成的基础。LSTM 通过引入门控机制（输入门、遗忘门和输出门）来解决传统 RNN 在处理长序列时出现的梯度消失或爆炸问题。在语音合成任务中，我们通常会构建一个编码器 – 解码器结构，其中编码器用于将输入文本转换为中间表示，解码器用于将这个中间表示转换为语音信号。在这个结构中，编码器和解码器可以由多个 LSTM 单元组成，每个 LSTM 单元负责处理序列数据的特定部分。

随后的研究则是在此基础上不断优化模型结构。例如，2017 年，Google 的 Tacotron 模型引入了注意力机制，可以学习对齐文本和语音特征；Tacotron2 进一步使用 WaveNet 作为声码器，大幅提升了合成语音的质量。为进一步提高合成速度，Transformer TTS 利用 Transformer 的编码器 – 解码器结构实现快速并行化训练。后来又出现了各种非自回归结构的模型，如 FastSpeech，它完全摆脱了顺序生成过程，使语音合成实现了实时化。

4.3.1   LSTM 在语音合成中的应用

LSTM 因具有链式结构和设计精良的门控单元，非常适合处理包含长时段依赖关系的时序信号。在语音合成任务中，LSTM 可以有效获取输入文本序列的上下文依赖和时间动态信息。相比 HMM 等方法，LSTM 在建模语音信号的动态时间特性方面更为成功。基于 LSTM 的语音合成模型通常采用序列到序列的结构，这种结构包含一个编码器和一个解码器，这两者都是由 LSTM 构成的。在这种模型中，编码器负责将输入的文本序列转换为一个固定长度的上下文向量，这个向量包含了文本序列的语义信息。解码器则利用这个上下文向量来生成对应的语音参数（如基频、能量和声道特征等）序列，这些参数随后可以用于合成语音。

1. 传统方法面临的挑战

传统的基于 HMM 的统计参数语音合成系统主要存在以下挑战。

（1）模块化设计过于复杂

传统方法需要设计多个独立的模块，如文本分析模块、语音参数预测模块、声码器模块等。这些模块涉及大量的人工特征工程和域知识。一个典型的基于 HMM 的统计参数语音合成系统包含复杂的语言学特征提取步骤，以及音素时长模型、语音参数生成模型和声码器等模块。这种设计使得系统架构非常复杂，导致调试和优化困难，也不易迁移到新的语言中。

（2）模块间信息损失严重

在传统的语音合成系统中，各个模块间以人工特征为桥梁进行信息传递。从语言模型到音节序列，再到语音参数的转换过程中，存在多次变换和量化，导致信息损失加剧。这种严重的模块间信息损失削弱了模型对语音复杂变化的建模能力，进而影响了合成语音的质量。

（3）长时信息建模能力不足

HMM 等传统模型在时间维度上的建模能力有限。像 HMM 只能表示短时的状态转移，难以捕捉语音信号中跨多个音素或语音段的长时信息，如句子语调时长变化、语音段之间的时间相关性等。这导致它无法对语音中的动态时间信息进行建模，合成的语音存在不自然的语调节奏。

（4）合成语音的质量不高

传统的基于 HMM 的统计参数语音合成系统合成的语音存在明显的问题，如语调不够连贯、音色单一、语速不自然等，尤其是在表达语调、情感等方面效果欠佳。这种语音的可辨识度虽高，但难以达到真实人声的效果。

（5）系统移植性差

由于模块化设计需要大量专业知识，因此将传统系统移植到新语言时需要重新设计语言学特征、人工词典等。这导致传统方法普适度不高，应用范围受限。

综上所述，传统方法面临的挑战主要集中在复杂的模块化设计、信息损耗和长时信息建模能力等方面。这些问题严重制约了传统的基于 HMM 统计参数语音合成系统效果的提升，也限制了其应用范围。克服这些困难是寻找新型语音合成方法的关键所在。

2. LSTM 带来的优势

LSTM 是最早成功应用于语音合成任务的神经网络结构之一。与基于隐马尔可夫模型的统计参数语音合成方法不同，LSTM 实现了直接利用序列模型将文本特征映射到语音参数的端到端训练模式中。LSTM 因具有特殊的链式结构和长短期记忆能力，所以在对语音合成任务中的时间动态信息和上下文依赖关系进行建模时表现突出。LSTM 实现了端到端语音合成训练，相比传统方法，它具有更强大的建模能力和更好的泛化能力。

具体来说，LSTM 在语音合成领域主要具有以下两种优势。

（1）长时依赖关系建模能力

语音合成需要对语言文本到语音参数的映射过程进行建模，在这一过程中，文本片段之间存在复杂的上下文依赖关系。例如，句子的语义信息会影响整句语音的语调和韵律；相邻单词的连读需要考虑上下文信息。相比 HMM 等，LSTM 可以利用其连续的记忆单元更有效地获取长序列信号中的远距离依赖关系。LSTM 内部精心设计的门控机制，实现了对记忆细胞状态的控制，既可以存储历史信息，也可以遗忘不需要的信息。该特性使得 LSTM 更适合处理语音合成任务中的长时上下文和时间动态信息。

（2）端到端语音合成

LSTM 利用一个简单的编码器 - 解码器结构直接将文本特征序列映射为语音参数输出。相比 HMM，LSTM 消除了设计语音参数生成模型、声学模型、声码器等模块的中间环节，实现了真正意义上的端到端训练。在该结构下，语音合成被看作一个整体，文本输入通过 LSTM 编码器处理，LSTM 解码器生成语音参数，实现端到端映射。这种整体训练模式增强了模型的泛化能力，也简化了流水线式传统语音合成系统的设计流程。

（3）示例代码

基于 LSTM 的神经网络语音合成系统的 Python 示例代码如下。

```
import numpy as np
import librosa
```

```
from keras.layers import LSTM, Dense
from keras.models import Sequential

# 载入语音样本并提取MFCC特征
audio, sr = librosa.load("speech.wav", sr=16000)
mfcc = librosa.feature.mfcc(audio, sr=sr)

# 构建LSTM编码器-解码器模型
model = Sequential()
model.add(LSTM(128, input_shape=(None, 20), return_sequences=True))  # 编码器
model.add(LSTM(128, return_sequences=True))  # 解码器
model.add(Dense(20, activation='sigmoid')) # 输出层

# 训练模型参数
model.compile(loss='mse', optimizer='adam')
model.fit(mfccs, mfccs, epochs=10)

# 预测语音参数
mfcc_pred = model.predict(mfccs)

# 通过GL算法合成语音波形
audio_pred = librosa.griffinlim(mfcc_pred, n_iter=30)
```

上述示例代码实现了一个简单的基于LSTM的语音合成模型，其中包含LSTM编码器和解码器，可以端到端地预测语音梅尔倒谱系数，最后通过 GL 算法合成波形。

4.3.2 基于注意力机制的 Tacotron 模型

Tacotron 模型作为最早将注意力机制成功应用到端到端语音合成任务中的典范，采用了直接基于字符序列生成语音谱参数的方式，该方式绕过了传统的 TTS 系统中复杂的语言学特征提取和声学模型设计等步骤，大大简化了流程。其关键创新在于融合了编码器-解码器结构与基于内容的注意力机制，可以学习对齐文本字符与语音参数，从而实现高质量的语音合成。Tacotron 模型的出现推动语音合成领域从模块化流水线向简单的端到端结构转型。

1. Tacotron 模型概述

Tacotron 模型提出了一种利用序列到序列框架实现语音合成的新范式。它完全抛弃了传统的 TTS 系统中的文本分析模块，而是直接将字符序列作为输入。在经过编码器处理后，它会利用解码器与注意力模块生成对应的语音谱特征。这种端到端的方式，避免了模块间的语义损失，也增强了模型的泛化能力。

（1）端到端生成模型

Tacotron 模型的网络结构包含编码器、解码器和注意力机制 3 个主要组件。编码器使用 CNN 对输入字符序列进行特征提取操作，生成文本的连续表示序列。解码器基于 RNN（如 LSTM 或 GRU），结合注意力机制将编码器的输出映射到梅尔频谱图上。声码器（如 WaveNet 或 Griffin- Lim 算法）使用这些梅尔频谱图作为输入，合成最终的语音波形。

相比传统的将语音合成分为多个子任务的方式，Tacotron 模型采用了端到端的生成方式。使用该模型时不再需要手工设计的语音参数预测模型，也不需要解耦的声学模型和声码器模块。Tacotron 模型通过构建一个统一的网络结构实现了从字符到语音谱参数的预测，这有助于提高模型的性能。

（2）注意力机制

Tacotron 模型使用了基于内容的注意力机制。这种注意力机制根据解码器 RNN 的隐状态对编码器输出的特征序列进行关注和选择，并输出注意力权重分布。在每个解码时刻，模型会根据注意力权重计算出一个上下文向量，并以此作为当前预测语音谱参数的条件信息。

相比直接将编码器的所有输出反馈到解码器的方式，注意力机制实现了对编码器特征的动态选择。权重分布反映了文本序列与语音频参数的对应关系。注意力机制通过学习输入字符序列与输出语音谱参数之间的对应关系，显著提升了模型捕捉文本内容与语音特征之间内在联系的能力。相比仅使用 RNN 的 Seq2Seq 模型，注意力机制不仅提高 Tacotron 模型的语音合成质量，还使模型训练过程更加稳定和高效。

注意力机制的引入是 Tacotron 模型的另一关键创新。注意力模块增强了编码器－解码器结构对字符到语音映射关系的建模能力，使模型能输出符合语音特征的上下文向量，进而指导解码器生成高质量的语音谱参数序列。这种基于内容的可学习注意力机制，是 Tacotron 模型实现高质量语音合成的核心。

2. 模型训练过程

Tacotron 模型的训练过程主要包含文本特征处理、音频特征提取和端到端监督训练 3 个阶段。

（1）文本特征处理

Tacotron 模型的文本特征处理主要分为以下 3 步。

1）构建输入文本的字符词表。遍历训练语料，提取所有的字符，并为每个字符指定一个索引值，形成一个字符级的词表。词表存储了语料库涉及的所有字符集合及其对应的数字索引。

2）字符嵌入。按字符对输入文本进行切分，然后查找每个字符在词表中的索引。使用一个嵌入矩阵对每个字符索引进行查找，得到对应的嵌入向量，即该字符的稠密向量。字符嵌入矩阵需要事先随机初始化，以便在训练中进行学习，从而获取字符语义信息。

3）文本序列化。将一个文本段所有字符的嵌入向量序列化为二维矩阵，矩阵各行为时间步的字符词向量，它们共同形成文本特征的序列表示。文本序列化充分编码了文本的语义内容。

上述 3 步实现了 Tacotron 模型对输入文本序列化和向量化的预处理流程。以下是示例代码。

```python
import numpy as np

chars = "this is some text"
char_indices = dict((c, i) for i, c in enumerate(set(chars)))
indices = [char_indices[c] for c in chars]

embedding_dim = 20
embedding_matrix = np.random.randn(len(char_indices), embedding_dim)
char_embeds = embedding_matrix[indices]
```

在上面的代码中，首先将输入文本改为字符级的表示，然后构建字符词表来获取字符索引，最后嵌入字符，得到文本序列的词向量表示。

（2）音频特征提取

Tacotron 模型的音频特征提取主要分为以下 3 步。

1）加载语音波形数据，读取采样率足够高的语音信号采样值，以获取原始语音波形序列。这里使用 16kHz 以上的采样率。

2）进行短时傅里叶变换。将语音信号切分为左右对齐的短时帧，每帧均应用汉明窗，然后对每帧进行快速傅里叶变换，从而得到每个时刻的频谱信息，最终得到的二维信号类似于一幅图，这就是所谓的声谱图。

3）将语音参数化，即提取梅尔谱音频特征。声谱图往往很大，为了得到大小合适的声音特征，通常需要通过梅尔标度滤波器组（mel-scale filter banks）将其转换为梅尔频谱。在梅尔频谱上进行倒谱分析（取对数，做 DCT 变换）就得到了梅尔倒谱系数。

通过短时傅里叶变换与参数化处理，语音波形被转换为时间上的频谱参数序列（即梅尔倒谱系数），它保留了语音频域信息，并表示为神经网络可处理的张量形式。这些特征以向量序列的形式表示，为 Tacotron 模型提供了监督学习（预测）目标。

以下是音频特征提取示例代码，这里使用第三方库 librosa 来提取 MFCC 特征。

```python
import librosa

def get_spectrograms(sound_file):
    # 加载声音文件
    y, sr = librosa.load(sound_file, sr=hp.sr) # or set sr to hp.sr.

    # 短时傅里叶变换
    D = librosa.stft(y=y,
                     n_fft=hp.n_fft,
                     hop_length=hp.hop_length,
                     win_length=hp.win_length)

    # 幅度谱图
```

```
magnitude = np.abs(D)

# 功率谱图
power = magnitude**2

# 梅尔谱图
S = librosa.feature.melspectrogram(S=power, n_mels=hp.n_mels)

return np.transpose(S.astype(np.float32)), np.transpose(magnitude.astype(np.float32))
```

上面的代码先加载语音波形，然后通过短时傅里叶变换获得声谱图（幅度谱图和功率谱图），接着通过 librosa 的 melspectrogram 方法将其转换成梅尔频谱。其中 hp 对象包含了模型的超参数，如 sr（采样率）、n_fft（FFT 点数）、hop_length（帧移长度）、win_length（窗函数长度）和 n_mels（梅尔频带数量）。

（3）端到端监督训练

Tacotron 模型的端到端监督训练主要分为以下 3 步。

1）构建 Seq2Seq 模型。该模型包含 RNN 编码器，用于对文本序列进行处理；RNN 解码器，用于生成语音频谱特征；Attention 层，用于实现编码器和解码器的对齐。

2）多对一训练。将文本序列特征与对应的音频谱特征一起输入模型，进行多对一训练。文本经编码器转换为隐状态表示，这些隐状态捕捉了文本的语义信息，并作为解码器的条件输入；解码器在注意力机制指导下，根据这些隐状态表示和文本序列，预测出对应的语音谱特征。然后，模型通过最小化预测的语音谱特征与真实音频谱特征之间的差异来优化模型参数。

3）迭代训练。使用训练数据对模型进行多轮训练，不断通过误差反向传播来更新模型参数。迭代多轮后，编码器与注意力机制逐渐学会如何准确地将文本序列映射到对应的语音频谱特征上，解码器也能生成准确的语音频谱。

示例代码如下。

```
from keras.layers import Attention, Dense, LSTM
from keras.models import Model


encoder = LSTM(...) # 编码器
decoder = LSTM(...) # 解码器
attn = Attention(...) # 注意力层

model = Model([encoder, decoder, attn], Dense(n_linear))

model.compile(loss='mse', ...)
model.fit([char_embeds, linear_spect],
          linear_spect, ...) # 端到端训练

linear_pred = model.predict(char_embeds)
```

上面的代码用来构建网络模型，该模型包含编码器、解码器和注意力层，且能进行端到端训练。训练完成后，模型能够根据输入的文本序列生成预测的语音频谱特征。

4.3.3 Tacotron2 与 WaveNet 集成

Tacotron 模型的解码器输出的是语音的频谱特征，如梅尔频谱等。为了将语音参数转换成语音波形，还需要用到声码器。在 Tacotron 模型的原始实现中，使用 Griffin-Lim 算法作为声码器，它可将频谱特征转换为波形。

Tacotron2 在 Tacotron 模型的基础上采用了改进的 WaveNet 神经网络作为声码器，该声码器可以直接生成高品质的语音波形。这一调整极大地提升了 Tacotron 语音合成系统的性能。相比在 Tacotron 模型中使用的传统 Griffin-Lim 算法，Tacotron2 中的 WaveNet 展现出了更强大的语音建模与重构能力，它可以输出更加真实、自然的语音。WaveNet 独特的网络结构设计可以逐样本、高保真地预测语音波形。Tacotron2 也在编码器、解码器结构上进行了一系列优化。

1. Tacotron2 的改进之处

（1）WaveNet 作为声码器

作为 Tacotron2 的声码器，WaveNet 通过其特有的网络结构实现了高质量的语音波形预测，大大增强了 Tacotron2 合成语音的自然度。

WaveNet 是一个基于深度卷积神经网络的模型，它专注于生成语音波形的采样点。具体来说，WaveNet 包含了多个层级的双向门控循环单元，这种网络单元引入了门控机制，可以学习到语音样本之间的长时相关性。另外，WaveNet 采用膨胀卷积在有限的感受野内捕捉极长距离的依赖关系，这对于基于语音样本序列建模很关键。每层的膨胀卷积输出都通过残差连接与输入相加，从而使模型学习到音频信号的残差表示，即当前层的输出与输入之间的差异，这增强了模型的拟合效果。最后，WaveNet 对每个时间步的采样分布进行建模，并据此生成下一个采样值。

WaveNet 声码器相比传统的声码器有以下显著优势。

▶ 建模质量高：WaveNet 直接在采样点上进行语音建模，层层抽象语音细节特征，相比简单的 Griffin-Lim 等算法，它能够学习更强大的语音内在结构。

▶ 自然度高：WaveNet 逐样本生成语音波形，充分学习语音时序结构，其合成效果更加流畅、自然，声音细节丰富。

▶ 泛化能力强：WaveNet 通过端到端深度神经网络，对复杂语音结构进行建模，不依赖人工设计的语音表示，泛化能力更强。

▶ 质量可控：调整 WaveNet 层数和结构可在质量和效率之间进行权衡，实现可控的声码器质量。

▶ 参数少：通过膨胀卷积和残差连接，WaveNet 在保证长距离上下文信息的同时，也控制了模型的复杂度。

- 易集成: WaveNet 以采样点为对象, 可无缝集成到 Tacotron2 等语音合成模型中作为其声码器使用。
- 生成效率高: 通过概率密度蒸馏等方法可加速 WaveNet 的生成过程, 降低计算成本。

（2）模型结构优化

除 WaveNet 声码器外, Tacotron2 还对编码器、解码器结构等进行了一系列优化, 显著提升了其性能和语音质量。主要优化如下。

- 使用卷积文本编码器。Tacotron2 改用基于一维卷积的文本编码器。卷积编码器可通过卷积核的局部连接性优势更有效地学习文本的局部特征。同时, 通过调整超参数, 可以灵活调节感受器的大小, 以捕捉不同粒度的语义信息。相比 RNN, 卷积编码器在语音合成任务方面更为高效。
- 优化解码器 RNN 结构。Tacotron2 使用了类似 LSTM 的基于 Zoneout 正则化技术的 GRU 结构, Zoneout 可在训练过程中随机地将部分隐状态设置为零, 这有助于防止过拟合并捕捉长距离依赖关系。此外, 模型还通过残差连接、层规范化等技巧提升了 GRU 的信息传播效果, 增强了解码器语音参数的建模能力。
- 利用词边界信息。Tacotron2 直接利用词边界信息, 以单词而非单字为基本单位进行编码、解码。这减少了模型处理的 token 数量, 加速了训练过程。词边界的引入有助于语音韵律的建模。这一优化提高了 Tacotron2 的合成效率。
- 添加语音停止 token。Tacotron2 模型在训练过程中加入了额外的 token 来指示语音的结束位置, 并预测什么时候生成该 token。该机制明确指示了合成过程的终止时机, 避免出现语音拖长的问题。
- 修正目标顺序。原始 Tacotron 模型在训练时使用了 Teacher Forcing 技术, 也就是强制以真实的语音参数序列作为目标序列输入到解码器中。而 Tacotron2 则打乱了目标语音参数序列的顺序, 迫使模型学习参数之间的内在联系, 而不是依赖固定的顺序对应关系, 这增强了 Tacotron2 模型的泛化能力。

（3）示例代码

Tacotron2 语音合成的 Python 示例代码如下。

```python
import tensorflow as tf
from tensorflow.keras import layers
import numpy as np

# Tacotron2编码器实现
input_chars = tf.keras.Input(shape=(None,))
char_embeddings = layers.Embedding(vocab_size, embedding_dim)(input_chars)
enc = layers.Conv1D(filters, kernel_size, activation='relu')(char_embeddings)
enc = layers.Bidirectional(layers.GRU(units, return_sequences=True))(enc)
```

```
# Tacotron2解码器实现
dec = layers.Conv1D(filters, kernel_size, activation='relu')(enc_output)
dec = layers.GRU(units, return_sequences=True)(dec, initial_state=enc_state)
attention = layers.BahdanauAttention()(dec, enc)
context = layers.Concatenate()([attention, dec])

# Tacotron2输出实现
decoder = layers.Conv1D(filters, kernel_size)(context)
mel_output = layers.Dense(mel_dim)(decoder)

# WaveNet声码器实现
wavenet = WaveNet(mel_input=mel_output, conditional_inputs=(...))

# 定义Tacotron2模型
model = tf.keras.Model(input_chars, wavenet.output)

# 编译与训练
model.compile(...)
model.fit(...)
```

以上代码构建了一个 Tacotron2 模型，其中包含卷积文本编码器、注意力解码器及 WaveNet 声码器，实现了端到端、文本到语音的合成。

2. 性能提升

（1）语音自然度提高

Tacotron2 从多方面（包括语调和语气、节奏和韵律、音色和音质等）提升了合成语音的自然度，增强了其真实感和表现力，提高了语音质量。

Tacotron2 在提升语音的自然度方面的具体表现如下。

1）语音连贯、流畅，语音过渡更加平滑、自然，没有明显的字边界。Tacotron2 增强了对语音韵律结构的建模，使合成的语音段与段之间连接更加丝滑。

2）语音的语调动态变化更丰富，声调升降、声调轮廓等变化更贴合人声。Tacotron2 学到了更好的语调模式，使合成语音具有逼真的音调起伏。

3）语音的音色更加丰富多变，元音和辅音的音色特征被准确重现。Tacotron2 提升了语音音质层次。

4）语音力度变化更加自然，重读词语突出，轻读词语弱化甚至消除，力度演变更符合语音规律。Tacotron2 对语音能量变化模式进行了建模。

5）增加了语音的动态细节，如提高齿音等特定发音的清晰度和合成质量，减少了噪声。

6）声调情感表达更丰富，语气、语调的情感语义被准确传递。

7）支持语速的连续变化，且变化过程平滑、自然，而非僵硬、单一。

8）语音风格可控性强，可合成不同说话人的风格，实现个性化发音。这得益于 Tacotron2 对不同说话人特征的强大学习能力。

（2）语音合成质量改善

无论是从客观指标还是从主观感受判断，Tacotron2 都取得了显著提升了语音合成质量，这是语音合成技术的重要进步。

从客观评价指标看，Tacotron2 合成语音的梅尔谱距离、波形相似度等客观指标均得到了明显改善，说明其预测的语音参数和真实人声高度接近，验证了质量提升的效果。

从主观听感来看，Tacotron2 在合成语音的真实度和可辨识度方面有了显著的提升，人耳难以区分合成语音与真人录音的差异，这种质量的飞跃直接展示了 Tacotron 2 在语音合成技术上的进步。

4.3.4　基于 Transformer 的语音合成

随着注意力机制在自然语言处理中的广泛应用，Transformer 模型也被引入语音合成任务中，它可直接预测语音特征。基于 Transformer 的语音合成模型继承了 Transformer 强大的并行计算能力，相比 RNN 等传统序列模型，Transformer TTS 的训练速度更快，对长序列也具有更好的建模能力。已有研究表明，Transformer TTS 可以生成更加自然和准确的合成语音。未来 Transformer 结构会在更多语音任务中发挥关键作用。

Transformer 模型最初是在机器翻译任务中被提出和应用的。后续研究人员将其应用到语音合成领域，构建端到端的基于 Transformer 的语音合成模型。与 Tacotron2 等序列到序列的模型类似，Transformer TTS 中也包含编码器和解码器模块。编码器输入文本特征，解码器负责将其转换为对应的语音表示。但这两个模块内部都使用 Transformer 模型替代了 RNN 模型。相比 RNN 模型的顺序计算特性，Transformer 模型可以高度并行地处理序列，显著提升了计算效率。同时其自注意力机制对远距离依赖关系也具有更好的建模能力。实验表明，Transformer TTS 可以合成更加自然、准确的语音。

1. Transformer TTS 介绍

Transformer TTS 借鉴了机器翻译领域使用的 Transformer 模型的编码器 – 解码器结构。其中，编码器对输入文本序列的单词进行位置编码、自注意力处理等操作，以得到语义表示序列。解码器则生成对应的语音特征序列，如语谱图参数等。这两个模块内部都使用基于自注意力机制的 Transformer 模型，而非 RNN。相比 RNN，自注意力机制可有效地对语音长时信息进行建模。Transformer TTS 继承了 Transformer 模型在并行计算和远距离依赖关系建模方面的优势，实验证明，其可以实现快速、高质量的语音合成。

2. 模型效果提升

（1）并行化训练

相比 Tacotron2 等采用 RNN 的 Seq2Seq 模型，Transformer TTS 可以并行地处理更长的语音序列，其计算效率显著提高。在 Tacotron2 中，RNN 的训练过程是连续的，当前时间步依赖前一时刻的输出，因此无法并行。而 Transformer 模型内部的自注意力机制完全支持并行计算，即同一维度的所有元素可以同时处理。此外，Transformer 模型的注意力权重是共享的，其内存访问效率高，计算速度更快，充分利用了现代硬件的计算能力。实验证明，Transformer TTS 的训练速度比采用 RNN 的 Seq2Seq 模型快得多，提升了多个数量级。

（2）语音合成能力增强

Transformer 的自注意力机制可以有效对语音中的远距离依赖关系进行建模，能准确捕捉句子的语调变化和词语间的连读现象。这增强了模型学习语音内在时间相关模式的能力，有利于生成连贯、自然的合成语音。相比 RNN，自注意力机制在处理长序列时，可充分学习关键结构信息。此外，与 RNN 分类学习方法不同，Transformer 模型可直接通过损失函数（如均方误差损失）来优化模型参数，避免了误差累积。综上，Transformer TTS 在语音时间结构建模方面表现出更强的能力，可以合成更流畅、准确的语音。

3. Tacotron2 与 Transformer TTS 的异同

尽管 Tacotron2 和 Transformer TTS 都是编码器 – 解码器结构，但二者在内部具体实现上有显著区别。

1）Tacotron2 中的编码器和解码器模块都使用了 RNN 结构，如 LSTM、GRU 等，这决定了它必须顺序执行，在训练及推断过程中难以实现并行。Transformer TTS 的编码器和解码器内部是 Transformer 模型，它通过自注意力机制实现并行计算，所以训练速度更快。

2）RNN 难以对长序列中的远距离依赖关系进行建模，而这是自注意力机制的强项。

3）Tacotron2 使用特征预测作为中间表示，而 Transformer 模型可直接预测目标语音。

综上，尽管两种模型都属于 Seq2Seq 模型，但 Transformer TTS 使用了全新的基于自注意力机制的模块设计，允许进行并行化训练，对长序列也具有更强的建模能力。这使其成为一个计算快速且效果优异的语音合成模型。

4.3.5　基于非自回归结构的实时语音合成

在端到端语音合成模型的发展历程中，研究人员也探索了以非自回归结构实现低延时、实时化语音生成的方法。与 Tacotron 等自回归模型不同，非自回归模型可以并行地预测语音特征，无须等待前一个时间步的输出，便可以快速实现语音合成。非自回归模型的代表包括 FastSpeech 和 FastSpeech2。这两个模型抛弃了顺序生成语音帧的方式，改用并行生成策略，极大地缩短了推理时间。相比自回归模型 Tacotron 等存在的高延迟问题,非自回归模型可以实现接近实时的语音合成。

FastSpeech 率先引入长度调节模块和速度控制机制来生成任意长度的语音特征序列。该模型通过并行生成语音参数实现了低延时的语音合成。FastSpeech2 在此基础上更进一步,引入了更多声学特征的建模,如音高、音强等,这使其可控性更强。非自回归模型解决了自回归模型中的推理速度慢、效率低下等问题,使语音合成向实时化迈进。然而,值得注意的是,非自回归模型的语音质量和自然度仍有待进一步优化。从长远来看,非自回归模型具有推动语音合成实时化的重要意义,未来可望在更广泛的语音处理任务中发挥关键作用。

1. FastSpeech 介绍

FastSpeech 是第一个成功应用非自回归生成技术实现低延时语音合成的模型。它抛弃了自回归模型逐帧生成语音特征的方式,改为并行产生所有特征,然后调整长度,并形成最终序列。这种结构实现了接近实时的语音合成效果,解决了 Tacotron 等序列到序列模型存在的推理延迟高的问题。

(1)模型的设计动机

FastSpeech 的设计动机是解决先前 Seq2Seq 自回归模型中的两个主要问题,一是自回归合成方式导致推理时间过长,无法实现实时语音生成;二是语音特征的顺序生成过程容易出现由错误累积导致的音调不准确等问题。为此,FastSpeech 采用非自回归模型生成框架,以并行方式产生语音特征序列,从而实现低延时、稳定的语音合成。

(2)模型结构

FastSpeech 包含编码器、长度调整模块、解码器 3 个主要组件。编码器采用包含自注意力机制的 Transformer 模型;长度调整模块负责明确表示每个音素对应的帧数;解码器则并行生成所有音素的序列特征。在进行推理时,FastSpeech 并行生成语音特征序列,然后直接根据音素的长度将这些特征序列拼接成最终的语音序列,无须逐帧生成。相比自回归模型,这种模型结构可以实现低延时、稳定的语音合成。

非自回归模型是 FastSpeech 实现低延时语音合成的关键。它通过设计长度调整模块来表示音素时长,从而形成任意长度的音素序列。在并行生成所有音素特征后,再拼接形成最终的语音序列,可避免顺序生成的时间累积效应,大幅加快了合成速度。

2. FastSpeech2 的改进

FastSpeech2 在 FastSpeech 的基础上改进了模型结构和训练策略,它引入了变异自适配器(Variance Adaptor),可明确对多种语音特征建模,其可控性更强。此外,它不再依赖 Teacher 模型,而是直接从语音数据中学习。这些改进增强了 FastSpeech2 的语音合成质量和效率。

(1)变异自适配器

FastSpeech2 新增了变异自适配器模块,可以加入多种语音特征的条件信息,如音高、音强、音色等。这些特征通过 Adaptor 模块注入编码器的输出序列中,为解码器提供了表示语音细节的条件信息。解码器可利用这些特征生成更自然的语音参数。相比 FastSpeech 仅使用长度信息，Adaptor 模块丰富了模型的条件，增强了对多种语音变异的建模能力。

（2）声学模型预测

FastSpeech2 不再依赖 Teacher 模型，而是直接从语音数据中学习声学特征，如音素长度是通过强制对齐（Force-align）获得的，音高和音强也是直接从数据中提取的。这避免了 Teacher 模型带来的信息损失。FastSpeech2 通过在训练中学习如何预测声学特征，使得模型在推理时能够自我提供所需的声学特征，而不需要依赖 Teacher 模型提供的声学特征，这改善了语音合成的流畅性和连贯性。

3. 与其他模型比较

相比 Tacotron 和 Transformer TTS 等自回归模型，FastSpeech 系列的非自回归模型更适合实现低延迟的实时语音合成，但其语音质量和自然度还有改进的空间。非自回归模型实现了快速并行合成，但其语音生成能力还有提升空间。

（1）与 Tacotron 的区别

FastSpeech 与 Tacotron 最主要的区别在于生成机制，前者采用非自回归模型并行生成语音特征，后者则基于顺序自回归模型结构生成。它们的具体区别如下。

▸ Tacotron 使用 Attention RNN 逐帧生成语音特征序列，这种顺序依赖关系会导致生成延时累积。FastSpeech 并行生成所有的语音特征，并直接通过长度调整进行拼接，无须逐帧生成，大幅减少延迟。

▸ Tacotron 通过自回归模型对语音时序结构进行建模。FastSpeech 使用长度等指示信息指导并行合成。

▸ Tacotron 合成效果更自然，但延迟高。FastSpeech 可实时合成，但质量略逊。

（2）与 Transformer TTS 的区别

FastSpeech 和 Transformer TTS 都使用了 Transformer 结构，它们的主要不同如下。

▸ Transformer TTS 仍然采用自回归模型生成语音序列，顺序性影响其效率。FastSpeech 采用非自回归、并行方式生成语音特征，可实现低延迟。

▸ Transformer TTS 依赖自注意力机制学习语音结构，FastSpeech 使用长度等信息指导并行生成。

▸ Transformer TTS 合成效果略优，但 FastSpeech 推理更快。

▸ Transformer TTS 可对更复杂语音结构进行建模，而 FastSpeech 受指示信息限制较多。

4. 发展趋势

基于非自回归结构的语音合成模型代表了简化语音生成过程、实现实时合成的一个重要方向。但这类模型在进一步提升语音质量方面仍面临挑战。未来的研究可从以下方面入手，兼顾合成质量和效率。

（1）发展方向

非自回归语音合成模型的主要发展方向包括：

▶ 引入更多语音特征，如音色、语调等作为条件，丰富控制能力；

▶ 加强对语音动态时间尺度模式的建模；

▶ 优化声学表示方式，找到更高质量的语音参数表达；

▶ 使用先进的时序模型来增强对语音结构的学习；

▶ 采用多任务学习框架，将语音识别任务与语音合成任务结合起来；

▶ 强化模型的稳定性、鲁棒性和泛化能力。

（2）研究价值

非自回归语音合成模型研究的主要价值如下：

▶ 推动语音合成技术向低延迟、实时化方向发展；

▶ 为实时语音交互、对话等应用提供低延迟合成支持；

▶ 通过简化模型结构理解语音生成的充要条件；

▶ 结合非自回归模型的生成能力，取得质量与效率的平衡；

▶ 为流式语音处理提供高效、低延迟的语音合成模块；

▶ 启发语音识别等其他领域探索非自回归技术。

4.4 语音风格迁移

语音风格迁移是指在保持语音语义内容不变的情况下，将说话人的语音风格特征进行转换，并应用到另一个说话人的语音上。其目标是生成兼具指定风格与原语音语义信息的新语音。语音风格主要指说话人的个人化特征，如音调、语速、音色等。该技术可用于数字人平台以实现个性化的语音输出。

语音风格迁移可分为声纹提取、风格转换两个关键环节。具体来说，首先对不同说话人的语音进行分析，提取其固有的声学特征，即声纹信息。然后，将源语音的语义内容（如语谱图参数）与目标风格特征进行融合，生成具有目标风格的语音参数。最后，使用声码器对参数进行语音重构，输出风格转换后的语音。相比完全重新合成语音，这种迁移方式可以在保留语义的前提下，使语音风格更加逼真。

语音风格迁移技术能够助力个性化数字人的创建，生成具有独特风格的语音。它也可应用于语音交互系统，按用户喜好调整语音助手的语调风格。此外，这种技术还可以进行情感语音转换，为语音赋予更丰富的表现力。当前，语音风格迁移技术正处在蓬勃发展阶段，随着声纹分析和风格转换模块的不断优化，其性能还将持续提升。

4.4.1　声纹提取

进行语音风格迁移的第一个环节是提取语音中的声纹信息，以区分不同说话人的语音风格特征。主要的声纹提取方法包括基于频谱分析的声学参数法和基于神经网络的语音嵌入法。合理且有效的声纹提取是后续实现精确、自然的语音风格转换的基础和核心。无论是采用传统的频谱参数法，还是使用神经网络提取语音嵌入向量，获得能有效区分个人语音风格的声纹信息都是进行风格迁移的首要任务。

频谱参数分析可以分析语音频域结构特征；神经网络可以端到端学习语音模式。两者配合使用，可以获得高质量的语音声纹表示，为后续的风格转换打下基础。

1．频谱分析

频谱分析是一种传统的声纹提取手段，其核心在于进行语音信号的频谱分析，提取一系列能够表示个人声纹特征的声学参数。首先，对语音波形进行短时傅里叶变换，获得包含频率与幅值信息的语音频谱图。然后在频谱图的基础上，提取如基音、格式频率等多种声学特征，这些参数能够反映语音的谐波结构、音色等个性化特征。例如，基音频率反映说话人的发声高低；格式频率反映发音的共振模式；谐振峰值体现声道的谐振特性。通过对这些参数的统计规律进行分析和建模，可以获得一个较为稳定的声纹模型，以表示说话人独特的语音风格。与直接对语音波形进行建模相比，频谱参数更能突出个人特征，因而更适合用于声纹提取。其缺点是需要设计和提取语音专业特征，难以覆盖语音风格的全部信息。

2．神经网络嵌入

使用神经网络进行语音嵌入是一种数据驱动、端到端的声纹提取方法。其基本思路是构建和训练一个神经网络，该模型以原始语音序列作为输入，通过网络的层层处理提取语音特征，最终输出一个固定维度的语音嵌入向量。该向量充分编码了输入语音序列的语音风格信息。与人工设计专业语音特征不同，神经网络可以自主学习、分析语音序列，自动捕捉表示个人风格的语音模式。预训练后得到的语音嵌入向量在个人特征方面具有很强的区分度。相比传统的特征工程法，基于深度学习的语音嵌入向量可以更全面地表示语音风格，更适合应用于语音风格迁移等任务，但其缺点是需要大量训练数据，网络结构的设计也影响最终结果。

4.4.2　风格转换

在获取语音声纹信息后，语音风格迁移的下一个环节是进行风格转换，将源语音内容与目标风格进行融合，生成所需的转换语音。此过程主要包含语音解码、特征融合和波形重构 3 个关键步骤。

合理设计转换模型，使源语音内容和目标风格信息混合自然，是实现高质量语音风格迁移的核心。

1. 语音解码

语音解码是指将原始语音波形解码成表示语义内容的语音特征，为风格转换做准备。这里的语音特征可以是频谱参数，也可以是学习到的语音表示向量。解码后的语音特征需要保留语音含义信息，同时抑制语音的个人风格特征。

常用的解码方式包括语谱图参数化和神经网络编码等。语谱图参数化指的是先进行短时傅里叶变换获得语谱图，然后进行参数化处理，从而提取表示语音频谱结构的特征参数，如线性预测系数、倒谱系数等。这可以保留语音频率特征，同时过滤个性化的音色信息。神经网络编码指的是训练一个语音自动编码器，输入原始语音序列，通过网络来加工和转换语音的表示，输出一个固定长度的语音编码向量。该向量旨在充分表示语音含义，同时抑制个人特征。合理的语音解码对分离语音内容和风格信息至关重要。

2. 特征融合

特征融合指的是将解码得到的源语音内容特征与目标语音风格特征进行融合，得到同时包含两者信息的新的语音表示。这是风格转换的核心所在。特征融合的方法可以是简单的线性操作，也可以是复杂的神经网络结构。

简单的特征融合可以对源语音内容特征和目标风格特征进行线性加权，从而生成一个新的混合表示，如对频谱参数进行加权叠加。这种简单的融合方式可以实现基本的语音转换效果。为获得更好的融合质量，可以训练神经网络来学习源语音内容特征和目标风格特征之间的非线性变换，从而实现内容与风格的自适应转换，比如使用 VAE 的编码空间插值来实现内容风格的平滑过渡。此外，也可以采用对抗网络来学习不可观测语音特征空间中的域间风格转换。关键是源语音内容特征与目标风格特征的信息都可以最大程度地保留，且二者融合自然。

选择恰当的特征融合模型，使内容与风格可协调、自然地集成在新的语音表示中，这是实现高质量语音风格转换的关键。

这里给出一个在进行语音风格转换时，使用 VAE 进行语音特征融合的 Python 代码示例。

```python
import torch
import torch.nn as nn
from torch.nn import functional as F

# 定义VAE模型
class VAE(nn.Module):
    def __init__(self, input_dim, latent_dim):
        super(VAE, self).__init__()

        # 编码器
        self.enc_fc1 = nn.Linear(input_dim, 512)
```

```python
        self.enc_fc2 = nn.Linear(512, latent_dim*2)

        # 解码器
        self.dec_fc1 = nn.Linear(latent_dim, 512)
        self.dec_fc2 = nn.Linear(512, input_dim)

    def encode(self, x):
        h = F.relu(self.enc_fc1(x))
        mu_logvar = self.enc_fc2(h).chunk(2, dim=1)
        return mu_logvar

    def reparameterize(self, mu, logvar):
        std = torch.exp(logvar/2)
        eps = torch.randn_like(std)
        return mu + eps * std

    def decode(self, z):
        h = F.relu(self.dec_fc1(z))
        recon_x = F.sigmoid(self.dec_fc2(h))
        return recon_x

    def forward(self, x):
        mu, logvar = self.encode(x)
        z = self.reparameterize(mu, logvar)
        recon_x = self.decode(z)
        return recon_x, mu, logvar


# 输入的源语音内容特征和目标风格特征
content_fea = torch.randn(32, 256)
style_fea = torch.randn(32, 256)

# 编码内容，获得内容的分布参数mu和logvar
content_mu, content_logvar = vae.encode(content_fea)

# 对风格特征进行重参数化，得到风格码
style_std = torch.exp(style_logvar/2)
style_eps = torch.randn_like(style_std)
style_code = style_mu + style_eps * style_std

# 融合内容码和风格码
fused_code = content_mu + style_code

# 将融合码解码为新的语音特征
fused_fea = vae.decode(fused_code)
```

上面的代码实现了一个 VAE 模型,该模型包含编码器和解码器。首先通过编码器获得内容特征的分布参数,经过风格特征的重参数化过程得到风格码。然后将内容码与风格码进行简单相加获得融合码,通过解码器解码出融合了内容和风格的新语音特征。这就实现了基于 VAE 的语音特征融合操作。

3. 波形重构

波形重构指的是将融合后的语音特征转换为实际的语音波形,这需要采用合适的声码器来实现。波形重构可使用基于参数的声码器和基于深度神经网络的声码器实现。

基于参数的声码器(如直接根据人工设计的声学模型进行波形重构)依据语音生成模型和各类语音参数的数值来重构原始语音波形。这种方法的可解释性很强,但是对模型的设计依赖严重。

基于深度神经网络的声码器(如 WaveNet)可以直接通过数据驱动来学习从语音特征到波形的端到端映射,无须人为设计转换模型。这种声码器可以更简单、高效地实现特征到波形的重构。

选择或设计一个高质量的声码器,可以让新生成的语音在保留原语义内容的同时包含目标风格特征,实现风格迁移。

4.5   个性化语音合成

个性化语音合成指的是根据不同需求定制合成具有个人特征的语音输出。这对实现数字人平台的多角色语音非常关键。构建条件语音生成模型与多说话人模型是实现个性化数字人语音的有效技术路径,它们能为语音赋予更丰富的个性化特征,对构建数字人平台意义重大。

1. 条件语音生成模型

条件语音生成模型通过给定的个性控制参数,合成出对应的个性语音。在此过程中,需要训练条件 VAE 或 GAN 模型。

以条件 VAE 模型为例,其编码器输入原语音,输出语音内容码与风格码。内容码抽象语音共性信息,风格码表示个性特征。解码器以内容码为条件,传入不同的风格码,并生成不同说话人的语音。此外,模型还支持输入额外的控制参数,以控制语音性别、情绪等。由于训练数据包含不同的风格,因此模型可以学习并生成个性化语音。

相比无条件模型,条件 VAE 模型可明确区分内容与风格特征,可指定生成个性化的语音。条件 GAN 模型也可以实现类似的控制效果。训练时通过联合风格标签、语音数据来优化生成器。在推理时,可通过风格控制代码来实现个性化。

2. 多说话人模型

多说话人模型的一种实现途径是训练统一的多说话人神经网络。该模型通过构建一个统一模型,输入不同说话人的数据,基于网络学习并区分各种说话风格,来融合这些风格以生成更加稳健的语音合成模型。

在实现过程中,可以使用说话人条件为每个说话人指定一个语音风格向量表示,在合成时基于该风格向量来生成对应风格的语音。也可以在网络中加入表示个人特征的符号模块,指导网络生成符合特定说话人风格的语音。还可以通过预训练说话人分类器来提取风格特征并通过迁移学习的方式将在预训练分类器中学习到的说话人特征迁移到语音合成任务中,以增强合成语音的个性表现力。使用这种模型时无须为每个说话人构建模型,一个网络即可学习合成多种语音个性。

这里给出一个实现多说话人语音合成的 Python 代码示例。

```python
import torch
import torch.nn as nn

# 定义多说话人Tacotron模型
class MultiSpeakerTacotron(nn.Module):
    def __init__(self):
        super().__init__()

        # 文本编码器
        self.text_encoder = TextEncoder()

        # 声学特征解码器
        self.decoder = AcousticDecoder()

        # 嵌入层,获得说话人条件嵌入向量
        self.spk_emb = nn.Embedding(num_speakers, spk_emb_dim)

    def forward(self, text, spk_id):
        # 对文本进行编码
        text_fea = self.text_encoder(text)

        # 获取说话人嵌入向量
        spk_emb = self.spk_emb(spk_id)

        # 将文本特征和说话人嵌入向量拼接
        cond_input = torch.cat([text_fea, spk_emb], dim=-1)

        # 解码得到声学特征
        mel_spect = self.decoder(cond_input)

        return mel_spect
```

```
# 实例化多说话人模型
model = MultiSpeakerTacotron()

# 输入文本序列
text = "This is an example."

# 输入说话人 ID，比如 0、1、2 等
spk_id = torch.LongTensor([1])

# 预测对应的语音特征
mel = model(text, spk_id)
```

上面的代码实现了一个条件 Tacotron 模型，通过该模型可以生成不同说话人的语音。通过嵌入说话人条件，Tacotron 可以学习每个说话人对应的语音风格。在预测时，输入不同的说话人 ID，即可生成对应的个性化语音。这实现了基于条件的多说话人语音合成模型。

4.6　语音风格增强

语音风格增强指的是在不改变语音含义的前提下，通过强化其表达风格特征，使语音更具独特性和表现力。其核心技术包括提取风格表示和风格转换。这一技术可应用于数字人平台，以增强不同角色的语音个性化。

提取风格表示和风格转换技术的选用直接影响语音风格增强的效果。统计模型与神经模型各有优势，合理利用二者及二者的配合，可以实现对语音风格的定向控制和增强，赋予语音丰富的个性表达力。这对数字人平台增强语音个性化表现力具有重要意义。

1. 提取风格表示

提取风格表示旨在从原语音中学习表达语音风格的语音特征表示，主要涉及声学统计模型和神经风格编码器。

声学统计模型通过分析语音频谱等声学参数的统计分布模式，建立描述语音风格的高维声学特征。这类模型依赖专业语音知识，需要手工设计与语音个性相关的声学特征参数。神经风格编码器直接对语音序列进行深度学习，输出表示其风格个性的固定维度语音风格码。风格编码器可以端到端学习语音风格相关模式，无须使用人工特征工程。这类编码器可在预训练后进行微调，也可以在特定风格语音数据上训练。

2. 风格转换

在提取风格表示后，需要进行风格转换来增强语音的表达风格，主要涉及包括参数转换模型和神经风格转换模型。

参数转换模型针对语音频谱等声学特征（如夸张基频变化、泛音成分等）进行变换，以增强其风格特征。这类模型依赖于对语音生成机制的深入理解，并需要人工设定参数调整策略。神经风格转换模型如 CycleGAN，可以在不了解语音具体参数的情况下，仅从数据集学习语音风格之间的转换规律。这类模型通过端到端的训练实现风格域之间的迁移与增强，无须人工指定语音参数调整的方向和程度。

4.7 多语种语音合成

随着语音技术的全球化普及，实现支持多种语言和方言的语音合成系统变得日益重要。多语种语音合成面临训练数据的有效积累、发音表达的精准性、模型泛化能力的提升等挑战。主要解决路径包括构建多语种语音数据、加入语言嵌入表示、构建语言自适应模型等。合理的数据准备、高效的表示学习方法和优化的模型设计，是实现高质量多语种语音合成的关键。

进行多语种语音合成时，必须在多个方面（如数据、表示学习和模型设计）都进行优化，才能实现高水准、高质量的语音合成效果。这需要从语音数据、语言表示及模型架构等不同角度进行综合考虑与设计。

4.7.1 多语言模型训练

要构建多语种语音合成系统，首先需要收集和准备丰富的语音训练数据。语音数据质量直接决定了模型的学习效果，它是多语言模型训练的基础。同时，不同语言有其特有的音系结构和发音规则，需要构建对应语言的发音词典，提供发音表达所需的符号表示。语音数据准备与发音词典构建是实现高质量多语种语音合成的前提。

1. 语音数据准备

多语言模型训练需要用到大量高质量且语种不同的语音数据。考虑到语音数据的收集难度，可以采用以下途径获取丰富的多语言训练语料。

1）直接收集不同国家母语者的真实录音。这种自然语音数据的质量最高，但是收集成本也最高，需要组织大量不同语言母语者进行规模化录音。

2）请专业录音师录制。可以请不同语言的专业录音师在录音棚进行规范化录制。虽然其质量不及自然语音，但是可以通过标准发音规范来控制质量。

3）使用语音合成技术生成。可以使用已有模型合成大量语音数据。这种方式成本最低，但是合成语音的质量参差不齐。

4）利用免费语音库资源。一些语音数据开放平台提供了部分多语种录音资源，但是需要注意语料规模和质量的局限性。

5）通过语音翻译系统获取对齐的双语音频，这也是构建多语言数据集的方式之一。

6）模仿录制非母语语音。让模仿能力强的人模仿录制非母语语音。其质量虽不及母语者，但是成本较低。

7）通过语音风格转换来获取更多的语言数据。利用已有的少量其他语言数据，通过风格转换技术扩充数据集规模。但是需要注意转换效果存在不确定性。

综合利用上述途径，可以构建一个多样化、大规模的多语种语音数据集。然后通过数据清洗、标注、平衡等处理来提升语料库质量，这为多语言模型训练提供了高质量的数据源。

2. 发音字典构建

不同语言有其自身特有的音系结构和发音规则。为确保语音合成模型生成正确的发音，需要构建对应的发音词典，提供发音符号表示。

发音词典的构建主要包含以下几个步骤。

1）收集目标语言的音系表。确定语言使用的所有音素类别及其符号表示，如元音、辅音等。

2）根据发音规则生成词典。由语言学家根据发音规律，给词汇添加发音符号标注，生成发音词典。

3）专业人工校对。由语言专业人员对词典进行全面审查，修改发音标注错误。

4）持续优化、扩充词典。随着语料的增加，需要不断丰富、优化词典内容和发音表示，如增加音节发音标注等。

5）为未知词配置发音。通过发音类比、规则等为词典以外的未知词语赋予发音标注，使模型可以正确地基于生词发音。

6）方言词典扩展。收集不同地区的方言词汇发音，使模型覆盖更广泛的语言变体。

高质量的发音词典为语音合成的文本处理任务（包括文本归一化、字形转音形等）提供了必要的发音信息，是将文本信息转换为声学模型所需音素序列的关键。通过这样的词典，语音合成系统能够更准确地将文本转换为自然、流畅的语音。此外，语音合成过程中也需要进行发音规范化等后处理，将模型生成的语音调整为标准发音，避免直接应用词典标注导致的发音不标准问题。

发音词典作为语音合成模型发音表达能力的核心，是实现高质量多语言合成的基础。构建高覆盖、准确的多语言发音词典，并结合语音后处理，可以显著提升多语种语音合成的效果。

4.7.2 语言嵌入

在多语种语音合成系统中，需要有效表示语言种类信息，并将这些信息输入模型中，以指导模型生成对应的语言发音。将语言信息高效嵌入模型是实现多语言语音合成的关键。主要方法包括语种符号表示法和语言空间向量化表示法。

1. 语种符号表示

一种简单的语种符号表示法是使用 one-hot（独热）向量或词嵌入来区分不同的语言。例如可以为英语、中文、法语等语言指定一个整数索引，如 0、1、2，然后使用 one-hot 向量对其进行表示，其中目标语言对应的索引位置为 1，其余为 0。也可以使用词向量表来获取不同语种对应的语言嵌入向量。

在模型训练和预测阶段，将这些语言符号表示与文本特征一起输入编码器中。模型通过整合语义内容和语种信息，学习生成不同语言对应的发音特征。

相比不提供语言种类信息，这种表示法可以明确指导模型生成与指定语种匹配的发音。然而，鉴于在各种语言之间存在连续性的变化，使用 one-hot 向量或离散词向量难以捕捉它们的关联性，同时也难以将这些关系泛化至未知的新语言。

2. 语言空间向量化表示

语言空间向量化表示法是将不同语言映射到一个连续的语言空间向量中。使用此方法时，可以使用语音数据训练一个语言分类模型，该模型的中间层输出可以作为不同语言在该空间中的嵌入表示。也可以直接训练一个语言迁移模型，获得语言转换的隐空间表示。

语言空间向量在不同的维度上表示语种的不同语音特征。相似的语言在语言空间中的距离较近，这里的距离表示发音差异。这种连续表示可以更好地反映语言间的关系。

在训练时，将文本特征与对应的语言空间向量一起输入模型中。在测试时，可以通过语言空间向量的插值来实现对未知语言的泛化。相比语种符号表示法，语言空间向量化表示法可以实现对语言发音连续变化的建模。

但是语言空间向量化表示法的预训练依赖大量的多语言数据。对于资源匮乏的低资源语言，构建高质量语言空间仍存在困难，一定程度上还是依赖语言专家进行类比和推断。

输入语言信息的处理是多语言语音合成的基石。语料符号表示法简单、可解释，但是难以对语言结构特征进行建模；语言空间向量化表示法可以连续表示语言，但需要大数据支持。结合语言资源情况，选择合适的表示方法，将语种特征嵌入模型，指导生成对应的语言发音，是构建多语音合成系统的重要环节。

4.7.3 语言自适应模型

要实现针对多种语言都有出色表现的统一语音合成模型，仅依靠多语言并行训练是不够的，还需要设计可自适应的模型结构，以实现跨语言知识迁移，以及动态的语言调整功能。模型的语言适应能力直接影响多语音合成的效果。

语言自适应模型通过跨语言知识迁移和动态语言调整实现了对新语言快速、高效适配的功能。这种模型可以像人类一样将之前的语言经验应用到新语言上，且可以灵活调整合成策略。构建语言自适应模型是高质量多语音合成的关键。

1．跨语言知识迁移

跨语言知识迁移指的是将模型在一种语言上学习到的知识迁移到新语言上。由于不同语言在语音产生机制上存在共性，这些共性知识可以通过迁移来帮助新语言的语音合成。

例如，可以先训练英语模型，提取其中表示发音常识的模块，如语音编码器、声学模型等，然后将这些模块应用到法语模型中，进而加入法语训练数据进行微调。相比从零开始训练法语模型，这种基于迁移的初始化方式可以显著提高法语合成效果，尤其是在法语数据有限的条件下。

跨语言知识迁移的关键是区分语音生成中的语言独立知识和依赖知识，并实现对语言无关知识的提取和迁移。通过设计可分离的模块结构，实现跨语言知识迁移，可大幅提高多语言合成效果。

2．动态语言调整

动态语言调整指的是模型可以根据语言条件实时调整语音生成策略。这需要模型对语言具有感知能力，并且可以动态调整内部语音合成方案。

实现动态语言调整的方法包括使用条件层规范化等机制、接收语言 ID 和动态调整网络连接权重等；也可以在统一模型中加入语言可学习模块，根据语言条件输出语音生成参数。这类机制赋予了模型根据语言实时调整自身的能力。

相比静态的固定模型，动态语言调整机制可以实现更灵活的语言自适应。在训练好基础模型后，这种机制还允许通过在线学习来持续优化特定语种的合成效果。动态调整是实现跨语言泛化能力的关键。

4.7.4　语音后处理

在多语言语音合成系统生成语音后，还需要进行后处理来提升语音质量。语音后处理包括发音规范化和语音评测两大环节。这是因为合成语音可能不符合语言标准发音规则，直接输出会让用户的感受不好。合理有效的语音后处理可以优化模型输出，提高用户体验。

通过语音后处理，可以显著提升多语音合成的效果。语音后处理的两大环节组成了一个优化循环，不断改进模型的语音输出，以便对各语言进行高质量、可接受的语音合成，这是构建高性能多语音合成系统必不可少的环节。

1．发音规范化

若语音合成模型直接根据发音词典进行输出，可能会出现不标准、非正式的发音现象，这被称为合成语音的发音错误。出现这种情况的原因可能包括词典发音标注不当、模型生成发音偏差等。这会导致合成语音具有非母语者口音或方言腔调。为了解决这个问题，需要进行发音规范化处理，纠正语音合成的发音错误，将其转换为标准发音形式。具体做法如下。

1）构建发音错误分类模型，检测哪些发音需要纠正。

2）采用发音替换模块直接修正错误音素。根据语音合成的错误类型，将错误音素替换为标准发音对应的音素。

3）使用发音修正模型。训练 Seq2Seq 模型来实现从错误发音到标准发音的映射转换，然后直接修正合成语音应用模型的发音。

4）加入发音评估机制，让模型自我评估发音准确度，指导模型内部优化发音规范。

通过发音规范化处理，可以减少甚至消除合成语音中的非标准发音问题，引导模型输出标准发音，提升合成语音的可接受性和听感舒适性。

2. 语音评测

语音评测指的是使用专业的语音评价模型对生成的语音进行质量评分与问题诊断，主要包括以下方面。

1）语音质量评分。采用主观语音质量评分模型对生成的语音进行质量预测，输出一个质量分数。

2）语音错误检测。检查语音是否存在明显的合成错误，如破音、杂音等。

3）多语言语音评测。训练多语言评分模型，可以评估不同语种语音的质量。

4）语音风格评测。评估语音的语调、语气、语句旋律等是否自然。

5）语法结构评测。判断语音语句是否遵循语法规范、是否有明显错误。

语音评测不仅能够全面分析合成语音的质量和准确性，还能与人工评价相结合，为模型的诊断提供客观依据。语音评测的结果可以有效地反馈到模型训练过程中，指导模型参数调整和优化，从而提升语音合成的整体质量。同时，语音评测还可以指导后处理模块，比如在后处理阶段通过发音规范化和语音调整等手段来进一步优化语音输出，确保合成语音的自然度和可理解性。

4.8 本章小结

本章全面介绍了数字人语音合成的技术发展历程、现状和趋势。语音合成技术经历了从简单的基于规则驱动到基于数据驱动的变革，实现了语音合成效果的持续提升。

早期基于规则的语音合成方法根据人工设计的语音生成模型逐个合成音素，这种方法可以完全控制语音的生成，但音质不自然。基于拼接的方法利用预录语音片段进行拼接，语音更加连贯，但需要大量录音样本。随着统计建模和深度学习技术的发展，语音合成逐渐转向数据驱动。基于 HMM 的统计参数方法引入概率模型，提高了合成自然度。此后基于 LSTM、Transformer 等深度神经网络模型的应用，实现了直接从文本生成语音参数、端到端的训练模式，语音合成质量达到了新的高度。

当前，深度学习技术已成为语音合成的主流方法。Tacotron 等序列到序列模型可以直接合成语音参数，避免了设计专业语音特征。Tacotron2 集成 WaveNet 实现了高保真的语音合成。

Transformer TTS 借助其并行计算优势，可以更快地训练。非自回归模型如 FastSpeech 缩短了推理延时。这些模型简化了传统语音合成系统的设计，实现了端到端语音合成训练。

此外，语音个性化技术通过语音风格转换实现了数字人个性语音输出。面向多语言应用时，语音合成技术也需要解决多语言运用问题。这需要准备多语言语料，进行发音规范化等语音后处理。当前多语音合成技术仍有很大提升空间。

未来，语音合成技术的发展可望从 3 个方面取得进步：一是进一步提高语音自然度，使语音自然度逼近真人水准；二是实现个性化、情感化语音输出；三是支持多语言语音合成。随着算法和算力的发展，数字人语音合成技术必将取得长足进步，语音交互的智能化程度将更上一层楼。这会为数字人产业带来广阔的应用前景。

第 5 章

数字人语义理解

    语义理解是数字人系统实现人机自然语言交互的核心能力，它使数字人能够准确解析语义，理解人类用户的意图，并做出恰当的回应。数字人语义理解技术经历了从简单到复杂的发展过程。

    早期数字人系统主要依赖手工编码的语义规则和模板，对自然语言的理解非常有限。随着统计机器学习，特别是神经网络技术的进步，各种数据驱动的语义理解技术得到了快速发展。当前主流的数字人语义理解框架包含 3 个关键模块：语义解析、情感分析和语义编码器 - 解码器。

    语义解析模块用于解析自然语言的语法和语义结构。它通常包含词法分析、句法分析和语义分析等子任务。词法分析用于识别词及词性，句法分析用于构建句子的语法结构，语义分析用于抽取谓词 - 论元结构。统计机器学习方法常用于训练词法和句法解析模型，标注语料为这一过程提供监督信息。预训练语言模型也广泛应用于语义解析任务。

    情感分析模块负责判断语句的情感倾向，情感分析包括情感识别和情感分类。基于规则的方法通过编码情感词库来识别情感，而机器学习方法则通过训练分类模型来实现正面、中性、负面判断或多类别的情感分类。大规模的标注语料为这一过程提供监督信号，同时，无标注语料的预训练模型也发挥了重要作用。然而，跨领域情感分类仍面临挑战。

    语义编码器 - 解码器模块通过建立语义表示来获知语义相似性。编码器负责提取输入语句的语义信息，解码器根据编码向量生成相应的输出。卷积网络和循环网络均可用于构建编码器，注意力机制能够增强解码器对关键信息的关注。编码器 - 解码器框架已成功应用于机器翻译、对话系统等任务。

    尽管数字人语义理解技术发展迅速，但仍面临意图识别、长序列理解等挑战。未来可结合知识图谱、多模态信息来进一步拓宽语义解析的覆盖面并提高准确性。同时，也可以不断优化和拓展预训练语言模型。随着数字人语义理解技术的进一步成熟，数字人系统将能进行更深层次的语义处理和交互操作，在客户服务、社交接待等应用中发挥更大价值。

下面将详细介绍数字人语义理解的三大模块——语义解析、情感分析和语义编码器 - 解码器，以及它们各自的实现方法、框架结构、应用场景等。

5.1　语义解析

语义解析一直以来都是自然语言处理领域的一个重要研究方向，它致力于将自然语言文本转化为计算机可以理解的语义表示。这一领域的发展经历了多个阶段和技术革新，每个阶段都为我们更深入地理解语言和实现更先进的 NLP 应用提供了机会并带来了新的挑战。本节将探讨语义解析的技术发展历程，并深入研究其中的关键组成部分（包括词法分析、句法分析和语义分析）。

语义解析的历史可以追溯到 NLP 领域的萌芽时期。最初，研究人员主要依赖手工编写的规则和知识库来解析文本的语义。然而，这些方法在处理大规模语料和复杂语法结构时表现不佳。随着算力的提高和深度学习的兴起，基于数据驱动的方法开始占据主导地位。特别是预训练语言模型，如 BERT、GPT 和 Transformer 等，已经取得了巨大成功，这使得计算机能够更好地理解上下文、语义和语法。

本节首先研究词法分析，这是语义解析的第一步，涉及分词和词性标注两项任务。词法分析为句子中的单词提供了基本的语言信息，为后续的句法和语义分析打下了基础。然后深入探讨句法分析，这一任务关注句子的结构和语法关系，有助于理解句子的语法结构。最后转向语义分析，这一环节包括语义角色标注、意图识别和实体识别等关键技术。语义解析的全流程如图 5-1 所示。

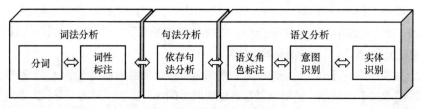

图 5-1　语义解析的全流程

通过深入了解这些关键概念和技术，读者将能够更好地理解语义解析的核心概念，并了解如何应用它们来构建更智能、更强大的 NLP 应用。让我们一起开始这段精彩的 NLP 之旅，探索语义解析的奥秘和创新！

5.1.1　词法分析

词法分析作为数字人语义理解中的重要组成部分，经历了长期的发展和演化。本节将深入探讨词法分析的演进历史、当前的技术状态等。

词法分析的历史可以追溯到计算机科学和自然语言处理的发展早期。最早的自然语言处理系统使用基于规则的方法来进行词法分析，这些规则通常由语言学家手工编写。然而，这种方法在处理复杂的自然语言文本时面临挑战，因为自然语言的多样性和灵活性使得规则的编写变得复杂和不可维护。

随着机器学习和统计方法的兴起，词法分析迎来了重大突破。统计词法分析方法通过利用大规模的文本语料库来训练模型，以自动识别和学习单词的分布特征及它们在句子中的语法角色。这种方法在提高准确性和鲁棒性方面取得了显著成效，并成为当前数字人技术中不可或缺的一部分。

近年来，深度学习技术的发展进一步推动了词法分析的性能提升。神经网络模型如循环神经网络和变换器被广泛应用于词法分析任务，且取得了令人瞩目的成果。这些模型能够捕捉上下文信息，处理多义性，还能灵活适应不同语言和领域的数据特点。

下面将深入研究词法分析的关键内容，包括词法分析方法、词性标注、词典和词汇表及词法分析评估。

1. 词法分析方法

词法分析是自然语言处理中的关键步骤，它负责将文本分割成单词或标记，并为每个单词分配适当的词性。这个过程对于数字人的语义理解至关重要，因为它为后续的句法分析和语义分析提供了基础。在词法分析中，有多种方法可供选择，包括基于规则的方法和基于统计的方法。

基于规则的方法依赖手工编写的规则和模式来识别文本中的单词和词性。尽管这种方法通常需要大量的人工投入，且难以应对自然语言中的复杂性和变化，但在某些特定领域和语言中仍然有用，并且能够提供高精度的结果。

基于统计的方法使用大规模的语料库来学习单词和词性之间的关联。这些方法使用机器学习算法，如隐马尔可夫模型或条件随机场（CRF），来自动推断词性标注。这种方法通常更适合用于多样性和变化性较大的自然语言数据，但需要大量的标注数据和计算资源支持。

词法分析的难点之一是歧义消解。在自然语言中，很多词语具有多重词性和意义，对此，词法分析器需要确定最合适的选择。这涉及上下文理解和语言知识的综合运用，是一个复杂且具有挑战性的任务。

词法分析是数字人语义理解的重要组成部分，它涉及多种方法和技术，需要克服歧义和处理未登录词等难题。有效的词法分析方法为数字人理解和处理自然语言提供了坚实的基础。

2. 词性标注

词性标注是词法分析的重要环节，它负责确定文本中的单词在句子中所扮演的语法角色，如名词、动词、形容词等。词性标注对于理解句子的语法结构和语义关系至关重要，因为不同的词性可以表示不同的语法功能和含义。

词性标注主要基于统计模型和机器学习技术来实现。通常，一个词性标注器会根据已标注的语料库学习单词与其词性之间的映射关系。常用的模型包括隐马尔可夫模型、条件随机场和神经网络模型。图 5-2 为隐马尔可夫 – 维特比算法（HMM+Vertibi）的词性标注方法。

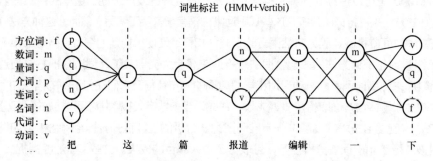

某些词有多个词性，取概率最高的那个词性标注

图5-2　词性标注方法

在处理多义词时，词性标注器会根据上下文信息来确定单词的正确词性。例如，英语中的单词bat可以是名词（指球拍），也可以是动词（指拍打）。词性标注器需要准确判断其在特定环境下的词性，这就会涉及上下文的信息融合和歧义消解等步骤。

在处理未登录词（指词汇表中没有的单词）时，词性标注器必须具备一定的泛化能力，能够推测未登录词的词性，这通常需要依赖上下文信息和语法规则来确定。

词性标注在自然语言处理中具有重要地位，它通过确定单词的词性为后续的语法和语义分析提供基础。面对多义性和未登录词等挑战，词性标注器需要不断优化算法和模型，以提供准确的标注结果。

3. 词典和词汇表

词典和词汇表是数字人语义理解不可或缺的基础资源。词典通常指的是包含单词及其对应定义或释义的资源，而词汇表则是单词的列表，通常有附加信息（如词性、频率等）伴随。下面将探讨词典和词汇表在数字人语义理解中的作用。

词典的作用是为数字人提供单词的含义和用法指导。它可以用于词义消歧，帮助数字人确定文本中单词的确切含义。词典的内容来源于多个渠道，包括通用词典、专业领域词典及用户生成的内容。维护和更新词典是一个持续的过程。

词汇表则是包含了大量单词及其相关信息的数据结构。它通常包括每个单词的词性、词频、同义词、反义词等信息。词汇表是词性标注和语义分析的重要依据，因为它提供了有关单词的语法和语义信息。构建词汇表离不开大规模的语料库和自动化工具。

4. 词法分析评估

词法分析评估可帮助我们了解词法分析器的准确性、鲁棒性和泛化能力，以及它们在实际应用中的表现。下面将详细讨论词法分析评估的工作原理、存在的问题和解决方案。

词法分析评估通常涉及构建一个用于测试的标准数据集，该数据集包括了各种语言结构和语法规则的文本示例。这些示例可能包括简单的句子、复杂的段落，以及具有歧义的语言结构。词法分析器会被应用于这些示例，生成分词和词性标注结果。最后，可将这些结果与标准答案进行比较，以计算准确率、召回率、F1分数等性能指标。

词法分析评估存在的问题如下。首先，构建标准数据集需要大量的人力和时间资源，因为需要手工创建和标注大量的文本示例。其次，数据集的设计需要考虑语言的多样性，以涵盖不同语境和方言。

再者，评估过程中的多义性和歧义性也是一个挑战，因为一些单词和短语可能具有多个正确的分词和词性标注方式，具体如何选择取决于上下文。因此，评估过程需要采用策略来处理这种情况，这可能会涉及人工干预或依赖上下文信息。

此外，评估结果的可靠性和稳定性也是关键问题。评估结果可能受到分词工具、数据集和评估标准的影响。为了获得可靠的评估结果，需要进行多次实验和统计分析，以确保结果的一致性。

针对上述问题，可以采取的解决方案如下。首先，利用现有的开源数据集和工具来减轻数据集构建的负担，并使用自动化工具生成一部分数据，然后由人工进行验证和校对。

其次，通过引入上下文信息来处理多义性和歧义性问题。例如，可以使用上下文窗口来确定正确的分词和词性标注，或者利用深度学习模型进行上下文敏感的标注。

最后，在验证评估结果的一致性和可靠性时，可以通过采用多种不同的评估标准和数据集来进行鲁棒性测试。这可以帮助识别和解决在不同条件下性能波动的问题。

综上所述，词法分析评估是数字人语义理解中至关重要的一环，它帮助我们了解词法分析方法的性能和潜在问题。通过设计合理的数据集和科学的评估方法，我们可以获得可靠的评估结果，进而指导数字人的词法分析模块的改进和优化。

5.1.2　句法分析

作为自然语言处理领域的关键任务，句法分析技术已经有了显著的进步。随着时间的推移，这一领域不断取得突破，其方法和模型的性能得到了持续的提升。

句法分析的发展可以追溯到计算机科学发展的早期阶段。那时，研究人员主要依赖手工编写的规则来解析文本。这些规则基于语法知识制定，用于分析句子的结构，但往往难以适应语言和语境的多样性。随着机器学习和统计方法的兴起，基于统计的句法分析方法开始流行。通过分析大量标注语料库，该技术能够系统地学习语法规则，进而实现更准确的句子结构分析。

近年来，深度学习技术的崛起为句法分析带来了新的机会和挑战。神经网络模型，特别是循环神经网络和长短时记忆网络，已经广泛用于句法分析任务，且取得了显著的成果。这些模型能够自动学习句子结构的特征，无须手动设计规则或依赖大量标注数据。

句法分析作为一项复杂而关键的任务，涵盖了多个子领域和技术。下面将深入研究相关子领域，以全面了解句法分析的不同方面。

1. 句法分析方法

在数字人语义理解中，句法分析扮演着至关重要的角色，它有助于理解句子的结构和语法，识别单词之间的关系，以及构建句法树或依存关系图。下面将深入探讨句法分析方法，包括其工作原理、存在的问题及解决方案。

句法分析旨在识别句子中单词之间的语法结构，包括句子内部的词汇组成及其相互之间的句法关系。其中，最常见的方法之一是基于上下文无关文法（CFG）的方法，它使用文法规则来描述句子的结构。CFG 方法通常通过自底向上（bottom-up）或自顶向下（top-down）的分析来生成句法树。

另一种重要的方法是依存句法分析，它关注单词之间的依存关系，即一个单词与其他单词的语法关联。依存句法分析的目标是构建句子的依存关系图，其中单词用节点表示，依存关系用有向边表示。

句法分析存在的问题如下。首先，句法结构在不同语言中有很大的变化，因此需要针对不同语言和语境来使用定制化的分析方法。这增加了构建一个通用的句法分析模型的难度。

其次，歧义性是句法分析的常见问题，尤其是在复杂的句子中，解决这种歧义性需要考虑上下文信息和语境。

最后，句法分析的性能高度依赖标注数据和训练语料的质量。构建大规模、高质量的句法分析数据集是一项具有挑战性的工作，但它对于提高分析器的性能至关重要。

针对上述问题，有一些解决方案可供选择。首先，可以使用深度学习方法来提高句法分析性能。循环神经网络和变换器等神经网络模型已被成功地应用于句法分析任务，能够从大规模语料库中学习句法结构。

其次，多语言句法分析模型的开发变得越来越重要。这些模型可以跨越不同语言进行泛化，减少了对于特定语言模型的依赖。

最后，在解决句法分析中的歧义性时，可以引入上下文信息，例如，使用上下文窗口来确定单词之间的关系。此外，还可以利用语法规则、语言模型和语言知识库等资源来增强分析性能。

总的来说，句法分析方法在数字人语义理解中占据重要地位。通过深入研究和不断改进，我们能够为数字人提供更准确和鲁棒的语义理解能力，从而推动数字人技术的发展。

2. 句法树表示

句法树表示是一种常用于句法分析的方法，它采用树状结构来表示句子中单词之间的语法关系。在句法树中，每个节点代表一个单词或短语，边代表这些元素之间的语法关系，根节点表示整个句子。句法树的构建通常严格遵循语法规则，确保生成的树既符合语法特性，又能准确地反映句子的内部结构。

句法树表示有两种主要类型：短语结构树和依存树。短语结构树侧重于将句子分解为短语和子短语，并通过层次结构表示。例如，一个简单的短语结构树可能将句子分解为主语短语、动词短语和宾语短语等结构，如图 5-3 所示。依存树则更注重单词之间的依存关系，每个单词通过有向边与另一个单词相连。

然而，句法树表示在实际应用中面临一些问题。首先，构建准确的句法树需要大量的语法知识和规则。这些知识不仅需要覆盖不同的语言，还需要考虑到多义性和歧义性，这增加了构建句法树的复杂性。

其次，句法树的质量可能受到语料库和训练数据影响。如果训练数据不足或不够多样化，模型可能无法捕捉到全面的语法结构，导致句法树不准确。

最后，让多语言句法树表示具有一致性和泛化能力也是挑战之一。在不同语言之间建立通用的句法树表示模型需要考虑不同语言的语法差异和特点。

为了解决这些问题，研究人员采用了多种方法。首先，引入深度学习技术，特别是循环神经网络和变换器等模型，通过大规模语料库的学习，显著提高了句法树表示的准确性。

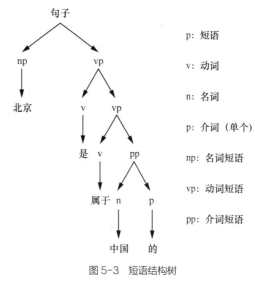

图 5-3　短语结构树

其次，引入多语言数据和跨语言训练技术，这有助于构建通用的句法树表示模型，使其在不同语言之间的泛化效果更好。

最后，基于图神经网络（Graph Neural Network）的方法也被应用于句法树表示任务，它可以更好地捕捉单词之间的依存关系，提高句法树的质量。

总之，句法树表示是数字人语义理解中的关键技术，它是理解句子结构和语法的有效工具。通过不断改进句法树表示方法，我们可以提高数字人的语义理解能力，使其更好地理解和处理自然语言。

3. 依存句法分析

依存句法分析是自然语言处理中的重要任务，其旨在分析句子中词与词之间的依存关系，帮助我们理解句子的结构和语法。下面将深入探讨依存句法分析的工作原理、面临的难点和解决方案。

依存句法分析的核心思想是构建依存关系树，其中每个词都与句子中的一个或多个词存在依存关系，如主谓关系、动宾关系等。分析的过程通常从句子中的一个词开始，在确定它与其他词之间的依存关系后，逐步构建依存树。举个例子，为"与上年同期相比，海上油田的年产能力增加了五十万吨"这句话构建的依存树如图 5-4 的右边部分所示。

依存句法分析可以通过基于规则的方法、统计方法和深度学习方法来实现。规则方法使用语法规则和词汇知识来分析句子，但通常需要用到大量的手工规则和语法知识。统计方法利用大规模语料库中的统计信息来学习依存句法关系，但对于不同的语言和语法结构，其适应性有限。深度学习方法则使用神经网络模型来学习依存关系，它通过大规模训练数据来提高性能。

标签	关系类型	说明
SBV	主谓关系	主语与谓词间的关系
VOB	动宾关系	宾语与谓词间的关系
POB	介宾关系	介词与宾语间的关系
ADV	状中关系	状语与中心词间的关系
CMP	动补关系	补语与中心词间的关系
ATT	定中关系	定语与中心词间的关系
F	方位关系	方位词与中心词的关系
COO	并列关系	同类型词语间的关系
DBL	兼语结构	主谓短语做宾语的结构
DOB	双宾语结构	谓语后出现两个宾语
VV	连谓结构	同主语的多个谓词间的关系
IC	子句结构	两个结构独立或关联的单句
MT	虚词成分	虚词与中心词间的关系
HED	核心关系	指整个句子的核心

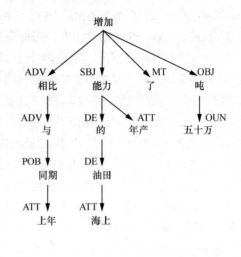

图 5-4 依存关系列表和句法依存树构建举例

依存句法分析也面临了一些难点。首先，不同语言具有不同的语法结构和依存关系，因此需要为不同语言构建特定的依存句法分析模型，这增加了有关多语言支持的挑战。

其次，依存句法分析需要解决多义性和歧义性问题。在一个句子中，一个词可能与多个词存在依存关系，或者存在多种可能的依存关系。如何确定正确的依存关系是一个具有挑战性的问题。

最后，依存句法分析需要处理长距离依存关系，即一个词与句子中较远的词之间的关系。这需要模型具备一定的上下文理解能力。

针对以上问题，研究人员采用了多种方法。对于多语言支持，跨语言依存句法分析模型已经被开发出来，它可以适应不同语言的语法结构。这类模型通常使用多语言训练数据进行训练。

为处理多义性和歧义性，模型通常结合上下文信息和语境进行分析，以提高依存关系的准确性。使用注意力机制和上下文表示可以帮助模型更好地理解句子。

对于长距离依存关系，深度学习模型通常能够更好地捕捉远距离依存关系，因为它们能够利用更广泛的上下文信息。

总之，依存句法分析在数字人语义理解中扮演着重要角色，能帮助数字人理解句子的结构和语法。通过不断改进模型和方法，我们可以提高依存句法分析的准确性和多语言支持能力，从而更好地实现语义理解任务。

4. 句法分析评估

句法分析是自然语言处理中的关键任务，它有助于理解句子的结构和语法，但要确保解析器的性能，需要进行系统性的评估和测试。下面将深入讨论句法分析评估的工作原理、面临的难点和解决方案。

句法分析评估旨在衡量句法分析器的性能，这通常通过比较分析器输出的句法结构与人工标注的"黄金标准"句法结构之间的相似度来实现。评估可以分为以下两个主要方面。

▶ 准确性评估：这方面的评估侧重于度量分析器生成的句法结构与标准结构之间的相似程度。常用的度量值包括精确度（Precision）、召回率（Recall）和 F1 分数。通过比较分析器的输出结果（输出弧）与人工标注（标准弧）的匹配情况，可以计算这些度量值。

▶ 效率评估：句法分析器不仅需要在准确性上表现出色，还需要在处理速度上具备良好的性能。效率评估通常包括分析速度、内存消耗和系统资源利用率等。

句法分析评估面临的难点如下。

▶ 创建全面的"黄金标准"句法结构是评估的基础，但这通常需要投入大量的人力和时间。同时，标准应覆盖不同的语言和多样的语境。

▶ 不同的语言和不同领域的句子具有不同的结构和语法规则，这使得评估过程更具挑战性。分析器需要在各种结构下表现良好。

▶ 句法分析中经常会遇到歧义，一个句子可能有多种合理的分析方式。因此，评估需要考虑如何处理歧义。

为了解决上述问题，研究人员采用了多种方法。一种常见的方法是使用公开可用的标准数据集（如 Penn Treebank）来进行评估。这些数据集已经包含了大量的标注数据，覆盖了多种语言和领域。

为了处理不同句子结构的多样性，评估可以采用多语言和跨领域的数据集，以确保分析器的通用性。此外，评估时可以关注特定语法结构的性能，以便更全面地评估分析器。

在处理歧义时，可以采用多通道评估方法，考虑每种可能的解析方式，并分别评估它们的性能。这有助于更好地理解分析器的强弱之处。

综上所述，句法分析评估是确保句法分析器性能的重要步骤。通过使用适当的数据集和多样性的评估方法，可以更好地了解分析器的准确性和效率，从而进一步改进和优化句法分析技术。

5.1.3 语义分析

语义分析是自然语言处理中的一个关键任务，旨在将文本转化为机器可理解的语义表示形式。随着人工智能领域的不断发展，语义解析变得越来越重要，因为它为机器理解和处理自然语言提供了基础。下面将深入探讨语义分析的各项子任务，包括语义角色标注、意图识别、实体识别，以及语义分析评估。

语义角色标注这一任务旨在识别各个词语在句子中扮演的语义角色，如主语、宾语等。意图识别是自然语言处理中的一个关键任务，它用于识别用户在交流中的意图或目的。实体识别旨在识别文本中的命名实体，如人名、地名等。语义分析评估的方法包括如何衡量和评估语义分析系统的性能等。

1. 语义角色标注

语义角色标注是自然语言处理中的一项重要任务，用于理解句子中的语义结构，即谓词与其周围单词之间的关系，以及这些单词在句子中的语义角色。这个任务的关键在于将句子中的词语关联到一个或多个语义角色上，如"施事者""受事者""时间"等，以帮助计算机深入理解文本的含义。

语义角色标注通常基于句法分析结果和语义角色标签集进行。首先，通过句法分析确定句子中的谓词（通常是动词）及与之相关的论元（名词短语）。然后，根据谓词和论元之间的关系，为每个论元分配适当的语义角色标签。这些标签通常包括主题、施事者、受事者等，每个标签都有其特定的含义。最终生成的语义角色标签序列将帮助机器理解句子的语义结构。语义角色标签序列的一个典型示例如图 5-5 所示。

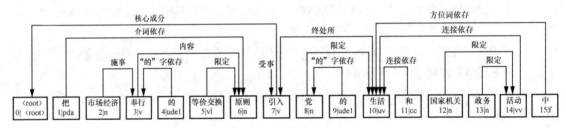

图 5-5　语义角色标签序列示例

语义角色标注的主要难点之一是歧义处理。在复杂的句子中，一个词可能在不同的上下文中扮演不同的角色，因此需要解决多义性问题。不准确的句法分析结果会导致不准确的语义角色标注，如何避免出现这种情况是一项挑战。此外，建立丰富的语义角色标签集需要用到大量人工标注的数据，而这些数据通常难以获取。

解决语义角色标注的难题通常需要结合深度学习技术和大规模语料库来实现。深度学习模型，如循环神经网络和注意力机制，已经在语义角色标注任务中取得了显著成效。使用大规模自然语言语料库进行预训练的模型（如 BERT 和 GPT），可以提供更好的上下文理解，从而改善语义角色标注的准确性。对于多义性问题，研究人员还探索了上下文敏感的标注策略和词义消歧技术。

语义角色标注在自然语言处理中扮演着重要的角色，它不仅有助于文本理解，还支持诸如问答系统、信息检索和机器翻译等应用。通过不断改进模型和数据集，我们可以期望在语义角色标注任务上取得更多的突破，从而更好地实现计算机对文本的深入理解。

2. 意图识别

意图识别是自然语言处理中的一项核心任务，旨在识别文本或语音中的用户意图或目标。这一任务在对话系统、虚拟助手和客户支持中扮演着重要的角色，因为了解用户的意图是构建有效的人机交互系统的基础。

意图识别的核心在于将自然语言文本映射到事先定义好的意图类别集中。这通常涉及两个主要阶段：特征提取和分类器训练。在特征提取阶段，会从文本中提取有助于区分不同意图的特征，如词语、短语、上下文等。随后，使用这些特征训练机器学习模型，如支持向量机、循环神经网络或最近流行的预训练模型（如 BERT），以将文本归类到正确的意图类别中。一个典型的意图识别过程如图 5-6 所示。

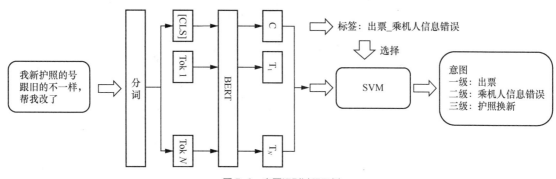

图 5-6　意图识别过程示例

意图识别的主要挑战之一是处理多义性。很多词语和短语可以在不同的上下文中表示不同的意图，因此需要考虑上下文信息以准确识别用户意图。此外，数据稀缺也是一个问题，特别是对于某些特定领域或行业的意图，缺乏大规模标注的数据集也是一大瓶颈。不同领域和应用场景的意图识别任务可能需要不同的方法和模型。

解决多义性问题的方法包括使用上下文信息和语境来确定意图，以及使用词义消歧技术来处理模糊性等。此外，迁移学习和迁移模型可以帮助解决数据稀缺问题，通过在通用数据上进行预训练，然后在特定领域进行微调，可以提高模型性能。领域自适应技术也有助于将模型应用于不同的领域和行业。

意图识别在构建智能对话系统和虚拟助手中起着至关重要的作用。它不仅有助于理解用户的需求，还可以引导后续对话和操作。随着深度学习和迁移学习等技术的发展，我们可以期待在意图识别领域取得更多的进步，进而提高自然语言处理系统的性能和效率。

3. 实体识别

实体识别是自然语言处理中的一项关键任务，旨在从文本中识别出具有特定意义的实体，如人名、地名、组织机构、日期、时间等。实体识别在信息抽取、文本分类、问答系统等各种自然语言处理应用中都具有重要作用。

实体识别的核心思想是将文本中的每个词或短语分类为预定义的实体类型。这一过程通常依赖于机器学习模型，如条件随机场、循环神经网络或者最新的预训练模型（如 BERT）。在训练模型之前，需要构建一个带有标注的实体识别数据集，其中文本中的每个实体都会被明确标注为其所属的类型。完整的命名实体识别过程如图 5-7 所示。

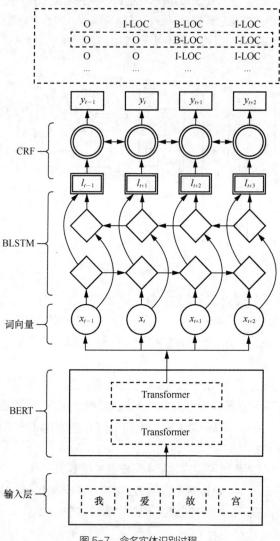

图 5-7　命名实体识别过程

实体识别任务面临的一个挑战是实体存在多样性。实体种类繁多，跨越多个领域和类型，因此模型需要具有很强的泛化能力。此外，实体的边界也可能不是很清晰，而且文本中的实体常由多个词语组成，这增加了识别的难度。

为了应对实体识别的多样性挑战，通常需要利用大规模且多领域的标注数据来训练具有较强泛化能力的模型。此外，迁移学习和预训练模型技术也可以用于提高实体识别的性能。这可以通过在通用数据上进行预训练，然后在特定领域进行微调来实现。对于实体边界不清晰的问题，可以使用序列标注模型来捕获实体的范围，例如使用 BIO（Begin-In-Out）标注法。

实体识别在信息提取、知识图谱构建和问答系统等任务中具有广泛的应用。准确的实体识别有助于提高文本理解的精度，为后续的信息提取和分析提供重要支持。随着深度学习技术的不断发展，我们可以期待实体识别在自然语言处理领域取得更多的进展和突破。

4. 语义分析评估

语义分析评估是确保模型在理解自然语言文本方面性能良好的关键环节。它不仅帮助我们了解模型的性能，还可以指导我们对模型的性能进行改进和优化。在进行语义分析评估时，需要考虑多个指标和面临的挑战，以确保模型在各种场景下都能表现出色。

语义分析评估的主要方法之一是使用标准化的评估数据集。这些数据集包含了多个自然语言文本样本，每个样本都伴随着标准的语义分析结果。评估者使用这些数据集来测试模型的性能，通常使用指标（如准确率、召回率、F1 分数等）来衡量模型的表现。此外，还可以使用交叉验证技术来确保评估的稳健性。

语义分析评估的主要挑战之一是构建高质量的评估数据集。数据集需要包含各种不同领域和语境下的文本，以确保模型的泛化能力。此外，标注语义分析结果也需要耗费大量的人力和时间，并且需要高深的专业知识。另一个挑战是选择合适的评估指标。语义分析涉及多个子任务，如语义角色标注、意图识别和实体识别，不同的子任务可能需要不同的评估指标。

为了应对数据集构建的挑战，可以采用众包策略来收集和标注数据，这可以降低成本并加快数据集的构建过程。此外，可以使用预训练模型来生成初步的语义解析结果，然后由专业人员进行修改和验证，以减少标注的工作量。在评估指标的选择上，则需要根据具体子任务的特点和需求来挑选合适的度量标准，以确保评估的公平性和准确性。

总之，语义分析评估是确保语义分析系统性能的关键步骤。通过构建高质量的评估数据集，选择适当的评估指标，以及采用合适的评估方法，我们可以全面了解模型的性能，并不断改进和优化语义分析系统，以更好地服务于各种自然语言处理应用场景。

5.2 情感分析

情感分析作为自然语言处理领域的重要任务之一，旨在理解和推断文本中表达的情感、情绪和情感极性。本节将探讨情感分析的技术发展历程、关键子主题及其具体内容。

情感分析的历史可以追溯到自然语言处理领域的初创时期。最早的情感分析工作主要依赖规则和情感词典等尝试根据文本中出现的情感词汇和短语来判断情感极性。然而，它们在处理文本的复杂语境和语义时存在局限性。随着机器学习技术的发展，情感分析迎来了重大突破。基于机器学习的方法利用大规模标注数据训练情感分类模型，显著提高了准确性。深度学习技术的兴起，尤其是卷积神经网络和循环神经网络的应用，进一步提升了情感分析的性能。此外，预训练的语言模型（如BERT 和 GPT）的引入，使得情感分析模型能够更好地理解文本背后的语境和情感。

本节将深入研究情感分析中的以下两个关键主题。

▶ 情感识别：旨在确定文本中表达的情感或情绪，情感通常分为正面、中性和负面三类。

▶ 情感分类：情感分类不仅要确定情感类型，还要将文本分为多个情感类别，如喜、怒、哀、乐等。

5.2.1　情感识别

本节将探讨情感识别的情感词典方法、基于规则的方法、基于机器学习的方法及情感识别评估。

情感识别，有时也称为情感分析或情感推断，旨在从文本中辨识和理解情感状态。这一领域的起源可以追溯到 20 世纪五六十年代，当时研究人员试图通过计算机程序来模拟人类的情感识别能力。在早期，这主要基于规则和规则库来实现，但因为数据和计算能力不足，其效果并不理想。

随着互联网的普及和社交媒体的兴起，大规模的文本数据为情感识别研究注入了新的活力。在这个时期，情感词典方法和基于机器学习的方法开始崭露头角，研究人员开始使用情感词汇表、统计模型和深度学习算法来提高情感识别的准确性。近年来，随着深度学习技术的广泛应用，情感识别取得了更进一步的突破，各类模型在不同的文本数据上取得了令人印象深刻的成果。

情感识别包括情感词典方法、基于规则的方法和基于机器学习的方法。

情感识别评估是确保情感识别模型质量的关键步骤。评估方法通常包括使用标记的数据集进行性能测试，以及选择合适的评估指标来衡量模型的准确性和泛化能力。

1. 情感词典方法

情感词典方法是情感分析的传统方法之一，它依赖情感词典或情感词汇表。其中，情感词典包含了大量词汇及其对应的情感极性（如正面、中性、负面）。这些情感词典通常由专家手动创建，涵盖了各种情感表达方式。情感词典方法的工作原理如图 5-8 所示。

在情感词典方法中，首先需要对有待分析的文本进行分词处理，然后将分词的结果与情感词典进行匹配。如果某个词汇在情感词典中找到了匹配项，就会被赋予相应的情感极性。

一旦完成情感词的匹配，系统会计算文本中出现的积极情感词和消极情感词的数量，并根据权重分配规则计算出文本的总体情感极性。

该方法存在的问题及解决方案如下。

情感词典方法面临的主要挑战之一是情感词典的覆盖范围有限，词典中可能缺乏一些新词汇或特定领域的情感词汇。解决这个问题的方法之一是定期更新情感词典，将新词汇添加到词典中，或者使用基于机器学习的方法来自动扩展情感词汇。

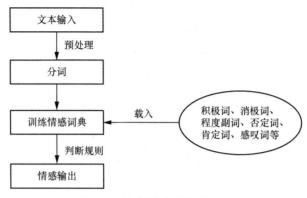

图 5-8　情感词典方法的工作原理

情感词典方法还需要应对多义词的问题，因为某个词汇可能在不同的上下文中具有不同的情感极性。解决这个问题的方法为综合考虑上下文信息和词汇的语境。

除了情感极性，情感强度也是情感识别的重要因素。有些情感词可能表达强烈的情感，而另一些词则可能只表达轻微的情感。解决这个问题的方法包括为情感词赋予权重或分数，以反映它们的情感强度。

情感词典方法虽然简单、直接，但在实际应用中仍然具有一定的局限性。因此，研究人员也在不断地探索其他情感识别方法，如基于规则的方法和基于机器学习的方法，以提高情感分析的准确性和适用性。

2. 基于规则的方法

基于规则的情感识别方法依赖人工制定的规则和模式，这些规则和模式定义了情感表达方式及与情感相关的文本结构。这种方法的工作原理如图 5-9 所示。

首先，研究人员或领域专家需要制定一系列规则和模式，以识别文本中的情感表达。这些规则可以基于词汇、语法结构、情感标记词等多种因素来构建。

制定好规则集合后，系统会将文本与这些规则进行匹配和分析。系统会寻找与规则匹配的文本片段，以确定情感的存在以及情感的类别。

基于匹配到的情感表达，系统可以计算文本的情感得分。这些得分通常反映了文本中包含的情感的强度。

该方法存在的问题及解决方案如下。

情感识别规则可能会很复杂，因为情感表达方式丰富多样，涉及各种语言现象。解决这个问题的方法包括使用领域专家的知识来不断完善规则，或者使用自动化技术来辅助生成规则。

此外，文本中的词汇和短语可能具有多重含义，情感识别需要正确地理解它们。解决这个问题的方法为使用上下文信息来消除歧义，或者将多义性纳入规则中。

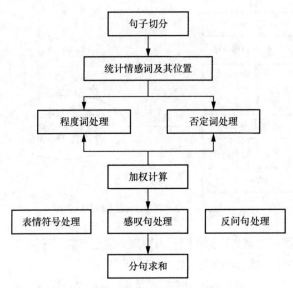

图 5-9   基于规则的情感识别方法的工作原理

　　基于规则的情感识别方法通常依赖先验规则，因此可能对新兴词汇或特定领域的情感表达适应性不足。解决这个问题的方法为与其他方法结合，如基于机器学习的方法，以提升其适用性。

　　尽管基于规则的情感识别方法具有一定的局限性，但它们在一些特定场景下仍然有用，特别是当领域专家可以提供有关情感表达方式的深刻见解时。然而，在更广泛的应用中，通常需要结合其他方法来实现更高的准确性和泛化能力。

3. 基于机器学习的方法

　　基于机器学习的情感识别方法依赖数据驱动的模型训练和模型学习，这与基于规则的方法不同。这种方法的工作原理如图 5-10 所示。

　　首先需要收集大量包含情感标签的文本数据，这些标签通常表示文本的情感极性，如正面、中性、负面等。

　　接着，从文本数据中提取特征，这些特征可以包括词汇、句法结构、情感词汇的出现频率等。提取的特征将用于训练情感识别模型。

　　然后，利用标记的文本数据和提取的特征来训练机器学习模型（如支持向量机、神经网络、决策树等），以学习文本与情感之间的关联。

　　训练好的模型可以用于对新的文本进行情感识别。给定一个文本输入，模型将预测其情感类别。

　　该方法存在的问题及解决方案如下。

　　数据质量对于基于机器学习的情感识别方法至关重要，不准确或不平衡的情感标签可能导致模型性能下降。解决这个问题的方法包括仔细筛选和清理数据，并确保标签的准确性。

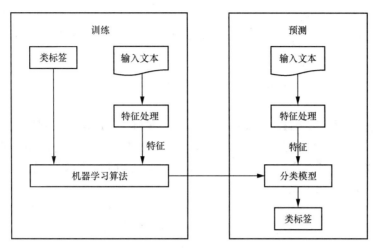

图 5-10　基于机器学习的情感识别方法的工作原理

选择合适的特征表示对于情感识别的成功至关重要。那么应该如何选择呢？可以使用词嵌入（Word Embedding）、TF-IDF 等技术来捕获文本信息。

如何选择适当的机器学习模型和参数来进行调优，以取得良好的性能呢？解决这个问题的方法为尝试多种模型，并使用交叉验证来进行调优。

情感识别模型在不同的领域和语境下可能表现不一样。解决这个问题的方法为进行领域适应性训练或使用迁移学习技术。

基于机器学习的情感识别方法通常可在大规模数据和充分特征工程的支持下取得良好的性能。这些方法能够适应各种情感表达方式，因此在实际场景中得到了广泛的应用，如社交媒体分析、情感推荐系统和舆情监测等领域。

4．情感识别评估

情感识别评估旨在衡量模型在预测文本情感类别时的准确性，以及模型在不同数据集上的泛化能力。

情感识别评估的基本工作原理是利用标记的文本数据来测试模型的性能。文本数据中通常包含一组文本示例，每个示例都有一个真实的情感标签。模型通过处理这些示例来预测情感，然后将其与真实标签进行比较以确定性能。

该方法存在的问题如下。

确保评估数据的情感标签是一致且准确的是一个挑战。标签不一致可能会导致评估结果不稳定。

在情感识别任务中，文本的情感类别通常是不平衡的，例如，积极类别可能比消极类别多。这可能会导致模型倾向于预测频繁出现的类别，而忽略了罕见的类别。

模型在评估数据上表现良好，但在实际应用中可能会受到领域适应性问题的影响，即模型在不同领域的文本上可能表现不一样。

解决这些问题可以采取以下方法。

对于标签一致性问题，可以通过多个标注者进行标记并计算标签间的一致性来解决。还可以通过数据清洗和验证来确保标签的准确性。

对于数据偏斜问题，可以采用过采样、欠采样、生成对抗网络等方法来处理，以平衡不同类别的样本。

选择合适的评估指标来衡量情感识别模型的性能至关重要。通常使用的指标包括准确率、精确度、召回率、F1 值和混淆矩阵等，那应该怎样选择呢？应根据任务的特点和需求来选择合适的评估指标。通常，在类别不平衡的情况下，F1 值尤其有用，因为它能够平衡模型对正负样本的分类性能，而不仅仅是关注总体的分类准确率。

对于领域适应性问题，可以使用迁移学习技术来改善模型在新领域中的性能。

情感识别评估是确保情感识别模型质量的关键步骤，通过选择合适的数据和评估指标，可以更好地了解模型的性能，并改进模型在实际应用中的效果。

5.2.2　情感分类

情感分类是自然语言处理领域的一个核心任务，旨在识别文本中的情感极性。

早期的情感分类工作主要依赖手工构建的情感词典和基于规则的方法。这些方法虽然简单，但在通用性和适用性方面存在局限。随着机器学习和深度学习技术的兴起，情感分类研究取得了巨大进展。基于机器学习的方法使用大规模标注数据进行模型训练，而深度学习方法通过使用卷积神经网络和循环神经网络等架构，在情感分类任务上表现卓越。此外，迁移学习和预训练模型（如 BERT 和 GPT）的引入进一步提高了情感分类的准确性。今天，情感分类不仅在社交媒体分析、产品评论分析等商业领域中应用广泛，还在情感分析研究领域发挥着重要作用。

本节将深入探讨极性情感（正面、中性、负面）分类、细粒度情感分类和跨领域情感分类等分类方法，以及情感分类评估。

1. 极性情感分类

极性情感分类是情感分类中最基础和常见的分类方式之一。它的工作机制是将文本分为三大类别：正面情感、中性情感和负面情感。这种分类通常用于判断文本中表达的情感是积极的、消极的还是中性的。例如，在社交媒体评论中，可以使用极性情感分类来分析用户对产品、服务或事件的情感态度。

在进行极性情感分类时，主要的难点之一是如何有效地捕捉文本中的情感信号。这需要对情感词汇、情感强度、上下文等多个因素进行综合考量。应对这一难点的方法包括使用情感词典、机器学习模型和深度学习模型。情感词典可以提供情感词汇的情感极性信息，而机器学习和深度学习模型可以从大规模标记的数据中学习情感分类的模式和规则。

此外，极性情感分类还面临着一些挑战，如文本中的情感表达方式是多样的，包括隐含情感、讽刺、复杂句式等。因此，模型的鲁棒性和泛化能力也是需要考虑的重要因素。

2. 细粒度情感分类

细粒度情感分类是一种更复杂和丰富的情感分析任务，它可以将文本划分为多个具体的情感类别，而非仅限于正面或负面。这种分类通常涵盖喜欢、不喜欢、中性、愤怒、悲伤、惊讶等情感。图 5-11 所示为细粒度情感分类表。细粒度情感分类可以提供更详尽和准确的情感分析结果，对于理解用户的情感和情感变化至关重要。

编号	情感大类	细粒度情感分类	例词
1	乐	快乐 (PA)	喜悦、欢喜、笑眯眯、欢天喜地
2	2	安心 (PE)	踏实、宽心、定心丸、问心无愧
3	好	尊敬 (PD)	恭敬、敬爱、毕恭毕敬、肃然起敬
4	4	赞扬 (PH)	英俊、优秀、通情达理、实事求是
5	5	相信 (PG)	信任、信赖、可靠、毋庸置疑
6	6	喜爱 (PB)	倾慕、宝贝、一见钟情、爱不释手
7		祝愿 (PK)	渴望、保佑、福寿绵长、万寿无疆
8	怒	愤怒 (NA)	气愤、恼火、大发雷霆、七窍生烟

图 5-11　细粒度情感分类表

细粒度情感分类工作常采用深度学习模型，如卷积神经网络或循环神经网络，并辅以注意力机制。这些模型可以捕捉文本中的上下文信息和情感特征，并将其映射到不同的情感类别中。此外，特征工程也在细粒度情感分类中扮演重要角色，其中涉及词嵌入处理以及情感词汇、句法特征等的提取和处理。

细粒度情感分类的难点之一是如何获取标记数据和降低标记成本。进行细粒度情感分类时，需要对多个情感类别进行标注，而标记大规模数据集可能需要耗费大量的人力和时间。解决这个问题的方法之一是使用迁移学习或半监督学习，利用已有的标记数据来提高模型的性能，同时降低标记新数据的成本。

此外，细粒度情感分类还需要应对多义词、文本长度差异等挑战，因为情感表达方式具有多样性。因此，模型的泛化能力以及对不同文本类型的适应性也是优化的重点。

总之，细粒度情感分类在情感分析领域中占据重要地位，它可以帮助企业更深入地了解用户的情感态度，从而更好地改进产品和服务。在实际应用中，细粒度情感分类通常需要结合大规模数据和先进的深度学习技术来实现。

3. 跨领域情感分类

跨领域情感分类是指将情感分类模型应用于与其训练数据所属领域不同的文本中。这是一个重要的任务，因为在实际应用中，模型经常需要处理各种领域的文本，如产品评论、社交媒体内容、新闻文章等。

跨领域情感分类工作主要涉及领域自适应和迁移学习技术。领域自适应旨在调整模型，使其能够在不同领域的数据上均表现良好。迁移学习技术则利用从一个或多个源领域获得的知识来提升在目标领域上的性能。通常，这些方法会使用共享的表示学习技术，如预训练的词嵌入或深度学习模型等，以便在不同领域之间共享知识。跨领域情感分类的学习过程如图 5-12 所示。

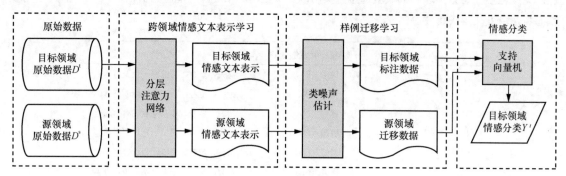

图 5-12   跨领域情感分类的学习过程

跨领域情感分类的主要难点之一是领域偏移（domain shift）。不同领域的文本可能具有不同的词汇、句法结构和情感表达方式，从而导致模型在目标领域上的性能下降。此外，跨领域数据的稀缺性也是一个挑战，因为获取大规模标记数据的成本较高。

解决跨领域情感分类问题的方法包括多源域自适应、领域对抗性训练和多任务学习。多源域自适应方法利用多个源领域的数据来提升在目标领域上的性能。领域对抗性训练通过引入领域分类器和对抗性损失来减少领域偏移。多任务学习允许模型同时学习多个相关任务，以提高泛化能力。

在实际应用中，跨领域情感分类的成功取决于合适的特征选择、模型架构和领域自适应策略的恰当组合。综合利用不同领域的数据和先进的迁移学习技术，可以提高情感分类模型在各种领域上的性能，从而更好地了解用户的情感需求。

4. 情感分类评估

情感分类评估是评估情感分类模型性能的重要环节，它有助于确定模型在情感分析任务中的适用性和准确性。以下是情感分类评估的一些关键方面。

进行情感分类评估时，我们会使用一系列标准化的评估指标来衡量模型的性能。这些指标通常包括准确率、精确度、召回率、F1 值等。准确率度量模型中正确分类的文本占总分类数的比例，而精确度和召回率分别用于评估模型对正例和负例的分类效果。F1 值是精确度和召回率的调和平均值。

情感分类评估的难点之一是缺乏统一的标准数据集和评估准则。不同的研究人员和任务可能使用不同的评估方法和指标，这使得模型性能的比较和复现变得具有挑战性。另一个难点是类别不平衡，即正面情感和负面情感的文本数量可能不平衡，这会影响准确性等指标的可靠性。

为了应对这些难点，研究社区已经提出了一些标准的情感分类数据集（如 SemEval 和 IMDb 情感分析数据集）和评估准则。这些数据集允许研究人员在标准化的环境中评估他们的模型，并与其他模型进行比较。此外，针对类别不平衡问题，可以使用重采样技术、调整类别权重或其他平衡方法来改善模型性能评估的准确性。

通过使用标准化的数据集和评估准则，并考虑类别不平衡问题，研究人员和从业者可以更准确地评估他们的情感分类模型，从而在各种应用中更好地理解和满足用户的情感需求。

5.3 语义编码器－解码器

语义编码器－解码器（Semantic Encoder-Decoder）是自然语言处理领域的一个重要技术，它使得计算机能够理解和生成自然语言文本，为机器翻译、文本生成、对话系统等任务提供了有力的支持。

语义编码器－解码器的概念最早起源于机器翻译任务，其目标是构建一个可以将一种语言翻译成另一种语言的模型。相关研究最早聚焦于统计机器翻译方法，但这些方法存在局限性，难以处理句子的长距离依赖关系和语法结构。随着深度学习技术的兴起，神经机器翻译（NMT）引入了编码器－解码器架构，这一架构使用循环神经网络或者自注意力机制来编码输入语句并生成输出语句。除了机器翻译，语义编码器－解码器也被广泛用于文本摘要、对话生成、图像描述生成等任务，它已成为自然语言处理领域的核心技术之一。

在本节中，我们将深入研究语义编码器－解码器。首先，探讨语义编码器的架构，包括卷积神经网络编码器、循环神经网络编码器和自注意力编码器。这些编码器用于将输入文本转化为抽象的语义表示。接着，讨论解码器的架构，包括卷积神经网络解码器、循环神经网络解码器和自注意力解码器，它们负责基于语义表示生成自然语言文本。最后，我们还会研究注意力机制，该机制在编码和解码过程中使模型能够关注输入的不同部分，从而提高模型性能。

总的来说，语义编码器－解码器在自然语言处理领域已经取得了长足的进步，并在多个任务和应用中取得了令人瞩目的成果。通过深入探究其各个组成部分，我们可以更好地理解其原理和应用，为构建更强大的自然语言处理模型提供丰富的工具和方法。

5.3.1 编码器架构

编码器架构是自然语言处理和数字人工智能领域中的关键组成部分，对实现语义理解和文本建模等任务至关重要。本节将探讨 3 种主要的编码器架构：卷积神经网络编码器、循环神经网络编码器及自注意力编码器。

编码器作为深度学习领域的一个重要组成部分，经历了多年的演进和创新。最早的自然语言处理方法主要依赖手工设计的特征和规则，然而，这些方法在处理复杂的自然语言文本时存在局限性。随着深度学习的崛起，研究人员不断探索数据驱动和端到端的方法，从而推动了编码器架构的发展。

这里说一下编码器的演进历程。首先是卷积神经网络的引入，卷积神经网络在图像处理领域表现出色，并逐渐在自然语言处理任务中得到应用。接着是循环神经网络崭露头角，循环神经网络能够处理序列数据并捕捉长距离的依赖关系。最近，自注意力机制及由此衍生出的 Transformer 模型彻底改变了自然语言处理领域的格局，它们使模型能够更好地理解文本中的全局依赖关系。编码器的发展是推动深度学习取得巨大成功的关键因素之一。

卷积神经网络编码器、循环神经网络编码器及自注意力编码器都具有独特的工作原理、优点、缺点和适用场景。卷积神经网络编码器以其在捕捉局部特征和模式方面的出色表现而闻名，适用于图像处理和某些自然语言处理任务。循环神经网络编码器能够通过递归处理序列数据捕捉长距离的依赖关系，因此在语言建模和机器翻译等任务中有广泛应用。自注意力编码器则是近年来的明星，借助自注意力机制，它能够动态地将注意力权重分配给输入序列的不同部分，在机器翻译和文本生成等任务中表现出色。

1. 卷积神经网络编码器

卷积神经网络编码器是一种常用于文本表示学习的架构。在文本表示学习过程中，卷积神经网络首先将文本数据转换为词嵌入，然后将这些嵌入作为输入。卷积神经网络通过多个卷积层对输入文本数据进行处理。每个卷积层包含多个卷积核，这些卷积核在文本数据上进行滑动操作，以捕捉局部特征。随后，这些卷积操作产生的输出即特征映射通过池化层进行下采样，以减少数据的维度并提取更高层次的特征。池化操作，如最大池化，通常用于从特征映射中提取最显著的特征，同时减少模型的复杂度和计算量。最终，这些经过下采样的特征映射被整合为一个固定长度的表示，这个表示可以用于后续的分类或其他下游任务。

卷积神经网络编码器工作的难点是确定卷积核的大小和数量，以及选择池化操作的策略。不同的超参数选择会影响模型的性能。此外，处理变长文本输入也是挑战之一，因为卷积神经网络通常期望输入的大小是固定的。

为解决上述问题，研究人员已经提出了多种变体和改进策略，包括多尺度卷积、动态调整卷积核尺寸以及引入注意力机制等。同时，通过填充或截断文本来适应固定大小的输入，也可以解决文本长度不一的问题。

卷积神经网络编码器在许多自然语言处理任务中都表现良好，特别是在文本分类和情感分析领域。其并行计算的特性使其在处理大规模文本数据时具有优势。但需要注意的是，它在捕获长距离依赖关系和上下文信息方面可能相对弱一些。因此在某些任务中，其他编码器架构，如循环神经网络和自注意力编码器可能更适合。

2. 循环神经网络编码器

循环神经网络编码器是另一种重要的语义编码器架构，它被广泛应用于自然语言处理任务，其具有一种天然的序列建模能力，能够处理不定长的文本数据。

循环神经网络编码器采用递归的方式处理输入序列中的每个元素。在每个时间步，它都会考虑当前输入和前一个时间步的隐藏状态。这种机制使得循环神经网络能够捕获文本中的上下文信息和序列依赖关系，因此它在语言建模、机器翻译和文本生成等任务中表现出色。

尽管循环神经网络在理论上能够处理长距离依赖关系，但在实际应用中，可能遇到梯度消失和梯度爆炸等问题，尤其是在处理长序列时。这意味着循环神经网络可能会忘记较早的信息，从而导致性能下降。

为了解决梯度消失和梯度爆炸的问题，研究人员提出了多种循环神经网络变体，如长短时记忆网络和门控循环单元。这些模型通过引入门控机制，有效地维护和更新隐藏状态，从而提升了长序列建模的能力。

循环神经网络编码器在许多自然语言处理任务中表现出色，特别适合用于需要考虑上下文信息和序列性质的任务，如语言建模、机器翻译、文本生成和对话系统等。但需要注意的是，与卷积神经网络不同，循环神经网络在并行计算能力方面较弱，这可能会影响其在大规模数据上的训练效率。因此，在选择编码器架构时，需要根据具体任务和数据集的特点进行权衡和选择。

3. 自注意力编码器

在语义编码器架构中，自注意力编码器是一种备受欢迎的深度学习模型，尤其在自然语言处理领域。

自注意力编码器是一种基于注意力机制的神经网络模型。其核心思想是在编码输入序列时，为每个输入元素分配不同的注意力权重，以便更好地捕捉上下文信息和序列中不同元素之间的依赖关系。自注意力机制会计算每对输入元素之间的相似度，然后将这些相似度作为权重来对输入进行加权平均。自注意力机制的计算步骤如图 5-13 所示。

Transformer 模型中的自注意力机制在编码器中发挥着重要作用，它能够在处理序列数据时，有效地捕捉不同层次和类型的信息，从而提高模型在序列到序列任务中的性能。

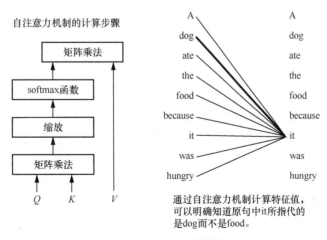

图 5-13　自注意力机制的计算步骤

自注意力编码器面临的主要问题是计算复杂度较大。在标准的自注意力机制中，计算每对输入元素之间相关度的复杂度为 $O(n^2)$，其中 n 是序列的长度。这在处理长序列时可能会导致消耗大量计算资源。此外，自注意力模型也容易受到过拟合的影响，需采取适当的正则化方法来规避。

为解决计算复杂度问题，研究人员提出了加速自注意力计算的方法，如自注意力的稀疏化和逐层自注意力计算。这些方法可以显著减少计算量，同时保持模型性能。另外，正则化方法如 Dropout 和 Layer Normalization 也被广泛用于减轻过拟合问题。这些正则化方法通过在损失函数中添加额外的约束或随机性，来减少模型对训练数据中的噪声和异常值的敏感性，从而提升模型在未见过的数据上的泛化能力。

自注意力编码器在众多自然语言处理任务中取得了巨大成功，尤其是在机器翻译、文本摘要、情感分析和问答系统等领域。自注意力编码器的性能在一定程度上取决于模型的深度和宽度，以及注意力头的数量。因此，在实际应用中，需要根据任务需求来选择适当的自注意力编码器架构，并进行超参数调整，以获得最佳性能。

4．编码器结构比较

在语义编码器架构中，为特定的任务选择合适的编码器结构对性能至关重要。下面我们将比较卷积神经网络编码器、循环神经网络编码器和自注意力编码器这 3 种常见的编码器结构，包括它们的工作原理、优点、缺点和典型应用场景，如表 5-1 所示。

表 5-1　3 种编码器结构的比较

属性	卷积神经网络编码器	循环神经网络编码器	自注意力编码器
工作原理	使用卷积操作捕捉局部特征和模式，适用于图像和文本处理	通过递归处理序列数据，每个时间步均会考虑当前输入和前一个时间步的隐藏状态，适用于序列建模	利用自注意力机制将注意力权重动态分配给输入序列的不同部分，适用于文本数据处理
优点	并行能力强，适用于 GPU 加速	能够捕捉长距离依赖关系	能够捕捉全局和局部依赖关系，不需要递归计算
缺点	难以处理可变长度的序列数据	存在梯度消失和梯度爆炸问题，难以处理非常长的序列	计算复杂度较高，特别是对于较长的序列
典型应用场景	图像处理、文本分类等需要捕捉局部特征的任务	语言建模、机器翻译等需要捕捉长距离依赖关系的任务	机器翻译、文本生成等需要捕捉全局和局部依赖关系的任务

在实际应用中，选择哪种编码器通常取决于任务的性质和数据的特点。如果处理的是序列数据且需要考虑长距离依赖关系，循环神经网络编码器可能是一个不错的选择。如果希望在处理文本数据时充分捕捉全局依赖关系，自注意力编码器可能更合适。卷积神经网络编码器则在图像处理等领域有一定的优势。

此外，还可以考虑使用混合编码器架构，即将不同类型的编码器组合在一起，以便充分利用它们的优势。例如，可以使用卷积神经网络编码器捕捉局部特征，然后将其输出作为循环神经网络编码器或自注意力编码器的输入，用于处理全局依赖关系。

综上所述，选择编码器时，需要根据具体任务和数据需求来灵活地做出决策，有时也需要进行实验、评估，以找到最佳的架构。

5.3.2 解码器架构

解码器作为深度学习模型中的核心组件，其发展历程与深度学习技术的进步密切相关。随着神经网络模型的兴起，特别是随着循环神经网络、卷积神经网络和自注意力模型的出现，解码器的性能得到了显著提升，应用范围也大幅拓宽。早期的解码器主要用于语言翻译和文本生成任务，但随着时间的推移，其应用范围已扩展至图像生成、对话系统和知识问答等多个领域。解码器的发展脉络彰显了深度学习在自然语言处理和计算机视觉领域中的地位，同时，解码器也为实现更智能的数字人提供了重要的技术支持。

本节将深入探讨不同解码器的架构及其工作原理、面临的难点和典型应用场景。

1. 卷积神经网络解码器

卷积神经网络解码器是一种广泛应用于序列生成任务的神经网络架构。它的工作原理与卷积神经网络编码器类似，但在解码器中，卷积层的输出被视为生成目标序列的概率分布（即预测下一个词的概率）。解码器接收来自编码器的上下文信息，并逐个生成目标序列的元素。这一过程通常通过一系列卷积层和激活函数来完成，每个卷积层都可以捕捉不同层次的语义信息。

在卷积神经网络解码器的设计和训练中存在一些难点。首先，生成长序列时，卷积神经网络解码器可能会遇到梯度消失和梯度爆炸的问题。解决方案之一是引入注意力机制，使解码器能够动态地关注输入序列的不同部分。此外，对于某些自然语言处理任务，如机器翻译，生成的序列需要符合语法和语义约束，因此需要采用额外的策略来提高生成质量。

为了应对卷积神经网络解码器设计和训练中的难点，研究人员提出了多种解决方案。其中之一是引入残差连接，它可以让信息在网络中更有效地传递，这可以缓解梯度问题。另一个解决方案是采用更复杂的解码器架构，如 Transformer 解码器，它不仅包括卷积层，还整合了自注意力机制，可提高生成序列的准确性和流畅性。

卷积神经网络解码器在一些序列生成任务如文本生成和图像描述生成中表现出色。然而，它的性能也受任务的特性和数据的质量影响，因此在实际应用中需要综合考虑任务需求和解码器架构的特点。通过深入理解卷积神经网络解码器的工作原理和应用场景，读者将能够更好地利用这一技术来完成各种自然语言处理和数字人工智能任务。

2. 循环神经网络解码器

循环神经网络解码器是一种递归神经网络，通常用于序列生成任务。它的工作原理是将前一个时间步的输出作为当前时间步的输入，并逐步生成目标序列。循环神经网络解码器的隐藏状态会基于时间步的计算结果更新，以捕获上下文信息。在自然语言处理任务中，这些序列通常代表自然语言文本或标记。

循环神经网络解码器面临的一个难点是长序列建模。当生成非常长的序列时,循环神经网络可能会面临梯度消失或梯度爆炸的问题,这会导致模型无法有效地学习和生成准确的长序列。此外,循环神经网络解码器在处理长距离依赖关系时可能会表现不佳,因为它主要依赖当前时间步的隐藏状态来捕获上下文信息。

为了应对循环神经网络解码器工作的难点,研究人员提出了多种解决方案。一种常见的方法是使用门控循环单元或长短时记忆网络来改进的循环神经网络单元,以便更好地捕获长距离依赖关系,并缓解梯度问题。另一种方法是引入自注意力机制,使解码器能够动态地关注输入序列的不同部分,从而提高生成质量。

循环神经网络解码器在机器翻译、文本生成和对话系统等自然语言处理任务中应用广泛。然而,随着自注意力机制和 Transformer 模型等的出现,它在某些任务中逐渐被取代。通过深入理解循环神经网络解码器的工作原理和应用场景,读者将能够更好地选择适合自己任务的解码器架构,并优化模型性能。

3. 自注意力解码器

自注意力解码器也称为 Transformer 解码器,它是一种基于自注意力机制的序列生成模型。它的工作原理是在生成每个目标序列元素时,通过关注输入序列的不同部分来捕获相关上下文信息。自注意力机制允许解码器动态地计算每个输入位置的权重,以便根据该位置输入元素的重要性来组合信息。

具体而言,自注意力解码器通过以下步骤生成序列元素。

1)基于前一个时间步的输出与输入序列进行自注意力计算,以获取每个输入位置的加权和。

2)将这些加权和与解码器的当前隐藏状态进行融合,生成用于当前时间步元素的上下文表示。

3)使用上下文表示和位置嵌入来生成目标序列的下一个元素。

自注意力解码器面临的难点是模型的复杂性大和计算成本高。由于需要计算每个输入位置的权重,对于较长的序列和较大的模型而言,计算量可能会很大,这会导致训练和推理速度变慢。此外,模型的参数量也可能很大,需要大量的训练数据和计算资源。

为了应对上述难点,研究人员提出了一些改进和优化方法,其中包括以下方法。

▶ 模型压缩和剪枝:通过减少模型的参数数量和降低计算复杂度,可以加速训练和推理过程。

▶ 并行化计算:使用并行计算技术,可以更有效地处理大规模输入和模型。

▶ 量化和加速:采用量化技术和硬件加速器,可以进一步提升模型的速度。

自注意力解码器在机器翻译、文本生成、语言建模和对话生成等自然语言处理任务中表现出色,并且在多个领域都有广泛应用。通过深入理解其工作原理和解决方案,读者将能够更好地将其用于解决复杂的序列生成问题。

4. 解码器结构比较

表 5-2 对 3 种常见的解码器结构做了比较。

表 5-2   3 种解码器结构的比较

	卷积神经网络解码器	循环神经网络解码器	自注意力解码器
工作原理	使用卷积操作和上采样	使用循环单元	使用自注意力机制
优点	在图像处理任务中表现良好 并行化处理效率高	擅长捕捉顺序信息 适用于文本生成任务	能够捕捉全局上下文信息 可处理长距离依赖关系
缺点	难以处理顺序信息 长距离依赖关系受限	容易出现梯度消失或梯度爆炸问题 训练较慢	计算复杂度高 参数数量较大
典型应用场景	图像生成 图像字幕生成 图像翻译	机器翻译 文本生成 语音生成	机器翻译 文本摘要 对话生成

卷积神经网络解码器适用于一些序列生成任务，特别是图像处理任务，因为它可以有效处理空间维度的信息。

循环神经网络解码器在自然语言处理任务中被广泛应用，尤其是在文本生成和机器翻译中，因为它们擅长处理顺序信息。

自注意力解码器在处理长序列和捕捉全局上下文信息方面表现出色，适用于多种序列生成任务，包括机器翻译、文本摘要和对话生成等。

总的来说，选择解码器时应基于具体任务、数据集的特点及计算资源的可用性来考量。不同的解码器结构有不同的优势和限制，了解它们的工作原理和应用场景将有助于选择最合适的模型架构。

5.3.3   注意力机制

在自然语言处理和机器学习领域，注意力机制已经成为一项重要的技术，它使模型在处理序列数据时能够聚焦于输入的不同部分，进而提高模型的性能和表现。注意力机制的概念起初是在计算机视觉领域引入的，用于处理图像中的对象和区域。随后，这一思想很快被引入自然语言处理领域，并因在神经机器翻译中的成功应用而备受关注。自此，注意力机制取得了显著的进步。

下面将深入探讨注意力机制的不同类型，包括软注意力机制、硬注意力机制、全局注意力和局部注意力。

1. 软注意力机制

软注意力机制是一种模拟人类关注事物方式的算法，它为输入数据的不同部分赋予不同的权重。其工作方式可以概括为以下步骤。

1）计算注意力分数。对于输入序列中的每个元素，软注意力机制会计算一个相关性分数，用于衡量它与目标任务的关联性。为了得出这些分数，模型通常采用内积（点积）操作或者通过神经网络结构来评估元素之间的相似性。内积操作能够直接计算两个向量之间的相似度,而神经网络则可以捕捉更复杂的模式和关系。这两种方法都有助于模型在处理序列数据时有选择性地关注那些对完成任务很关键的信息。

2)应用注意力权重。注意力权重将被应用于输入序列的每个元素上,以明确其在任务中的具体贡献。这些权重通常通过归一化处理,确保它们的总和为1。

3)加权求和。通过将每个元素与其对应的注意力权重相乘,并将结果相加,最终生成一个上下文表示。这个上下文表示将在任务执行过程中起到关键作用。

使用软注意力机制的难点之一是存在计算效率问题,特别是在处理长序列时。为了解决这个问题,研究人员提出了各种加速方法,如使用注意力头(多头注意力)和注意力子层缓存等技术。

另一个难点是软注意力模型通常难以解释为什么会分配某些权重。为了解决这个问题,目前正在进行可解释性注意力机制的研究,并开发可视化工具以增强理解。

软注意力机制广泛应用于自然语言处理任务(如机器翻译、文本摘要、文本分类和问答系统)。在这些任务中,软注意力可以帮助模型关注源语言或输入文本中与当前任务相关的部分,从而提升模型的性能。

2. 硬注意力机制

硬注意力机制与软注意力机制不同,它并非为每个输入元素分配权重,而是从输入序列中选择一个或多个元素。其工作步骤如下。

1)计算相关性。对于输入序列中的每个元素,硬注意力机制会计算该元素与目标任务之间的相关性得分,这通常使用神经网络来完成。这些得分反映了每个元素对任务所做的贡献。

2)选择最相关的元素。根据相关性得分,硬注意力机制会选择一个或多个与任务最相关的输入元素。这些元素将被用于生成模型的输出。

3)生成上下文表示。选定的元素将用于生成上下文表示,它将在任务中发挥关键作用。

使用硬注意力机制的一个难点是如何选择相关的元素,尤其是在处理长序列时。为了解决这个问题,研究人员提出了各种采样和选择策略,以确保模型选择的元素能够有效地捕捉任务所需的信息。

另一个难点是硬注意力机制在离散问题上的应用,因为它通常涉及不可微分的离散选择操作。对此,研究人员采用了 Gumbel-Softmax 等近似离散选择的技术,以使模型梯度下降,从而实现端到端的训练。Gumbel-Softmax 通过在离散选择中引入随机性,将不可微分的 argmax 操作转换为了可微分的 softmax 操作,故而模型能在训练过程中有效地学习离散选择策略。这种方法在强化学习、生成模型等领域中被广泛应用,特别适用于处理离散动作空间的任务。

硬注意力机制常用于处理离散问题,如机器翻译中的词汇选择、文本生成中的单词生成及图像标注中的词汇选择等。在这些任务中,硬注意力机制可以帮助模型决定应该选择哪些元素以生成合适的输出。

总的来说,硬注意力机制是注意力机制的另一重要分支,适用于离散问题和任务。尽管面临一些挑战，但它在多个领域中都发挥着重要作用，有望持续推动自然语言处理和计算机视觉的研究和应用。

3. 全局注意力

全局注意力的核心思想是将所有输入元素的信息纳入模型的计算中，以生成上下文表示。其工作步骤如下。

1）计算相关性。对于输入序列中的每个元素，全局注意力机制会计算该元素与目标任务之间的相关性得分，这通常使用神经网络来完成。这些得分反映了每个元素对任务所做的贡献。

2）分配权重。根据相关性得分，全局注意力会为每个输入元素分配一个权重，以体现其在上下文表示中的重要性。这些权重通常通过 softmax 函数进行归一化处理，确保它们的总和为1。

3）生成上下文表示。使用带有分配权重的输入元素，生成模型的上下文表示。这个上下文表示将包含所有输入元素的信息，其对任务执行至关重要。

使用全局注意力的一个难点是计算复杂度高。当输入序列很长时，计算相关性得分和分配权重需要更多的计算资源。为了解决这个问题，研究人员提出了各种加速和近似方法，如基于采样的方法和稀疏注意力机制。

另一个难点是权重分配的精确性。如果权重分配不准确，模型可能无法充分捕捉到输入元素之间的关系。为了解决这个问题，可以尝试使用不同的权重计算策略，例如使用不同的相关性得分计算方法或考虑更长的上下文。

全局注意力通常用于需要全局信息的任务，如语言翻译、图像标注和文本生成。在这些任务中，全局注意力有助于模型捕捉输入序列的全局结构和相关性，这提高了任务的性能。

4. 局部注意力

局部注意力的核心思想是当模型生成输出时，只关注输入序列的一部分，以降低计算复杂性并提高性能。其工作步骤如下。

1）选择关注窗口。模型会选择一个称为关注窗口的固定区域，这个窗口包含了输入序列的一部分元素。通常，这个窗口的大小是固定的，例如，可以选择关注输入序列的中心部分，或根据任务需求选择不同的位置。

2）计算相关性。对于关注窗口内的每个输入元素，局部注意力机制会计算该元素与目标任务之间的相关性得分，这通常使用神经网络来完成。这些得分反映了窗口内每个元素对任务所做的贡献。

3）分配权重。根据相关性得分，局部注意力会为窗口内的每个输入元素分配一个权重，以体现其在上下文表示中的重要性。这些权重通常通过 softmax 函数进行归一化处理，确保它们的总和为1。

4）生成上下文表示。使用窗口内带有分配权重的输入元素，生成模型的上下文表示。这个上下文表示将包含窗口内元素的信息，其对任务执行至关重要。

使用局部注意力的一个难点是如何选择关注窗口的位置和大小。不同的任务可能需要大小不同的窗口，因此需要通过一种智能的方法来确定最佳窗口设置。解决方案包括使用可学习的参数来决定窗口的位置和大小，或者基于任务的需求进行自适应选择。

另一个难点是如何平衡计算复杂性和性能。较大的窗口可以提供更多的信息，但也需要使用更多的计算资源。解决方案包括使用近似方法来降低计算复杂性，例如通过采样或剪枝。

局部注意力常用于需要关注输入序列特定部分的任务，如语音识别、机器翻译和文本摘要。在这些任务中，局部注意力有助于模型捕捉到输入序列的局部结构和相关性，从而提高任务的性能。

5.3.4　应用场景

语义编码器－解码器框架作为一种重要的序列到序列模型，已在机器翻译、文本摘要、图像字幕和语音识别等任务中得到了广泛应用。在这些应用场景中，编码器负责分析和表示输入序列的语义信息，解码器则基于编码器的输出，生成目标序列。编码器和解码器模块可以采用多种网络结构，如LSTM、GRU、CNN 和自注意力机制等。值得注意的是，注意力机制已成为编码器－解码器框架的一个关键组成部分。

语义编码器－解码器框架的应用场景很多，例如在机器翻译任务中，编码器分析源语言句子的语义，解码器生成译文，注意力机制在两者之间关联。在文本摘要任务中，编码器负责理解并表达源文本信息，解码器则生成摘要语句。在图像字幕任务中，图像编码器用来分析图片视觉内容，解码器则生成对应的描述文字。语音识别时，语音编码器表示音频特征，解码器输出识别结果。不过，这一框架仍存在翻译质量不高、摘要重复性大、图像描述不准确等问题。

总体而言，语义编码器－解码器框架在机器翻译、文本摘要、图像字幕和语音识别任务中展示了强大的序列映射能力。虽然每个应用场景都有其独特性，但也存在一些共性问题，如对长序列建模能力较弱，会重复生成文本，缺乏创造性等。未来需要增强编码器对源端语义的理解能力，提升解码器生成端的自然流畅性和多样性，并通过引入外部知识等方式来提升生成文本的质量。

下面将详细介绍语义编码器－解码器框架在典型应用场景中的具体运用、存在的问题及未来发展方向，这将有助于我们全面理解该框架的能力、局限性及优化的方向。

1. 机器翻译

机器翻译是使用计算机自动将一种自然语言（源语言）转换成另一种自然语言（目标语言）的过程。编码器－解码器框架广泛应用于神经网络机器翻译。其实现思想是使用编码器将源语言句子转换为一个连续的内部表示。这个表示也称为上下文向量，它包含了源句子的关键信息。随后，解码器利用这个上下文向量来生成目标语言的句子。这种架构使得模型能够在处理语言翻译任务时，有效地传递和利用源语言句子的语义内容。

编码器可以采用 LSTM、GRU、Transformer 等网络结构对源语言进行上下文编码。例如，LSTM编码器通过读取源语言中的每个词来生成该词的隐状态表示。隐状态携带了前文的语义信息，可以表示整个源语言句子的上下文语义。GRU 编码器也可以生成源语言的上下文表示，其结构比 LSTM

更简单。目前采用较多的是基于自注意力机制的 Transformer 编码器，它可以更好地为长距离依赖关系建模。

解码器同样可以采用 LSTM、GRU 生成目标语言。另外，基于注意力机制的解码器在解码过程中还可以关注源语言语句的特定部分。例如，当生成目标语言的一个词时，注意力机制可以关注源语言中与该词相关的部分，帮助生成更准确的翻译。

当前机器翻译面临的问题包括翻译质量不稳定，某些较长或较复杂的句子翻译效果较差；面向特定领域（如医疗、法律）的翻译效果不佳，缺乏相应的背景知识；模型对远距离依赖关系的建模能力有限；Beam Search 解码过程可能出现重复生成译文等问题。

未来的发展方向包括改进模型对长句子的编码能力；进行多语言联合训练来提高低资源语言的翻译质量；引入外部知识来增强特定领域的翻译能力；增强对话机器翻译，提升语言理解和生成能力；改进 Beam Search 算法，以生成更加多样化的翻译等。

2. 文本摘要

文本摘要是对文本的精简重述，旨在抓住文本的主要信息和中心思想。编码器－解码器框架也广泛用于文本摘要生成任务。图 5-14 展示了一种典型的文本摘要生成编码器－解码器架构。

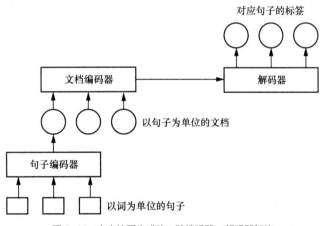

图 5-14　文本摘要生成的一种编码器－解码器架构

编码器用于将源文本转换为编码形式。常用的文本编码器包括 LSTM、GRU、Transformer 等。例如，Bi-LSTM 编码器可以捕捉源文本的上下文语义；自注意力编码器可以关注文本不同位置的交互关系。解码器则基于源文本的编码生成摘要语句，它通常会采用 LSTM、GRU 等循环结构，并结合注意力机制来关注源文本的重要部分。

当前，文本摘要面临的问题包括生成的摘要语句存在冗余，不能有效压缩原文；摘要语句不够抽象，不能表达原文的深层语义；对长文本生成摘要的效果较差；不能有效利用背景知识进行推理。

未来的发展方向包括改进模型的长文本编码能力；增强摘要的抽象能力，实现深层次语义理解；

引入外部知识库进行推理,以产生更精炼的摘要;通过强化学习等方式增强模型对文本的"理解"能力。

3. 图像字幕

图像字幕是为图像生成文本描述的任务。在采用编码器－解码器框架的图像字幕模型中,通常使用卷积神经网络作为编码器对图像进行编码,随后解码器会生成对应的文本描述。图 5-15 所示为用于生成图像字幕的编码器－解码器架构。

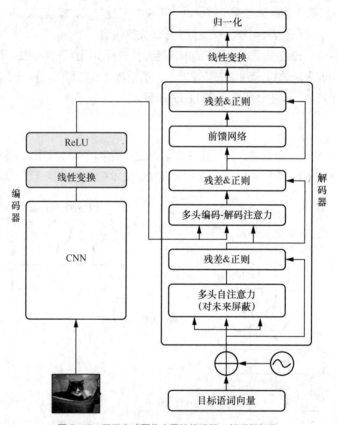

图 5-15   用于生成图像字幕的编码器－解码器架构

图像编码器通常采用 CNN 结构如 VGGNet、ResNet 等来进行特征提取,以表现图像的语义内容。解码器则常采用 LSTM、GRU 等结构,负责在时间轴上生成文本序列。注意力机制将图像的相关区域与生成的字幕单词相关联,以实现视觉信息的引导作用。

当前图像字幕面临的问题包括生成的图像描述不够准确,对不常见场景的泛化能力有待提高;字幕可能重复,导致冗余性较高;对图像的深层次含义理解不足,字幕只能简单列举图像中的可见对象,无法提供全面且有意义的场景解释;字幕中可能出现无关内容等。

未来的发展方向包括构建更大规模的图像字幕数据集,增加场景的多样性;采用强化学习技术来提升模型的泛化能力；引入常识知识库来提升生成语义的准确性；通过多任务学习方法在单一模型架构中同时处理多个视觉任务，如图像分类、目标检测和场景理解，从而增强模型对图像内容的全面理解。

4. 语音识别

语音识别指使用机器将人类语音转换成对应的文本。其中，以语音信号作为输入，通过声学模型进行编码，然后由解码器基于编码结果生成文本序列。

编码器结构包括卷积神经网络、循环神经网络等。卷积神经网络可对语音进行特征提取，循环神经网络可处理时间相关性。注意力机制关注不同时刻的语音特征。解码器常采用循环神经网络生成词序列，可与语言模型联合约束词序列的匹配度。

当前语音识别面临的问题包括对背景噪声的鲁棒性较差；自然对话场景下的识别准确率不高；对口音及说话方式的适应性较弱；语音识别与理解的结合不够紧密等。

未来的发展方向包括提升识别模型在复杂环境中的鲁棒性；增强自然对话的识别效果；进行说话者适配；与语言模型联合优化，提升语音识别的语义正确性等。

5.4 本章小结

本章主要概述了数字人语义理解的关键技术，包括语义解析、情感分析和语义编码器－解码器 3 个部分。

语义解析部分首先介绍了词法解析的词法分析方法、词性标注、词典构建等内容，以及词法解析的评估方法；然后介绍了句法解析的句法分析方法、句法树表示、依存句法分析等技术；最后介绍了语义解析的语义角色标注、意图识别、实体识别等方法。

情感分析部分介绍了基于情感词典、规则、机器学习等的情感识别方法，以及极性情感分类、细粒度情感分类以及跨领域情感分类等情感分类方式；还给出了相应的评估指标。

语义编码器－解码器部分首先概述了卷积神经网络、循环神经网络、自注意力机制等编码器和解码器结构；然后讨论了软注意力机制和硬注意力机制的区别，以及全局注意力和局部注意力的应用；最后给出了机器翻译、文本摘要、图像字幕、语音识别等语义编码器－解码器的应用场景。

当前语义理解技术已经取得了长足进展，可支持数字人进行语言理解和对话交互。未来数字人的语义理解能力还将持续提高，这将使它们能够更准确地识别用户的意图，并在多轮对话中保持上下文的连贯性，实现更高层次的语言交互，进而实现与人类用户更自然、更智能的交流和互动。

第 6 章

数字人知识表示

在深入探讨数字人知识表示的各项技术之前，我们首先需要理解知识表示在数字人能力提升中的重要作用。数字人作为人工智能的代表，其智能水平的高低在很大程度上取决于其知识表示的能力。知识表示是将现实世界中的知识以计算机可处理的方式表示出来的过程，它是人工智能的基础，也是构建数字人智能的关键。

我们将从 3 个主要方面深入探讨数字人知识表示的技术。

首先，我们将详细介绍知识表示的两种主要方法：符号主义和连接主义。符号主义方法主要基于逻辑、规则和框架来进行知识表示，它注重的是知识的结构化和可解释性。而连接主义方法则通过神经网络和深度学习模型来将知识嵌入大规模的参数中，它更加强调知识的分布式和嵌入性。在这一部分还将讨论知识图谱这种特殊的图数据库知识表示形式，以及它在构建数字人知识库中的应用。

其次，我们将深入探讨预训练语言模型在数字人知识表示中的应用。预训练语言模型，如BERT、GPT 等，通过大规模语料的训练，可以获得深入的语言理解能力。我们将详细介绍预训练模型的原理、训练技巧，以及如何扩展其多语种、多模态和推理能力。预训练模型为数字人提供了强大的语义理解和语言生成能力，是完成自然语言处理任务的基石。

最后，我们将讨论数字人知识应用。数字人知识表示技术的发展为自然语言理解、对话系统及数字人的个性化提供了强大的支持。这一部分将详细介绍数字人知识表示技术在现实生活中的实际应用及其所产生的影响。

尽管数字人知识表示技术已经取得了显著的进步，但是它仍然面临着许多挑战。例如，如何有效地利用计算资源进行大规模的知识表示学习，如何设计更好的知识表示学习算法，以及如何处理知识表示学习的可解释性和伦理性问题等。此外，数字人的知识表示还需要与多模态信息进行融合，以实现更丰富的理解和表达。为了应对这些挑战，我们需要不断地进行技术创新和探索。

6.1 知识表示基础

知识表示是人工智能和信息科学领域的关键技术之一，其目标是将人类知识以机器可理解的方式表达出来，从而支撑智能系统的学习、推理和决策功能。

知识表示作为人工智能领域的基石，经历了多个重要的发展阶段。最初，符号主义知识表示通过规则、本体和词典资源来描述和组织知识，这一方法在早期人工智能系统中得到了广泛应用，但面临着知识工程巨大的挑战。随后随着统计方法的兴起，连接主义知识表示开始流行，神经语言模型、词向量技术等的涌现逐渐改变了传统的知识表示方式，使得计算机可以从大规模文本数据中学习知识。同时，知识图谱的概念得到发展，图数据库知识表示随之出现，它以图形结构来表示知识和实体之间的关系，为复杂关联数据的管理和查询提供了有效手段。

下面将深入探讨 3 种主要的知识表示方法，即符号主义知识表示、连接主义知识表示和图数据库知识表示。

6.1.1 符号主义知识表示

符号主义知识表示是人工智能领域的经典方法之一，它以符号和规则为基础，旨在捕捉和表达人类知识的结构和语义。符号主义知识表示的历史可以追溯到 20 世纪中期，当时人工智能领域刚刚兴起，科学家试图模拟人类的推理和知识处理能力。符号主义的奠基者包括艾伦·纽厄尔（Allen Newell）和赫伯特·A. 西蒙（Herbert A. Simon），他们开发的 Logic Theorist 程序首次证明了计算机可以执行逻辑推理。在此基础上，约翰·麦卡锡（John McCarthy）提出了 Lisp 编程语言和早期的人工智能知识表示和推理系统。随后，专家系统的兴起进一步推动了符号主义知识表示的发展，这些系统以规则和知识库为基础，广泛应用于诊断、咨询和决策支持等领域。然而，在面对大规模、不完全和多模态的数据时，符号主义方法逐渐显露出其局限性，这也促使深度学习等统计方法的兴起。尽管如此，符号主义知识表示仍然在许多领域，特别是需要明确知识结构和推理的任务中发挥着关键作用。

本节将从多个角度深入探讨符号主义知识表示，以帮助读者理解其实现原理。

1. 语法规则

在符号主义知识表示中，语法规则扮演着关键的角色，它们定义了知识的结构和组织方式，是数字人、AI 算法和知识库的基础。本节将详细探讨符号主义知识表示中语法规则的实现原理、实现步骤，以及使用场景。

符号主义知识表示的实现原理是使用符号来表示世界的知识和概念，这些符号通常是抽象的、离散的，与现实世界的实体和关系相对应。语法规则用于定义如何构建这些符号，以及如何将它们组合成更复杂的表达式。

▶ 符号表示：每个符号代表一个概念、实体或关系，例如，在自然语言处理中，一个符号可以表示一个词汇项，如"猫"。

▶ 语法规则：语法规则定义了符号之间的合法关系及其操作方式，例如，一条规则可以指定如何将两个词语组合成一个短语。

▶ 推理和操作：基于这些语法规则，数字人和AI算法可以进行推理和操作，从而生成新的知识或回答用户的查询。

通常，实现语法规则的步骤如下。

1）明确定义符号的集合，包括基本符号和可能的符号组合。例如，对于自然语言处理，符号集合可以包括词汇表中的所有词语。

2）制定一系列语法规则，这些规则规定了符号如何组合在一起。规则可以分为多个层级，包括词法规则（定义单词的结构）、句法规则（定义句子的结构）、语义规则（定义符号之间的语义关系）等。

3）进行语法分析。在这一步骤中，数字人或AI算法会对输入的文本或查询进行语法分析，将其分解成符号序列，并根据定义的语法规则进行符号组合。这一步骤通常涉及解析树的构建和遍历。

4）实施推理和应用。一旦有了符号序列和解析树，就可以进行推理和应用了。这包括使用已知的知识和规则来回答查询、生成新的知识或进行逻辑推断。

符号主义知识表示的语法规则在多个领域有广泛的应用，包括但不限于以下领域。

▶ 自然语言处理：在自然语言处理任务中，语法规则用于解析文本，识别句法结构，进行语义分析，从而实现文本的理解和生成。

▶ 专家系统：专家系统使用语法规则来表示领域知识，协助解决特定领域的专业问题，如医学诊断、金融分析等。

▶ 信息抽取：在信息抽取任务中，语法规则可以用于识别和提取文本中的特定信息，如人名、地点、日期等。

▶ 自动问答系统：自动问答系统使用语法规则来分析用户的问题，并从知识库中检索相关信息以提供答案。

▶ 语义网和本体工程：在语义网和本体工程中，语法规则用于定义本体和知识库的结构，进而实现数据的语义化处理和互操作性提升。

总之，符号主义知识表示的语法规则在构建智能系统、处理自然语言、进行推理和知识表示方面发挥着关键作用。它们为数字人和AI算法提供了一种强大的工具来理解和操作知识，从而更好地满足用户的需求和提供有意义的信息。在不同的应用领域中，可以根据需要定制和扩展语法规则，以适应特定的任务和领域需求。

2. 词典资源

在符号主义知识表示中，词典资源占据着举足轻重的地位，它们是构成知识表示的基础元素，用于存储和管理符号、概念、实体，以及它们之间的关系。

词典资源的实现原理是将语言中的词汇和概念映射为符号化的表示形式。这些符号通常是离散的、唯一的，用于标识和区分不同的词汇和实体。以下是词典资源实现原理涉及的几个方面。

- 符号映射：每个词汇或概念都被映射到一个唯一的符号上，在知识表示中这个符号可代表该词汇或概念。
- 概念层次结构：词典资源通常以层次结构的形式组织，以反映概念之间的上下位关系。例如，动物是一个概念，而猫是动物的一个子概念。
- 关系表示：词典资源还可以包括描述不同概念之间关系的信息，例如，父子关系、同义关系等。

词典资源的构建步骤如下。

1）构建一个包含语言中所有词汇的词汇表。这既可以通过自动化的方式从文本语料库中提取，也可以采用人工方式创建。

2）为每个词汇或概念分配一个唯一符号。这个符号可以是一个字符串、一个数字或其他标识。

3）构建概念之间的层次结构，以表示它们的上下位关系。这可以通过创建一个树状结构或图结构来实现，其中根节点代表最抽象的概念，子节点代表更具体的概念。

4）添加关系信息，以描述不同概念之间的关系。例如，可以建立"狗"和"犬"这两个概念之间的同义关系，或者通过"父子"关系将"父亲"和"儿子"连接起来。

5）定期更新和维护词典资源，以纳入新的词汇和知识。这可以通过自动化的方法来实现，例如，定期抓取新的词汇或从新文本中学习。

词典资源在多个领域中均有广泛应用，以下是一些常见的使用场景。

- 自然语言处理：在自然语言处理任务中，词典资源用于词汇表达、词汇匹配、词义消歧等方面，以帮助机器理解和处理文本数据。
- 知识库构建：词典资源可以作为知识库的一部分，用于展现和组织特定领域的知识。例如，在医学领域构建疾病和症状的知识库。
- 语义网和本体工程：词典资源常与本体一起使用，用于关联实体和概念，从而促进语义网的构建和数据的互操作。
- 信息检索：在信息检索任务中，词典资源用于文档的索引和搜索，以便根据用户的查询找到相关信息。
- 自动翻译：在机器翻译中，词典资源用于词汇翻译和词序调整，以实现不同语言之间的文本翻译。

总之，词典资源是符号主义知识表示的核心组成部分，它们为数字人和 AI 算法提供了语言理解及知识表示的基础。通过构建和维护词典资源，可以更好地支持各种自然语言处理任务和知识表示需求，进而提高智能系统的性能和适用性。

3. 本体与知识库

在符号主义知识表示中，本体（Ontology）和知识库（Knowledge Base）是组织、存储和管理领域知识的核心概念和工具。这两者的存在，使得数字人和 AI 算法能够更好地理解和应用知识。

本体是一种形式化的知识结构，它定义了一组概念、实体及它们之间的关系，如图 6-1 所示。

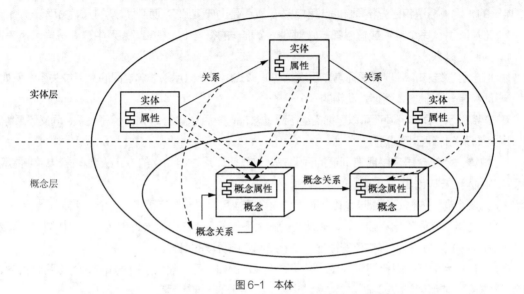

图 6-1 本体

▸ 概念层次结构：本体中的概念按照层次结构组织，它通过更抽象的概念和更具体的概念来反映上下位关系。例如，一个本体可以包括一个动物类别，动物类别下面包括猫、狗等具体的动物。

▸ 属性和关系：本体通过定义属性和关系来描述实体的特征和实体彼此之间的关联。例如，本体可以定义动物的属性为"有四条腿"，同时，也可以通过定义"宠物"关系来关联宠物和人类。

知识库是一个用于存储和检索领域知识的数据库或知识存储系统。

▸ 知识表示：知识库使用符号或其他表示方式来存储领域知识，这些知识可以是事实、规则和文本片段等。

▸ 查询和检索：知识库允许用户或系统通过查询来检索所存储的知识，从而获取相关的信息或回答问题。

构建本体的步骤如下。

1）定义领域内的概念和实体，建立概念的层次结构，明确它们之间的关系。

2）定义属性和关系，描述实体的特征和实体彼此之间的关联，以及属性的取值范围。

3）根据需求不断扩展和更新本体，以纳入新的知识和适应领域变化。

构建知识库的步骤如下。

1）从不同的信息源中抽取知识，这一过程可以使用自然语言处理、信息抽取等技术。

2）将抽取的知识以符号或其他合适的形式表示，并按照本体定义的结构进行组织。

3）将知识存储到数据库或其他知识管理系统中，确保高效的存储和检索。

4）提供用户或系统可以使用的查询接口，以便检索和使用存储的知识。

本体与知识库在多个领域中均有广泛的应用，以下是一些常见的应用场景。

▶ **自然语言理解**：本体和知识库旨在帮助数字人及 AI 算法对自然语言文本进行理解与诠释，涵盖实体识别、语义角色标注等任务。

▶ **智能问答系统**：知识库存储了大量特定领域的知识，用于回答用户提出的各种问题，如医学咨询、法律咨询等。

▶ **智能推荐系统**：可以用知识库中的用户和商品信息进行个性化推荐，如电影推荐、商品推荐等。

▶ **领域专家系统**：在专业领域，本体和知识库被用于构建专家系统，以帮助解决特定领域的问题，如药物研究、金融分析等。

▶ **语义搜索引擎**：本体和知识库可用于改进搜索引擎的语义理解能力，以提供更准确的搜索结果。

总之，本体与知识库是符号主义知识表示的关键组成部分，它们有助于构建智能系统，提升知识的组织和利用效率，从而更有效地满足用户的信息需求和知识管理需求。随着知识的不断增长和领域知识的持续演化，本体与知识库的构建和维护将继续在未来发挥重要作用。

4. 统计方法

在符号主义知识表示的范畴内，统计方法在处理大规模数据和自然语言文本方面扮演了重要的角色。

基于规则的信息抽取是一种统计方法，用于从非结构化文本中提取特定的信息或知识，其实现原理包括以下方面。

▶ **规则定义**：制定一组抽取规则，这些规则指定了要抽取的信息类型、模式或特征。这些规则可以依据文本的结构、语法和语义等维度来制定。

▶ **信息抽取**：基于制定的规则，系统会自动扫描文本并识别符合规则的片段。这些片段可以是实体、关系和事件等。

▶ **数据结构化**：由于抽取的信息通常是非结构化的文本片段，因此需要进行结构化处理，以便将其存储在知识库中或用于进一步的分析与应用。

基于规则的信息抽取步骤如下。

1）制定抽取信息的规则。这些规则可以基于模式匹配、词法分析和句法分析等技术来制定，也可以基于正则表达式、语法规则或机器学习模型来制定。

2）系统会自动扫描文本数据，应用制定的规则来查找和抽取符合条件的信息片段。这通常需要考虑文本的大小写、词形变化和语法差异等因素。

3）一旦符合规则的信息片段被识别，系统将执行信息抽取操作，即将这些片段提取出来并进行标准化处理，以便后续分析。

4）抽取的信息通常以结构化的形式存储，可以存储在数据库中，也可以用标记语言（如 XML 或 JSON）表示。这有助于提高信息的可管理性和可检索性。

基于规则的信息抽取等统计方法在多个领域均有广泛的应用，以下是一些常见的应用场景。

▶ 媒体监测：基于规则的信息抽取可用于从新闻文章、社交媒体内容等信息源中提取关键信息，如事件、公司名称和产品名称等，以进行舆情监测和竞争情报分析。

▶ 知识图谱构建：在知识图谱的构建过程中，基于规则的信息抽取可用于从非结构化的文本数据中自动识别和提取关键信息，如实体（人名、地点、组织等）及其彼此之间的关系。这些提取出的实体和关系构成了知识图谱的基石，使得知识图谱能够以结构化的形式存储和表示复杂的知识体系。通过这种方式，知识图谱不仅能够提供丰富的信息检索服务，还能支持复杂的语义理解和推理任务。

▶ 自动化报告生成：在业务领域中，基于规则的信息抽取可用于自动生成报告或摘要，从文本数据中提取关键洞察和统计信息。

▶ 生物医学信息提取：在生物医学领域，基于规则的信息抽取可用于从科学文献中提取药物、疾病和基因等相关信息，以帮助研究人员进行文献综述。

▶ 法律文件处理：律师事务所和法律部门可以使用基于规则的信息抽取从法律文件中提取案件关键信息，以节省时间和资源。

总之，在处理非结构化文本数据时，基于规则的信息抽取等统计方法有很强的实用性和重大价值。它们可以帮助机器自动化地从文本中提取知识，为各种信息管理、分析和决策支持任务提供有力支持。随着自然语言处理和机器学习技术的不断发展，这些方法将继续演化和改进，以满足不断增长的应用需求。

6.1.2　连接主义知识表示

连接主义知识表示（Connectionist Knowledge Representation）代表了一系列基于神经网络和图模型的技术，旨在捕捉和理解复杂的知识和数据关系。在这一领域的发展历程中，我们见证了令人瞩目的成就和创新，其为数字人、AI 算法和知识库的建设提供了强大的工具和方法。

连接主义知识表示的历史可以追溯到 20 世纪 50 年代和 60 年代的神经网络研究。不过，连接主义知识表示的真正兴起是在近些年，特别是在深度学习和大数据技术兴起之后。早期的神经网络模型受限于计算资源和数据量的不足，无法捕捉复杂的知识结构。然而，随着计算能力的增强和数据的大规模收集，连接主义知识表示开始取得重大突破，成为当今 AI 领域的关键技术之一。

下面将探讨连接主义知识表示的 4 个主要技术。首先是神经语言模型，它利用深度神经网络来捕捉语言的复杂结构和语义信息，能够理解和生成自然语言，从而在数字人对话系统、机器翻译、文本摘要、情感分析等自然语言处理应用中发挥重要作用。其次是词向量技术，词向量技术可将词汇映射到连续向量空间，用于文本分类、推荐系统和文本生成等任务。再次是知识图嵌入，它可将知识图中的实体和关系映射为连续向量，以用于实体关系预测、链接预测和知识图分类等任务。最后是图神经网络，图神经网络能有效地处理和分析图数据，并将其应用于社交网络、推荐系统、生物信息学和交通网络等领域。

通过深入研究这些关键技术，我们能更好地理解连接主义知识表示在数字人、AI算法和知识库领域的重要性，并为未来的应用和研究提供坚实的基础。连接主义知识表示的不断演进将继续推动我们在各种复杂问题上的理解和创新，从而为人工智能的发展开辟新的可能性。

1. 神经语言模型

神经语言模型是连接主义知识表示的核心技术之一，它基于神经网络，用于处理和表达自然语言文本的知识。

神经语言模型的实现原理涉及神经网络架构的设计。通常，这种架构包括嵌入层、循环神经网络和变换器层等。嵌入层用于将词汇或字符映射到高维度的向量空间，使神经网络能够处理它们。循环神经网络和变换器层用于为文本的上下文信息建模，以捕捉词汇之间的语义关系。

神经语言模型通过大规模的文本数据来学习语言表示。在输入文本序列后，模型通过反向传播和梯度下降等优化算法来更新参数，以便更好地预测下一个词汇或字符。这个过程让模型逐渐学会了理解语言结构和语义。

神经语言模型的构建步骤如下。

1）数据预处理。首先，将文本数据分割成句子或段落，然后对句子或段落进行分词或分字处理，最后将词语或单字编码成数字化的形式以供神经网络处理。

2）构建神经语言模型。这包括选择适当的神经网络架构，定义嵌入层、循环神经网络（如图6-2所示）和变换器等组件，并初始化模型参数。

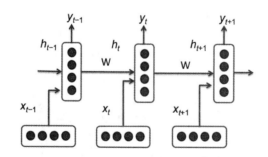

图6-2 循环神经网络的架构

3）训练模型。这是构建神经语言模型的关键步骤。在这一过程中，需要使用大规模的文本数据不断优化模型参数。通常，训练过程会涉及计算损失函数、进行反向传播和梯度下降等操作，以最小化预测错误。

一旦模型训练完成，即可用于各种自然语言处理任务，如文本生成、文本分类、命名实体识别等。通过输入文本，模型可提供文本的语义表示或生成新的文本。

神经语言模型在众多场景中均有广泛应用，以下是一些示例。

▶ 自然语言生成：用于文档摘要生成、机器翻译、对话系统等。

▶ 文本分类：用于情感分析、垃圾邮件检测等。

▶ 语义搜索：用于改进搜索引擎的语义理解，提供更准确的搜索结果。

▶ 命名实体识别：帮助识别文本中的命名实体，如人名、地名、组织名等。

▶ 问答系统：理解用户的问题并生成相应的答案，用于智能助手、法律咨询系统等。

　　总之，神经语言模型作为连接主义知识表示的核心技术，已经成为自然语言处理领域的主要推动力之一。它们不仅能理解和生成文本，还可以广泛应用于人工智能任务，为数字人和 AI 算法提供强大的语言处理工具。随着深度学习技术的不断发展，神经语言模型将在各种应用场景中继续发挥关键作用。

2．词向量技术

　　词向量技术通过将词汇映射到连续向量空间，来实现对语言的有效表示和理解。

　　词向量技术的实现原理是将每个词汇转化为一个多维向量。这些向量在连续的空间中形成点，使得词汇间的语义关系可以通过向量之间的距离和相似性来捕捉。例如，如果两个词汇的向量在空间中位置接近，那么它们在语义上可能是相关的。

　　词向量的训练通常涉及大规模文本数据，我们可利用每个词汇的上下文信息来不断更新词向量的值。这一过程可以通过神经网络模型（如 Word2Vec、GloVe 等）或预训练的语言模型（如 BERT、GPT 等）来实现。模型会在训练过程中尝试预测词汇的上下文，从而使词向量能够更好地捕捉语言的语义和语法特征。

　　词向量训练的步骤如下。

　　1）准备数据。在这一过程中，需要收集或获取大规模的文本数据，可以是书籍、新闻文章、维基百科条目、社交媒体内容等。数据的质量和多样性对于训练高质量的词向量非常重要。

　　2）选择合适的模型来训练词向量。常见的选择包括 Word2Vec、GloVe、BERT 等。不同的模型具有不同的优势和适用场景，选择时需要根据具体的任务需求进行考量。

　　3）进行词向量训练。在这一过程中，要将文本数据输入模型中，让模型不断调整词向量的值，以便最佳地捕捉语义关系。训练可能需要较长时间，尤其是在处理大规模数据时。

　　训练完成后，获得的词向量可以用于各种自然语言处理任务，如文本分类、情感分析和命名实体识别等。通过将文本中的词汇映射到词向量空间，可以获得更好的语义表示和特征。

　　词向量技术在自然语言处理和文本分析中具有广泛的应用场景，以下是一些示例。

▶ 文本分类：用于将文档或段落映射为向量表示，以便确定其所属类别，适用于新闻分类、情感分析等领域。

▶ 推荐系统：用于对用户和物品进行建模，以提供个性化的推荐，如电影推荐、商品推荐等。

▶ 命名实体识别：帮助模型更好地理解文本中的实体信息，如人名、地名和产品名等。

▶ 文本生成：用于生成自然语言文本，适用于机器翻译、文本摘要、对话生成等领域。

▶ 信息检索：用于提高搜索引擎的性能，通过改善查询与文档之间的语义匹配度来提供更准确的搜索结果。

总之，作为连接主义知识表示的重要组成部分，词向量技术已经在自然语言处理领域取得了巨大的成功。它为理解和分析文本数据提供了有力工具，可应用于多种文本分析任务，有效提升了数字人和 AI 算法在自然语言理解方面的性能和效率。随着深度学习技术的不断进步，词向量技术将在更多领域中发挥关键作用。

3. 知识图嵌入

知识图嵌入旨在将知识图中的实体和关系映射到连续向量空间，以便机器能够更好地理解和推理知识。

知识图嵌入的实现原理是将知识图中的实体和关系表示为向量。在知识图中，实体通常表示为节点，关系表示为边。通过将这些节点和边映射到向量空间中，将图的结构和语义信息转化为数值形式（即向量），从而可以对节点和关系进行数值运算，比如计算它们之间的相似度。这些向量可以用来执行各种知识图分析任务，如实体关系预测、链接预测和图分类等。

知识图嵌入的关键是学习嵌入向量，这是一个优化问题。模型的目标是最小化嵌入向量的损失函数，以使模型在知识图上的预测尽可能准确。常见的知识图嵌入方法包括 TransE、TransR、ComplEx 等，它们采用不同的策略来学习实体和关系的嵌入。

知识图嵌入的实现步骤如下。

1）准备数据。在这一过程中，需要构建或获取知识图。知识图的形式可为本体、知识库和社交网络图等。知识图应包括实体及关系的相关信息。

2）选择适当的知识图嵌入模型。不同的模型有不同的嵌入策略和特点，选择时应基于具体任务和数据集的需求进行考量。

3）通过学习嵌入向量来训练模型。在这一过程中，定义损失函数尤其重要，该函数通常与实体和关系的预测任务相关。在训练过程中，可通过优化算法不断调整嵌入向量，以使预测结果与真实知识图一致。

嵌入学习完成后，获得的嵌入向量可以用于各种知识图分析任务，包括实体关系预测、链接预测和知识图分类等。通过将实体和关系映射到嵌入空间，可以进行更高级的知识推理和分析。

知识图嵌入在多个领域中有广泛的应用场景，以下是一些示例。

▶ 实体关系预测：用于预测未知实体之间的关系，如在生物医学知识图中预测蛋白质 - 药物的相互作用。

▶ 链接预测：协助发现缺失的链接或关系，如社交网络中的友谊链接或电子商务中的产品关联。

▶ 知识图分类：用于将知识图中的实体分为不同的类别或类型。

▶ 问答系统：帮助机器理解和回答复杂的自然语言问题。

▶ 推荐系统：用于改进推荐系统的性能，通过理解用户和物品之间的关系来提供更个性化的推荐。

总之，知识图嵌入已经成为知识图分析和推理的强大工具。它们允许机器以向量的形式来表示和理解知识，从而在各种应用中提供更高级的知识分析和推理能力。随着深度学习技术的不断发展，知识图嵌入方法将继续推动知识表示和推理领域的进步。

4. 图神经网络

图神经网络通过对图结构中的节点和边进行学习，实现了对复杂关系的建模和推理。

图神经网络的实现原理是将知识或数据表示为图结构，其中节点代表实体或数据点，边代表节点之间的关系或连接。这种表示方式使我们以更自然的方式捕捉实体之间的复杂关系，如社交网络中的友谊、推荐系统中的用户－物品关系等。

图神经网络通过节点嵌入来学习节点的表示。嵌入向量可以被看作节点在向量空间中的数值表示，它可以反映向量和数值之间的相似性和关联性。通过图中节点间的信息传递和聚合，图神经网络可以捕捉节点之间的语义和结构信息。构建图神经网络及嵌入节点的步骤如下。

1）构建图结构。这包括定义节点和边，以及构建图的拓扑结构。图可以是有向图或无向图，具体取决于任务需求。

2）选择适当的图神经网络模型。常见的图神经网络模型包括 GCN（Graph Convolutional Network）、GAT（Graph Attention Network）和 GraphSAGE 等。我们应基于任务的性质和图的结构进行选择。

3）通过学习嵌入向量来训练模型。在这一过程中，定义损失函数尤其重要，该函数通常与节点分类、链接预测或图分类等任务相关。在训练过程中，可通过优化算法不断调整嵌入向量，以使模型能够更好地理解图中的信息。

4）用获得的嵌入向量完成各种图分析任务，包括节点分类、链接预测、社区检测和图生成等。利用节点嵌入，我们可以在图中进行更高级的图分析和推理。

图神经网络在多个领域中有广泛的应用场景，以下是一些示例。

- 社交网络分析：用于社区检测、影响力分析、链接预测等任务，以提供更深入的洞察。
- 推荐系统：用于对用户－物品关系图进行建模，以提供个性化的推荐。
- 生物信息学：用于蛋白质相互作用预测、药物发现等任务。
- 知识图谱：用于知识图谱的构建和推理，支持智能问答、实体关系预测等任务。
- 交通网络：用于交通流量预测、路径规划、交通拥堵分析等领域。

总之，图神经网络已经成为复杂关系建模和推理的有力工具。它在各种领域中提供了强大的图分析和推理能力，为数字人和 AI 算法在处理复杂数据关系时提供了重要支持。随着深度学习技术的不断发展，图神经网络将继续推动图数据分析和推理领域的进步。

6.1.3　图数据库知识表示

图数据库知识表示通过图结构来捕捉和组织知识，以实现更高效的数据存储、查询和应用。这一领域的发展历程丰富多彩，充满了创新和突破，为知识管理和应用提供了强大的工具和方法。

图数据库知识表示的起源可以追溯到数据库领域的早期。传统的关系数据库模型在处理复杂的关系数据时遇到了限制，而图数据库模型的出现有效解决了这一问题，为存储和查询具有复杂关系的数据提供了更加灵活和高效的解决方案。随着互联网的发展，知识图谱的概念逐渐崭露头角，它以图形的方式表示知识和实体之间的关系。这个领域的突破性研究包括知识图谱的构建、自然语言处理和知识问答方法的创新等。图数据库系统，如 Neo4j、ArangoDB 和 JanusGraph 等的兴起，为图数据库知识表示奠定了坚实的基础，使得知识的存储和查询更加高效和灵活。

接下来，我们将深入探讨图数据库知识表示的各个方面，包括 RDF 三元组、构建知识图谱，以及知识问答。通过深入研究这些技术和方法，我们将更好地理解图数据库知识表示在数字人、AI 算法和知识库领域的重要性，并为未来的应用和研究打下坚实的基础。图数据库知识表示的不断演进将继续推动我们在各种复杂问题上的理解和创新，为人工智能的发展开辟新的可能性。

1. RDF 三元组

RDF 三元组是图数据库知识表示的核心概念之一，它是构建和表示知识图谱的基础。

RDF 三元组由 3 个基本元素组成：主体（Subject）、谓词（Predicate）、宾语（Object）。主体表示实体或资源，谓词表示主体和宾语之间的关系，宾语表示与主体相关联的值或对象。这种三元组结构用于描述知识图谱中的各种关系和事实。

RDF 三元组是语义网（Semantic Web）的核心组成部分，旨在使互联网上的数据更具语义，从而让计算机能够更好地理解和处理信息。通过使用 URI（统一资源标识符）作为主体和谓词的标识符，RDF 三元组可以实现跨数据源的互操作和语义关联。

使用 RDF 三元组进行知识表示的步骤如下。

1）对数据进行建模。这涉及识别和定义主体、谓词和宾语，以及为它们分配唯一的标识符等环节。例如，可以使用 URI 来唯一标识实体，并定义它们的属性和关系。

2）将 RDF 三元组存储在图数据库或三元组存储系统中。它们允许将三元组组织为图结构，以便进行高效的查询和图算法分析。图数据库还提供了查询语言（如 SPARQL），用于检索和操作三元组数据。

3）使用 SPARQL 等查询语言检索和查询知识图谱中的信息。在这一步中，我们可通过组合主体、谓词、宾语来实现各种知识图谱分析任务，如关系查询、实体识别、路径搜索等。

RDF 三元组在多个领域中有广泛的使用场景，以下是一些示例。

▶ 知识图谱构建：用于整合多个数据源中的知识，如维基数据（Wikidata）、DBpedia 等。

▶ 数据互操作：通过使用 RDF 三元组和语义关系，不同数据源之间的数据可以实现互操作，从而支持跨数据源的数据整合。

▶ 语义搜索：用于理解用户查询的意图，以提供更准确的搜索结果。

▶ 智能推荐：用于对用户和物品的关系进行建模，以提供更具个性化的推荐。

▶ 知识问答：用于帮助用户获取准确的知识答案。

总之，RDF 三元组为构建、查询和分析知识图谱提供了强大的工具和方法。它通过语义关联实体和关系，使我们能够更好地理解和利用复杂的知识结构。

2. 构建知识图谱

构建知识图谱指的是通过将分散的、异构的知识源整合到一个统一的知识图谱中，来实现知识的共享、查询和应用。

构建知识图谱的实现原理是从多个知识源中收集、整合和转化数据，从而创建一个包含实体、关系和属性的图谱。这些知识源可以包括结构化数据库、文本文档和 Web 数据等。整合过程包括数据清洗、实体识别和关系抽取等操作，以确保数据的质量和一致性。

构建知识图谱还涉及本体建模，即定义实体、属性和关系的模式。本体用于对知识进行分类和标准化，进而提高知识的可理解性和互操作性。常用的本体语言包括 OWL（Web Ontology Language）和 RDFS（RDF Schema）。

构建知识图谱的过程如图 6-3 所示。

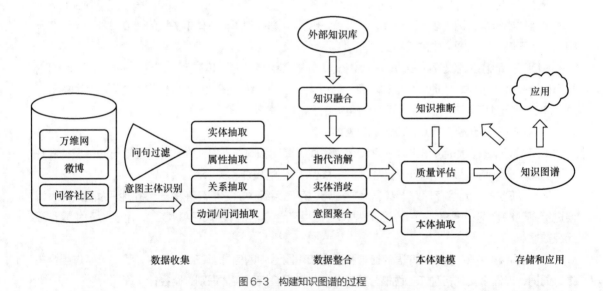

图 6-3　构建知识图谱的过程

1）数据收集。这一步将从不同的数据源（可以是结构化的数据库、文本文档，也可以是 Web 数据等）中收集数据。数据源的选择和数据抽取方法需要根据任务的需求来确定。

2）数据整合。这一步会将收集的数据进行整合，并映射到统一的本体模型中。整合过程通常包括数据清洗、实体识别和关系抽取等操作。

3）本体建模。在这一步中，需要定义本体模型，该本体模型包含实体类型、属性、关系和类别等。本体模型的设计需要考虑知识图谱的应用场景和目标。

4）存储和应用。将构建的知识图谱存储在图数据库或三元组存储系统中。这些系统通常具备高效的图数据存储和查询能力。现在可以应用知识图谱了。

知识图谱在多个领域中均有广泛的应用场景，以下是一些示例。

▶ 智能搜索：用于改进搜索引擎的搜索结果，使搜索引擎更好地理解用户的查询意图，提供更准确的搜索结果。

▶ 推荐系统：用于对用户和物品的关系进行建模，以提供更个性化的推荐。

▶ 知识问答：帮助用户获取准确的知识答案，适用于智能助手、虚拟助手等领域。

▶ 生物医学：用于整合和查询生物医学知识，适用于疾病关联研究、药物发现等领域。

▶ 企业知识管理：用于管理和查询企业内部的知识资产，如员工信息、产品信息等。

总之，构建知识图谱是图数据库知识表示的重要环节，它为整合和应用多源知识提供了关键支持。通过将分散的数据整合为一个统一的知识图谱，我们能够更好地理解和利用知识，实现各种智能应用和数据分析任务。

3. 知识问答

知识问答旨在通过自动化方式，基于构建的知识图谱来回答用户提出的自然语言问题。

知识问答涵盖自然语言理解和知识图谱查询两大方面。自然语言理解指的是将用户提出的自然语言问题转化为计算机可理解的形式，即语义表示或查询语句。这一过程需要识别问题中的实体、关系和操作，以便后续构建有效的查询。

知识图谱查询是知识问答的核心环节，它通过查询知识图谱中的实体和关系来寻找答案。查询过程可以借助查询语言（如 SPARQL）或图数据库的查询接口来实现。查询的目标是识别与问题相关的知识图谱中的 RDF 三元组信息。

知识问答的操作步骤如下。

1）自然语言理解。这涉及对用户提出的自然语言问题进行分词、词性标注、实体识别和关系抽取等操作，以将问题转化为计算机可处理的形式。

2）知识图谱查询。这一步需要构建查询语句，并通过查询语言或图数据库接口在知识图谱中查询，以获取与问题相关的 RDF 三元组信息。

3）生成答案。这一步将从查询结果中提取实体、属性或关系信息，以构建出用户可以理解的自然语言答案。

知识问答在多个领域中均有广泛的应用场景，以下是一些示例。

▶ 智能助手：如虚拟助手、智能聊天机器人等，它们利用知识问答技术来回答用户的问题或提供服务。

▶ 医疗领域：用于回答医疗相关的问题，提供疾病诊断、治疗建议等信息。

▶ 教育领域：构建智能教育助手，用于辅助学生解答问题，并提供教育资源。

- ▶ 企业知识管理：构建企业知识库，帮助员工获取企业内部信息。
- ▶ 搜索引擎优化：改进搜索引擎的搜索结果，使搜索引擎能够更好地理解用户查询意图。

总之，知识问答是图数据库知识表示的一个重要分支，它使我们能够构建智能问答系统，从而实现高效的知识检索和精确的答案生成。随着自然语言处理和知识图谱技术的不断发展，知识问答将继续在各个领域中推动智能应用和人机交互的进步。

6.2 预训练语言模型

预训练语言模型是自然语言处理领域的一个重要研究方向，其发展历史可以追溯到早期的自然语言处理系统，但真正的突破发生在近些年。最早的预训练语言模型主要通过传统的神经网络结构进行语言建模。然而，这些模型在处理自然语言文本时面临着数据稀缺和计算资源有限的挑战。随着大规模数据集的创建和深度学习算法的发展，预训练语言模型取得了巨大进展，具体如下。

- ▶ Transformer 结构的引入：Transformer 结构的提出彻底改变了自然语言处理领域，它使模型可以并行处理文本序列，极大地提高了训练效率。
- ▶ 大规模预训练：随着计算资源的持续增长，研究人员开始构建大规模的预训练语言模型，如 GPT 系列和 BERT 等，这些模型在各种自然语言处理任务中展现了优异的性能。
- ▶ 能力提升方向的探索：随着预训练语言模型性能的提升，研究重点开始转向如何进一步拓展其能力，包括迁移学习、模型压缩和小样本学习等方向的深入研究。
- ▶ 功能拓展：预训练语言模型的应用范围不仅局限于文本处理，还拓展到多模态预训练、跨语言预训练、推理能力、多任务学习和强化学习等领域。

下面将深入探讨预训练语言模型的以下 3 个方面。

- ▶ 模型架构：我们将介绍预训练语言模型的基本架构，即模型的整体设计和组件配置，包括 Transformer 结构、编码器 - 解码器结构、注意力机制、模型容量和预训练任务。
- ▶ 能力提升：我们将讨论如何使用迁移学习、模型压缩和小样本学习等方法提升预训练语言模型的性能。
- ▶ 功能拓展：我们将探索如何拓展预训练语言模型的功能，包括它在多模态预训练、跨语言预训练、推理能力、多任务学习和强化学习等领域的应用。

预训练语言模型领域的未来充满了潜力和机遇。随着硬件技术的进步、数据集的丰富和研究的深入，我们可以期待更多创新和应用的涌现。预训练语言模型虽然会继续在自然语言处理、计算机视觉、自动驾驶、医疗保健等领域发挥重要作用，但同时它也会面临伦理、隐私和社会影响等方面的挑战。因此，预训练语言模型领域仍将是自然语言处理领域的热点研究方向，对于构建更强大、智能的人工智能系统具有深远意义。

6.2.1 模型架构

自然语言处理和深度学习领域在过去几年中取得了巨大的突破，其中一个关键因素是大语言模型（LLM）的出现。这类模型的架构和训练方法已经引发了广泛的关注和研究，并对各种自然语言理解和生成任务产生了深远的影响。

大语言模型的发展历程标志着自然语言处理领域经历了一次革命性的发展。过去，基于统计方法的自然语言处理系统占据主导地位，但它们在处理复杂的语言任务和理解上存在局限性。随着深度学习的兴起，尤其是循环神经网络和卷积神经网络的引入，自然语言处理取得了重大进展。然而，真正的突破发生在 Transformer 模型出现后，这是一种基于自注意力机制的模型。Transformer 的架构创新使得模型能够并行处理文本序列，极大地提高了训练和推理的效率。首次出现的 BERT（Bidirectional Encoder Representations from Transformers）模型证明，通过大规模的预训练，模型可以学习到通用的语言表示。随后的模型如 GPT（Generative Pre-trained Transformer）系列进一步推动了自然语言生成的研究。这一系列的突破引发了对模型架构、训练策略和应用场景的广泛探讨，同时也引发了对伦理、隐私和安全等问题的讨论。

下面将深入探讨大语言模型架构，包括 Transformer 结构，这是 LLM 的核心架构之一，它的注意力机制是 LLM 成功的关键创新；编码器－解码器结构，这是在翻译和生成任务中广泛使用的架构，我们将解释它在这些任务中的作用；注意力机制，这是 LLM 中的核心组成部分，它在语言理解和生成任务中发挥着重要作用；模型容量，它决定了模型的表达能力和性能；预训练任务，它使模型能够掌握丰富的语言表示。通过对这些内容的详细讨论，读者将能更好地理解大语言模型的架构及其在自然语言处理中的应用。

1. Transformer 结构

大语言模型如 GPT-3 和 BERT 等，已经成为自然语言处理和人工智能领域中里程碑式的成就，它们的核心模型架构之一就是 Transformer 结构。下面我们将深入探讨 Transformer 结构的实现原理和步骤，以及它的应用场景。

Transformer 结构是一种基于注意力机制的深度神经网络架构，由瓦斯瓦尼（Vaswani）等人于 2017 年提出，旨在解决传统循环神经网络和卷积神经网络在自然语言处理任务中存在的局限性。其实现原理是完全摒弃传统的循环结构，引入自注意力机制，使模型能够并行处理输入序列中的所有位置信息，不需要按顺序逐步处理。

在 Transformer 结构中，输入序列首先通过一个多头自注意力层进行编码。这个自注意力层可以学习不同位置之间的关系，从而更好地捕捉上下文信息。然后，编码后的信息通过一组前馈神经网络进行进一步处理，以提取特征。多头自注意力层和前馈神经网络通过残差连接（Residual Connection）和层归一化（Layer Normalization）相连，提高了模型在训练过程中的稳定性和收敛速度，使得模型能够更准确地理解和生成语言。

Transformer 结构如图 6-4 所示。

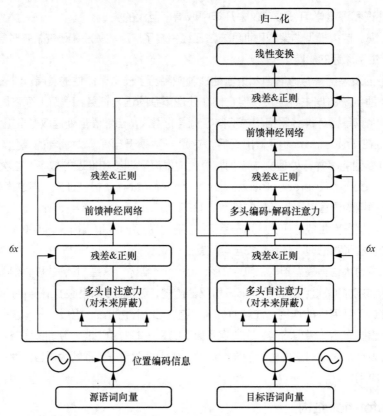

图 6-4　Transformer 结构

Transformer 结构的操作步骤如下。

1）为输入序列中的每个词嵌入分配一个权重，表示该词对于其他词的重要性。这些权重由自注意力机制计算得出，允许模型在编码时关注不同位置的信息。

2）使用 Transformer 结构中包含的多个自注意力头学习不同的表示。这种多头机制允许模型同时关注不同位置和不同方面的信息。

3）通过一组前馈神经网络处理编码后的信息，以提取特征。这些前馈神经网络通常包括全连接层和激活函数，可以捕捉更高级的语义信息。

4）使用残差连接和层归一化。残差连接允许信息在不同层之间直接传递，层归一化有助于缓解梯度消失问题，使模型更易于训练。

Transformer 结构已经在多种自然语言处理任务中取得了显著的成功，包括但不限于如下任务。

- ▶ 文本生成：大语言模型如 GPT-3 使用 Transformer 结构进行文本生成，可以生成自然且流畅的文章、对话和代码等。
- ▶ 文本分类：BERT 等模型使用 Transformer 结构进行文本分类，可以识别文本中的情感、主题等。
- ▶ 机器翻译：Transformer 结构在机器翻译任务中表现出色，能够将一种语言准确地翻译成另一种语言。
- ▶ 问答系统：大语言模型可以用于问答系统，根据用户问题生成准确的答案。
- ▶ 语言理解：Transformer 结构有助于提升自然语言理解的性能，可应用于词义消歧、命名实体识别等任务。

总之，Transformer 结构作为自然语言处理领域的重要工具，已经在各种应用中展现出强大的潜力。它的灵活性和高效性使它成为构建高性能自然语言处理模型的首选架构之一。它不仅在学术研究界取得了重要突破，还在工业界得到了广泛应用。未来，Transformer 结构将继续推动自然语言处理和人工智能领域的发展，并带来更多创新和应用。

2. 编码器 – 解码器结构

在大语言模型的核心架构中，编码器 – 解码器结构发挥着重要作用。在自然语言处理领域，编码器 – 解码器结构被广泛应用于机器翻译、文本摘要、问答系统等任务，显著提升了模型的性能。

设计编码器 – 解码器结构的灵感最初源自机器翻译任务，初衷是为了处理序列到序列的转换问题。该结构由两个主要组件组成：编码器和解码器。

- ▶ 编码器：编码器负责将输入序列转换为固定长度的上下文向量（Context Vector）。这个上下文向量包含了输入序列的语义信息，编码器使用自注意力机制来捕捉输入序列中不同位置的信息重要性，以有效地表示整个序列。
- ▶ 解码器：解码器接收上下文向量，并将其转换为目标序列。解码器的职责是生成与输入序列相对应的输出序列，这一功能通常用于翻译、文本摘要和问答系统等序列生成任务。解码器同样使用自注意力机制来关注输入序列的不同部分，以便生成准确的输出。

编码器涉及如下知识。

1）输入嵌入（Input Embedding）：输入序列中的词或标记首先会被转化为词嵌入（Word Embedding）。这些输入嵌入向量会捕捉词汇的语义信息。

2）编码器堆叠（Encoder Stacking）：编码器通常由多个编码器层堆叠而成，每一层都会对输入序列进行编码，从而生成一个更丰富的表示。

3）自注意力机制：在每个编码器层中，自注意力机制用于计算每个位置对其他位置的重要性，这有助于编码器更好地理解输入序列之间的关系。

4）残差连接和层归一化：每个编码器层的输出与其输入之间都建立了残差连接并进行了层归一化处理，以促进梯度的顺畅流动和确保训练的稳定性。

5）上下文向量：最后一个编码器层的输出被用作上下文向量，它包含了输入序列的语义信息。

解码器涉及如下知识。

1）输出嵌入（Output Embedding）：解码器的输入通常包括特殊的起始标记，并且这些标记会经过输出嵌入层转化为输出嵌入向量。

2）解码器堆叠（Decoder Stacking）：与编码器类似，解码器也是由多个解码器层堆叠而成。每一层都会逐步生成输出序列。

3）自注意力机制和编码器 – 解码器注意力（Self-Attention and Encoder-Decoder Attention）：解码器层不仅使用自注意力机制来关注输出序列中不同位置的信息，还使用编码器 – 解码器注意力机制来关注输入序列的部分，以便生成准确的输出。

4）残差连接和层归一化：与编码器一样，解码器层之间也建立了残差连接，并进行了层归一化处理，以提高模型训练的稳定性。

5）生成输出序列：解码器的最终层会将上下文向量和自注意力机制的输出进行结合，从而生成目标序列的预测结果。

编码器 – 解码器结构在自然语言处理和序列生成任务中被广泛应用，包括但不限于以下场景。

▶ 机器翻译：在此领域，编码器 – 解码器结构展现了卓越的性能，能够将一种语言的文本准确地翻译成另一种语言。

▶ 文本摘要：该架构被用于自动生成文本摘要，通过提炼长文本内容，生成精炼的摘要。

▶ 对话系统：在聊天机器人和虚拟助手中，该架构用于生成自然的对话回复。

▶ 语音识别：在语音助手中，该架构用于将语音转化为文本。

▶ 图像描述生成：结合视觉信息和自然语言处理技术生成图像的文字描述。

总之，编码器 – 解码器结构的灵活性和卓越的性能使其成为自然语言处理领域的重要工具。它的成功不仅为自然语言处理和人工智能应用的发展注入了新的活力，还为自动化生成、翻译、对话和理解等领域带来了新的突破。

3. 注意力机制

在大语言模型的架构中，注意力机制是一个核心组成部分，它在自然语言处理任务中发挥着重要作用。

注意力机制是计算机科学和人工智能领域的一个重要概念，其灵感来自人类的视觉和感知系统。其核心理念是模型可以动态地分配注意力到不同的部分，以便更好地处理输入或生成输出。在自然语言处理中，注意力机制包含以下两种形式。

▶ 自注意力机制：该机制允许模型在处理序列数据时考虑不同位置之间的关系，这通过计算每个位置对于其他位置的重要性来实现。这使模型能够捕捉到输入序列中不同部分的相关性，从而更好地理解上下文信息。

▶ 编码器－解码器注意力机制：在序列到序列任务中，编码器－解码器注意力机制允许解码器关注编码器输出的不同部分，以生成适当的输出序列。这在翻译、文本摘要等任务中特别有用，因为它允许模型在生成输出时参考输入的相关信息。

自注意力机制涉及以下知识。

1）输入表示：输入序列中的每个元素（如词或 token）会被映射成嵌入向量，这些向量将作为输入传递给自注意力层。

2）自注意力计算：在自注意力层中，每个输入位置都会与其他位置进行交互。通过计算每个位置相对于其他位置的注意力权重，模型可以确定每个位置应该关注输入序列中的哪些部分。

3）加权求和：每个输入位置的表示是通过加权求和得到的，这里的加权是指将输入嵌入向量与对应的自注意力权重相乘。在对所有位置的加权向量进行累加后，生成每个位置的最终表示。这一过程确保了每个位置的表示都包含了整个输入序列的上下文信息。

4）多头自注意力：在实际应用中，通常采用多头自注意力机制，这一设计使模型能够学习不同类型的关注，从而提升性能。

编码器－解码器注意力机制涉及以下知识。

1）编码器输出和解码器输入表示：在序列到序列任务中，编码器将输入序列编码为上下文表示；解码器则以此作为输入，同时也会将目前已生成的输出作为输入。

2）编码器－解码器注意力计算：在编码器－解码器模型中，解码器的每个时间步都会执行注意力计算，以确定编码器输出中哪些部分对于生成当前输出最为重要。此计算通常涉及查询、键和值 3 个向量。在解码器的每个时间步中，以当前的隐藏状态作为查询，以编码器的所有隐藏状态作为键和值。模型可以通过计算查询与所有键的相似度，得到一组注意力权重，这组权重随后用于加权编码器的值，形成一个上下文向量，该向量包含了与当前解码位置最相关的输入序列信息。随后，该向量用于更新解码器的状态，并指导生成下一个词。这种机制使得模型能够动态地聚焦输入序列中的关键部分，从而生成更准确的输出序列。

3）加权求和：通过将编码器输出与编码器－解码器注意力权重相乘，并对所有位置进行求和，生成每个位置的表示。这个表示包含了解码器在生成输出时需要的信息。

注意力机制在自然语言处理和人工智能的多个领域中均有广泛的应用。

▶ 机器翻译：编码器－解码器注意力机制允许翻译模型在生成目标语言时关注源语言句子中的相关部分，从而提高翻译质量。

▶ 文本摘要：注意力机制可用于生成文本摘要，即从输入文本中选择重要的句子或词语。

▶ 问答系统：注意力机制有助于上下文理解和答案生成，这使得问答系统能够选择正确的信息并生成准确的答案。

▶ 语音识别：注意力机制可将音频信号与转录文本进行匹配，从而提高识别的准确性。

▶ 图像处理：在图像标注和视觉问答任务中，注意力机制可以用于确定图像中的关键区域。

总之，注意力机制作为一种强大的工具，已经在自然语言处理、计算机视觉和其他领域推动了创新。它使模型能够动态地关注输入或输出中的不同部分，从而更好地理解和生成信息。未来，随着模型的不断发展和改进，注意力机制将继续推动人工智能领域的前沿研究和应用。

4. 模型容量

在大语言模型的架构中，模型容量是一个关键概念，它决定了模型的表达能力和性能。

模型容量是指模型可以存储和表示的信息量的大小。在深度学习领域，模型容量通常由模型的参数数量及其复杂度来评估。一个拥有较大容量的模型，能够学习更多的特征和复杂的关系，但也容易出现过拟合（在训练数据上表现良好但在新数据上表现差）问题。

模型容量涉及以下知识。

▶ 捕捉模式和特征：较大容量的模型更容易捕捉数据中的复杂模式和特征，这对于解决复杂的自然语言处理问题尤为重要，因为自然语言具有多义性和复杂性。

▶ 过拟合风险：随着模型容量的增加，模型结构会变得更加复杂，这增加了出现过拟合问题的可能性。过拟合意味着模型过度学习了训练数据中的噪声或随机性，导致在新数据上表现不佳。

▶ 泛化能力：较小容量的模型通常具有更好的泛化能力，即它们在新数据上表现更好。这是因为它们倾向于学习更通用的特征，而不是过度依赖训练数据中的特定示例。

在处理模型容量时，需要考虑以下重要操作步骤。

1）在建立模型之前，需要根据任务和数据集的特性选择大小合适的模型容量。这通常需要进行一系列模型选择实验，尝试使用不同容量的模型，并基于验证数据评估它们的性能。

2）为了降低过拟合的风险，可以使用正则化技术来约束模型的复杂性。常见的正则化技术包括L1正则化、L2正则化和丢弃（Dropout）等。这些技术可以降低模型对训练数据中噪声的敏感性。

3）通过集成多个模型的预测结果来提升性能。这些模型各自拥有不同的容量和结构，因此能够在不同方面展现出独特的优势和能力。集成方法的典型代表有随机森林和梯度提升树等。

在处理模型容量时，需要注意以下事项。

▶ 模型容量和训练数据量之间存在权衡关系。较大容量的模型通常需要更多的训练数据来避免过拟合。如果训练数据量有限，可以考虑使用较小容量的模型或采用数据增强技术。

▶ 选择适当的模型容量通常涉及超参数调优环节。超参数包括学习率、正则化参数等，它们会影响模型的性能和泛化能力。通过系统地调整这些超参数，可以找到最佳的模型容量配置。

模型容量的选择取决于应用场景和任务的特性。以下是一些使用场景。

▶ 大规模自然语言处理任务：在处理大规模自然语言处理任务（如机器翻译、语言建模）时，通常需要较大容量的模型来捕捉语言的复杂性。

▶ 小型设备和嵌入式系统：对于资源有限的设备和嵌入式系统，通常需要使用较小容量的模型，以适应计算和内存的限制。

- 快速原型和实验：在快速原型和实验阶段，可以使用较小容量的模型来迅速测试和验证想法。
- 迁移学习：在迁移学习中，可以先使用预训练的大型模型（如 BERT、GPT）来提取通用特征，然后微调模型以适应特定任务。这种方式可以充分利用大模型的表示能力。

总之，模型容量是深度学习领域的一个关键概念，我们需要根据任务和资源情况来选择模型容量。在实际应用中，根据问题的性质和可用数据来调整模型容量，可以实现最佳的性能和泛化能力。

5. 预训练任务

预训练任务通过在大规模文本数据上进行自监督学习，来让模型掌握丰富的语言表示。

预训练任务涉及以下知识点。

- 掩码语言建模（Masked Language Modeling）：指的是模型接受输入文本，并随机地掩盖其中的一些词或标记，随后尝试预测这些被掩盖的部分。这类似于一种填空练习，模型需要从上下文中理解语法和语义关系。
- 下游任务无监督学习：模型在预训练阶段仅使用文本数据，不需要使用与下游任务相关的标签。通过自监督学习，模型学习到了文本数据的丰富表示，包括词义、句法和语法等。
- 大规模文本数据集：为了获得高质量的语言表示，预训练任务通常在大规模文本数据集（包括互联网上的新闻文章、维基百科和社交媒体文本等）上执行。

预训练任务的操作步骤如下。

1）收集大规模的文本数据，这可以通过网络抓取、文本爬虫或收集已有的文本语料库来完成。数据的多样性和覆盖范围对于模型的性能至关重要。

2）将文本中的一些词或标记随机掩盖，并要求模型预测这些掩盖的部分。这一步可以使用一种掩码语言模型（如 BERT 中的掩码 LM）来实现。模型根据上下文填写掩盖的部分，从而学习词汇、语法和语义知识。

3）执行掩码语言建模任务，通过反向传播和梯度下降等优化方法来更新模型的参数。这一步需要在大规模的文本数据上进行，并且可能需要使用分布式计算资源。

在执行预训练任务时，需要注意以下事项。

- 确保收集的文本数据具有高质量和多样性，以便模型学习到丰富的语言表示。处理数据中必须有噪声和错误。
- 选择合适的模型架构和超参数是预训练任务成功的关键。不同的模型架构（如 BERT、GPT）适用于不同类型的任务和应用场景。
- 在预训练任务中，应使用适当的训练策略来确保模型的收敛和性能，这包括设置合适的学习率、批量大小等超参数。

预训练的大语言模型已经在各种自然语言处理任务和应用中大放异彩，包括但不限于以下场景。

▶ 迁移学习：用于各种下游任务，如文本分类、命名实体识别、机器翻译等，可以通过微调模型来提高这些任务的性能。

▶ 生成任务：预训练的大语言模型如 GPT 可用于文本生成、对话生成和摘要生成等任务，它能产生高质量的文本。

▶ 问答系统：预训练的大语言模型在问答系统中有广泛应用，能够理解问题并生成准确的答案。

▶ 语言理解：预训练任务有助于提高语言理解的能力，包括情感分析、情感分类等。

总之，预训练任务为大语言模型提供了丰富的语言表示，使它们在各种自然语言处理任务中表现出色。预训练已经成为自然语言处理领域的一项重要技术。

6.2.2 能力提升

大语言模型的能力提升是自然语言处理领域的一个引人注目的发展方向。随着硬件性能的提升、大规模数据集的可用性增加及深度学习方法的发展，大语言模型已经在各种自然语言处理任务中取得了显著的成就。

大语言模型的发展历史可以追溯到早期的神经语言模型，如循环神经网络和长短时记忆网络。这些模型虽然能够捕捉文本中的某些上下文信息，但受限于计算资源和数据规模，其性能有限。随着深度学习的兴起和图形处理单元（GPU）的广泛应用，大语言模型的规模逐渐扩大，从较小的模型如 Word2Vec 发展到巨大的预训练模型如 BERT 和 GPT 系列。这些模型的能力提升使得它们能够执行各种任务，包括文本生成、文本分类和机器翻译等，并取得了令人瞩目的性能。

本节中将深入研究提升大语言模型能力的关键技术——迁移学习、模型压缩、小样本学习。

1. 迁移学习

迁移学习是一种机器学习技术，能够将在一个任务中学到的知识迁移到另一个相关任务上。

迁移学习的实现原理植根于一个核心观点：即从一个任务中学到的知识可以在某种程度上泛化并应用到其他任务上。对于大语言模型来说，这意味着在大规模预训练任务中学到的通用语言表示可以用于多种下游任务，不需要从头开始训练一个新模型。迁移学习的核心假设是，自然语言中的很多语法和语义结构在不同的任务中都是共享的，因此，通过迁移学习，模型可以利用这些共享知识来提升性能。

下面是迁移学习在大语言模型中的应用步骤。

1）在大规模文本数据上对大语言模型进行预训练。这一阶段的目标是让模型学会通用的语言表示，如词义、句法、语法等。在这个过程中，模型通过自监督学习从文本数据中提取信息。

2）在特定的下游任务上进行微调。这里的微调指的是将大语言模型迁移到目标任务，并使用带标签的数据对模型进行有监督的微调。这有助于模型适应目标任务的特定需求。

3）有选择性地使用大语言模型不同层次的特征来进行特征提取。底层的特征通常更接近原始文本数据，而顶层的特征包含了更高级的语义信息。模型可以根据目标任务的复杂性灵活选择特征来平衡性能和计算资源。

在进行迁移学习时，需要注意以下事项。

▶ 确保目标任务的数据与模型的适应性相匹配。大语言模型的通用语言表示在一定程度上适用于不同任务，但仍然需要足够的目标任务数据来使模型更好地适应特定要求。

▶ 对于某些任务，特别是小样本任务，存在冷启动问题，即目标任务数据非常有限。在这种情况下，迁移学习需要采用更谨慎的策略和数据增强技术。

迁移学习在大语言模型的能力提升中有广泛的应用场景，包括但不限于以下方面。

▶ 文本分类：可以使用预训练的大语言模型来提取文本特征，然后在文本分类任务中进行微调，适用于情感分析、垃圾邮件检测等任务。

▶ 命名实体识别（NER）：预训练的模型先将通用语言表示应用于实体识别，然后通过微调来适应特定领域的实体。

▶ 文本生成：在生成任务（如文本摘要生成、对话生成）中，大语言模型可以作为生成器的前端生成特定领域或风格的文本。

▶ 跨语言任务：迁移学习还可用于跨语言任务，即将从一种语言学到的知识迁移到另一种语言中，适用于机器翻译。

总之，迁移学习作为一种强大的手段，使模型能够在各种自然语言处理任务中共享知识，从而提升性能并降低训练成本。通过巧妙地应用迁移学习，可以更有效地利用大语言模型的通用语言表示。

2. 模型压缩

模型压缩旨在缩减模型的体积和计算复杂度，同时力求保持甚至提升模型性能。

模型压缩是通过减少模型参数数量和计算量来实现的。大语言模型往往具有数以亿计的参数，这使得它们在生产环境中运行时需要大量的计算资源。模型压缩的目标是在不显著损失性能的情况下，缩减模型的规模。这可以通过以下方法实现。

▶ 参数剪枝（Pruning）：一种通过删除模型中不重要的参数来缩减模型大小的方法。这些不重要的参数往往具有较小的权重，对模型性能的贡献有限。参数剪枝可以在训练后或训练过程中进行。

▶ 参数量化（Quantization）：指将模型参数从浮点数转换为较低位数的整数或定点数，如图6-5所示。这不仅降低了存储需求，还提高了计算效率，尤其适用于硬件资源有限的场景。

▶ 低秩分解（Low-Rank Decomposition）：指将原始模型的权重矩阵分解为多个低秩矩阵的乘积。这种方法在减少模型参数数量的同时，保留了关键的信息。

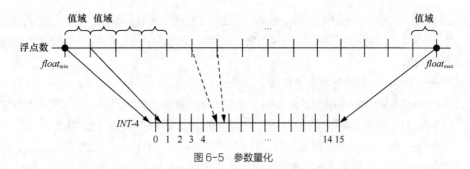

图 6-5 参数量化

以下是模型压缩的基本操作步骤。

1）选择压缩方法。根据模型的特点及应用场景选择合适的压缩方法。压缩方法的选择应基于性能需求和资源限制进行综合考量。

2）对模型进行压缩。可通过修改模型的权重、结构或表示方式来缩减模型规模。这一步通常需要先在验证集上进行性能测试，以确保压缩后的模型性能仍能满足要求。

3）对模型进行微调和校准，以确保其性能稳定。微调是指在目标任务上对压缩后的模型进行训练，校准是指在验证集上对模型的输出进行调整，以修复因压缩而引入的误差。

在进行模型压缩时，需要注意以下事项。

▶ 模型压缩通常涉及性能和模型规模之间的权衡。过度缩减模型规模可能会导致性能下降，因此需要仔细平衡这两方面的需求。

▶ 选择合适的压缩比例至关重要。过高的压缩比例可能会导致性能急剧下降，而过低的压缩比例可能无法显著缩减模型规模。

模型压缩在以下场景下特别有用。

▶ 移动端部署：在资源受限的移动设备上部署大语言模型时，模型压缩有助于减少模型的内存占用和计算需求，提高模型的运行效率。

▶ 边缘计算：在边缘计算环境中，模型压缩可以降低通信和计算成本，使模型能够更好地适应嵌入式设备的资源限制。

▶ 在线推理：对于需要快速响应的在线推理任务，模型压缩可以加速模型的推理速度，降低延迟。

▶ 小样本学习：在小样本学习任务中，模型压缩可以帮助模型更好地适应有限的训练数据。

综上所述，模型压缩是一项重要技术，它使得在资源有限的情况下仍能有效地部署和运行大语言模型，同时保持合理的性能水平。选择合适的压缩方法和参数设置是模型压缩成功的关键。

3. 小样本学习

小样本学习可以让模型在仅有少量标记样本的情况下表现出色。

小样本学习的实现原理借鉴了人类学习的方式，即依据有限示例拓展至未曾遇到过的情形。对于大语言模型而言，这意味着模型需要从少量标记样本中提取并泛化出有关任务的知识。这可以通过以下方法实现。

▶ 元学习（Meta-Learning）：一种通过在多个任务上学习来训练模型的方法。模型通过学习如何学习来适应新任务。这使得模型在遇到新任务时能够更好地泛化。

▶ 数据增强（Data Augmentation）：指通过对标记样本进行变换和扩充来生成更多的训练样本。这有助于模型更好地学习任务的不变性和提高泛化能力。

以下是小样本学习的基本操作步骤。

1）准备有限的标记样本，这些样本通常来自目标任务。标记样本的数量通常很少，可能只有几十个或几百个。

2）使用元学习方法或数据增强技术来训练模型。元学习方法通常需要在多个任务上进行迭代训练，而数据增强可以直接应用于目标任务的标记样本。

3）在目标任务上对模型进行微调。微调可以帮助模型更好地适应特定任务的要求，并进一步提升性能。

在进行小样本学习时，需要注意以下事项。

▶ 由于标记样本数量有限，样本的质量变得尤为重要。只有确保标记样本的质量，才能准确地反映目标任务的特点。

▶ 小样本学习容易导致过拟合问题，因为模型需要在有限的数据上学习。可以使用正则化技术和进行模型选择来减轻过拟合问题。

小样本学习在以下情况下特别有用。

▶ 自然语言处理任务：在文本分类、命名实体识别和关系抽取等任务中，往往只有少量标记样本可用，小样本学习可以帮助模型在这些任务上表现出色。

▶ 计算机视觉任务：对于图像分类、目标检测等任务，有时只有有限的标记图像可用，小样本学习可以提高模型在这些任务上的泛化能力。

▶ 医疗诊断：在医疗诊断领域，获取大量标记样本可能不现实，小样本学习可以用于根据有限的医疗数据进行诊断。

▶ 个性化推荐：个性化推荐系统通常需要根据用户的历史行为来进行推荐，而对于某些用户，可能只有有限的历史数据，小样本学习可用于提高推荐质量。

综上所述，小样本学习是一项关键技术，可以帮助大语言模型在资源有限的情况下表现出色。通过有效地利用有限的标记样本，小样本学习使模型能够更好地适应未知的任务和领域。

6.2.3　功能拓展

大语言模型的功能拓展是自然语言处理领域的一个重要方向，旨在让这些模型更加智能且功能多样，以应对更广泛的任务和场景。随着研究的深入和技术的不断发展，大语言模型在多模态预训练、跨语言预训练、推理、多任务学习和强化学习等方面取得了巨大进展。

　　大语言模型的功能拓展源于自然语言处理系统的需求，主要是为了更好地理解和处理复杂的自然语言文本。最早的大语言模型主要用于语言的建模和生成，随着数据量的增长和计算能力的增强，研究人员开始尝试将其应用于更广泛的任务。这一进程可以分为以下几个关键阶段。

▶ 预训练模型兴起：最早的大语言模型如 GPT 系列和 BERT 等，通过大规模的自监督预训练任务使模型能够学习语言的底层表示。这些模型的出现标志着大语言模型的功能拓展初步实现。

▶ 探索多模态预训练：随着图像和文本数据的日益丰富，研究人员开始探索多模态预训练，以使大语言模型能够同时理解文本和图像等多种数据类型。

▶ 跨语言预训练兴起：跨语言预训练模型的兴起使大语言模型能够处理多种语言，极大地扩展了其应用范围。

▶ 引入逻辑推理和常识推理技术：通过引入逻辑推理和常识推理等技术，大语言模型的推理能力得到了显著提升，这使其可以更好地解决复杂问题。

▶ 引入多任务学习和强化学习：多任务学习和强化学习为大语言模型拓展了更广泛的应用场景，包括自动驾驶、金融交易等。

　　下面会详细探讨大语言模型功能拓展的以下关键方向：多模态预训练、跨语言训练、推理、多任务学习和强化学习。

　　随着大语言模型功能拓展的不断深入，我们可以期待更多创新和突破。未来，大语言模型有望在更多领域（包括医疗保健、教育、媒体和社交媒体分析等）发挥重要作用。

1. 多模态预训练

　　多模态预训练已经成为大语言模型的一个重要拓展方向和功能特性。

　　多模态预训练的实现原理是将文本信息与其他多媒体信息（如图像、音频）相结合，从而丰富模型的理解和表达能力。这种方法的灵感源自人类的多感知能力（人们能够通过视觉、听觉和文本等多种方式获取信息）。多模态预训练的关键是如何将不同模态的信息融合在一起，以便模型能够更全面地理解和生成多媒体内容。

　　多模态预训练的操作步骤如下。

　　1）收集多模态数据集，包括文本、图像、音频等多种数据类型。这些数据集需要兼具丰富性和代表性，以确保模型可以学到多模态信息的丰富表示。

　　2）设计多模态预训练模型的架构。这里的架构通常包括文本嵌入、图像嵌入和音频嵌入等组件，以及用于融合不同模态信息的结构。常用的模型为图文融合模型、音图融合模型等。

　　3）使用大规模的多模态数据进行预训练。这一步的目标是让模型学会从多模态数据中提取有用的信息，并生成高质量的多模态表示。

　　4）在特定任务上进行微调，以适应不同应用场景。例如，可以在图像标注、多模态问答等任务上微调多模态模型。

在进行多模态预训练时，需要注意以下事项。

▶ 多模态数据的质量对预训练模型的性能至关重要。要确保数据集中的图像、文本和音频数据是准确的、高质量的。

▶ 设计模型时，需要仔细考虑如何跨模态融合信息。选择合适的融合策略对于确保多模态模型的性能至关重要。

多模态预训练在以下场景中具有广泛应用。

▶ 视觉问答（VQA）：在 VQA 任务中，模型需要根据给定的图像和问题生成答案。多模态预训练可以帮助模型更好地理解图像和文本之间的关联。

▶ 图像标注：对图像进行自动标注是一项重要任务。多模态预训练可以提升图像标注模型的性能，使其能够生成更准确的描述。

▶ 多模态搜索：多模态预训练可以改善搜索引擎的检索质量。用户可以使用文本、图像和音频等多种方式来查询信息。

▶ 多模态生成：多模态预训练可以提高生成模型的多媒体内容生成能力。模型可以生成包含文本、图像和音频等多种信息的内容。

综上所述，多模态预训练是一种强大的手段，可以提高模型在多媒体数据上的理解和应用能力。通过将文本与其他多媒体信息相结合，多模态预训练使得大语言模型能够更全面地理解和处理现实世界中丰富多样的数据。

2. 跨语言预训练

跨语言预训练使模型能够理解和生成多种语言的文本。

跨语言预训练的实现原理是通过使用多语言数据来训练模型，以使模型具备多语言理解和生成能力。这种方法的核心在于学习不同语言之间的共享知识和特征，以便模型可以泛化至未见的语言。

跨语言预训练通常包括以下步骤。

1）收集涵盖多种语言的大规模文本数据，包括常见的国际语言及少数民族语言。

2）设计跨语言预训练模型的架构。该架构包括选择多语言嵌入和跨语言注意力机制等组件，它们可确保模型有效地处理多语言数据。

3）使用多语言数据进行预训练。在这一步，模型会学习并掌握多语言之间的共享知识和特征，进而形成跨语言的表示。

4）针对特定语言任务进行微调，以适应不同语言的应用场景。这些特定任务可能包括文本翻译、跨语言信息检索等。

在进行跨语言预训练时，需要注意以下事项。

▶ 多语言数据的质量对预训练模型的性能至关重要，因此，必须确保数据集中的多语言文本是准确的、高质量的，以避免误导模型。

▶ 不同的语言在语法结构、词汇表和语义上存在差异。模型需要具备处理这些语言差异的能力。这可能需要设计特定的跨语言注意力机制来应对。

跨语言预训练模型在以下场景中具有广泛应用。

▶ 跨语言文本翻译：用于自动文本翻译，如将英语自动翻译成法语。

▶ 多语言信息检索：在多语言信息检索任务中，用户可以使用任意一种语言进行查询，而预训练模型能够理解这些查询，并能在多语言的文档库中找到最相关的信息。这一功能极大地提高了检索的准确性和用户的满意度，尤其是在需要满足多语言环境下复杂信息需求的情况下。通过这种方式，跨语言预训练模型不仅支持用户使用他们熟悉的语言进行搜索，还能在不同语言的资源之间架起桥梁，实现更广泛的信息获取。

▶ 跨语言情感分析：用于分析不同语言文本中的情感和情绪，有助于理解用户的情感状态。

▶ 多语言自动摘要生成：生成跨语言的新闻摘要或文章摘要，提供多语言的信息浓缩服务。

综上所述，跨语言预训练使大语言模型能够在多种语言之间进行知识迁移和应用。通过学习多语言之间的共享特征，跨语言预训练模型为多语言自然语言处理任务提供了有力支持，有助于解决全球范围内的语言理解和生成问题。

3. 推理

推理功能使模型能够执行逻辑推理、常识推理和因果推理等复杂的推理任务。

推理是指模型具备根据逻辑规则、常识知识及因果关系进行推断的能力。这种能力的核心在于训练模型，使其能够从给定的信息中推导出新的信息或答案，而不仅仅是重复训练数据中的已有信息。

推理的步骤如下。

1）准备逻辑推理、常识知识和因果关系等方面的数据集。这些数据集通常会支持不同类型的推理任务，如自然语言推理任务、因果推理任务等。

2）设计具备推理能力的模型架构。该架构可能包括引入逻辑推理规则、知识图谱等组件，这些组件可以帮助模型理解和应用推理规则。

3）使用与推理相关的数据进行预训练。在这一步，模型将学习如何应用逻辑规则和常识知识来进行推理。

4）在特定推理任务上进行微调，以适应不同的应用场景。这些推理任务可能包括逻辑推理、常识推理、因果推理等。

进行推理时，需要注意以下事项。

▶ 为了培养模型的推理能力，需要使用多样性的数据集，涵盖不同类型的推理任务和领域。这有助于模型更全面地理解推理规则和常识。

▶ 推理任务通常要求模型具备一定的可解释性，能够给出推理的步骤和依据。因此，在设计模型时需要考虑如何使模型的推理过程可解释。

模型推理功能在以下场景中具有广泛应用。

▶ 自然语言推理：用于理解文本之间的逻辑关系，如蕴含关系、矛盾关系等。推理功能在问答系统、对话系统和文本推理任务中很有用。

▶ 常识推理：模型可以应用常识进行推理，例如，如果下雨，路面可能会湿滑。这在智能助手、自动驾驶等领域中有实际应用。

▶ 因果推理：模型可以推断事件之间的因果关系，例如，吸烟可能导致健康问题。这对于医疗诊断具有重要意义。

▶ 决策支持：在决策过程中，模型可以通过推理来分析不同选择的结果和影响，帮助做出更明智的决策。

综上所述，推理功能的增强使大语言模型更具实用性和智能性，能够处理更复杂的自然语言理解和生成任务，为各种领域的应用提供了强大的支持。

4. 多任务学习

多任务学习让模型可以同时处理多种不同类型的任务。

多任务学习的实现原理是促使模型在同一架构下同时学习和处理多个任务。这里的任务可能包括文本分类、文本生成、实体识别和问答等各种自然语言处理任务。通过共享模型的表示层，模型可以更好地捕获任务之间的相关性和共享信息。

实现多任务学习的关键步骤如下。

1）明确定义要同时学习的任务。这些任务可以根据应用需求进行选择，通常包括主要任务和辅助任务。主要任务是模型的主要关注点，而辅助任务则有助于增强模型的泛化能力。

2）选择适当的模型架构。这一步是关键。在多任务学习模型中，共享底层表示是核心设计原则之一，它使得不同的任务能够从相同的数据表示中提取特征。这种设计促使模型在多个任务之间共享知识，从而提升了学习效率。然而，每个任务的输出层是独立的，这意味着每个任务都有自己的分类器或回归器，这些输出层针对特定任务的标签进行专门训练。这种架构确保模型能够为每个任务生成特定的预测，同时维持底层特征的共享，实现了知识在不同任务间的迁移。

3）为各任务准备相应的数据集。数据集应包括与任务相关的标签和样本。对于采用共享表示层的模型，可以使用大规模的多任务数据集进行预训练。

4）在预训练完成后，模型需要进行联合训练，同时在多个任务上进行微调。在这个过程中，需要权衡不同任务，以确保模型在所有任务上都有良好的性能。

在进行多任务学习时，需要注意以下事项。

▶ 选择任务时，需要平衡主要任务和辅助任务的复杂度和重要性。辅助任务应该有助于提高模型的性能，且不应对主要任务造成干扰。

▶ 不同任务的数据量和质量可能会有很大的差异。需要确保每个任务都拥有足够的数据以支持有效的学习，同时妥善处理标签分布的不平衡问题。

多任务学习在自然语言处理领域中有广泛的应用场景，包括但不限于以下场景。

▶ 文本分类和情感分类：模型可以同时学习多个分类任务，如新闻分类、情感分类和主题分类等。

▶ 实体识别和关系抽取：模型可以处理实体识别、关系抽取和实体对齐等任务，有助于信息抽
取和知识图谱构建。

▶ 问答系统：在问答系统中，模型可以同时处理多种类型的问题，包括开放域问答和特定领域
问答。

▶ 机器翻译：多任务学习可用于跨语言翻译任务，使模型能够同时处理多个语言对（比如同时
处理英语到法语和英语到德语的翻译）。

总之，多任务学习是提高大语言模型的多功能性和适应性的重要手段，能够使大语言模型更好
地适应各种自然语言处理任务，为广泛的应用场景提供支持。

5. 强化学习

强化学习是一门引人注目的技术，它使模型能够在与环境的互动中学习并优化其决策策略。

强化学习依赖智能体（模型）与环境之间的互动来进行学习，在这个过程中，模型通过执行一
系列动作来最大化其累积的奖励信号。强化学习的实现原理如图 6-6 所示，其中的关键元素如下。

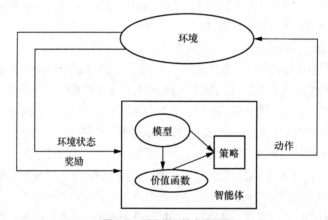

图 6-6　强化学习的实现原理

▶ 智能体：模型被视为一个智能体，它可以观察环境并采取行动。

▶ 环境：模型与环境互动，环境的状态和反馈影响模型的决策。

▶ 动作：模型可以执行一系列可能的动作来影响环境。

▶ 奖励：在每个时间步，模型都会获得一个表示其行动质量的奖励信号。

▶ 策略：模型的策略构成一种映射关系，它将状态对应到动作的选择上。

▶ 价值函数：价值函数衡量在特定状态下执行特定动作的预期回报。

实现强化学习的关键步骤如下。

1）明确定义问题，并将其构建为一个强化学习任务，这涉及明确状态空间、动作空间以及设计
奖励函数等。

2）选择适当的强化学习算法，如深度强化学习（DRL）算法，以根据环境的反馈来更新模型的策略。

3）收集经验数据。这通常涉及多次尝试和模拟，以积累足够的数据。

4）使用采样的数据训练强化学习模型。训练的目标是找到最佳策略，以最大化累积奖励。

在进行强化学习时，需要注意以下事项。

▶ 模型需要在探索新策略和利用已知策略之间取得平衡。这被称为"探索与利用"之间的权衡，以确保模型不会过度依赖已知的策略。

▶ 强化学习需要在长期回报与短期回报之间进行权衡。有时为了获得更大的长期回报，需要做出短期牺牲。

强化学习在众多领域均有广泛的应用，包括但不限于以下场景。

▶ 自动驾驶：用于训练自动驾驶车辆，使其能够在不同的交通情境下做出智能决策。

▶ 游戏：强化学习在游戏领域（如围棋、星际争霸等）取得了重大突破。

▶ 机器人控制：用于训练机器人执行各种任务，如抓取物体、导航等。

▶ 金融交易：用于优化金融交易策略，提升投资回报率。

总之，强化学习是一门强大的技术，能够使大语言模型在各种应用中变得更加智能且具有自适应能力，为智能决策和自主控制领域提供坚实的支撑。

6.3 数字人知识的应用

数字人知识的应用作为人工智能和自然语言处理领域的前沿研究方向之一，其核心目标是构建能够理解和服务人类用户的智能体。数字人的发展经历了多个重要阶段，从早期基于规则的系统，逐步进化为具备自然语言理解、情感识别和伦理决策等复杂能力的智能体。

数字人知识的应用起源可以追溯到人工智能领域的早期。最初，数字人主要基于预设的规则和模板运作，其功能有限且缺乏个性。然而，随着深度学习技术的崛起和大规模数据集的构建，数字人的能力得到了显著提升。自然语言理解的进步让数字人能够更准确地理解和生成自然语言，情感分析技术赋予数字人情感感知能力，伦理决策机制使其能够进行道德判断。这一系列的发展促使数字人实现了从简单的信息检索工具到能够在多个领域内应用的知识智能体的转变。

本节将深入探讨数字人知识的以下应用。

▶ 自然语言理解：分析数字人如何掌握人类自然语言的核心要素，包括语义、情感和语用等方面。

▶ 对话系统：探讨数字人如何与用户进行自然、流畅的对话。

▶ 数字人人格化：探讨如何使数字人展现出更接近人类的特质，即人格化特征，如记忆、意识和伦理决策等，以便更好地为用户提供个性化服务。

这些方面共同构成了数字人知识应用的核心框架，为构建更加智能和全面的数字人奠定了基础。

6.3.1 自然语言理解

自然语言理解（NLU）是数字人能够理解并处理人类语言的基础。自然语言理解的发展历程与人工智能和自然语言处理领域的发展息息相关，它经历了多个阶段的演进。

自然语言理解的发展可以追溯到人工智能的早期阶段，尤其是 20 世纪 50 年代和 60 年代，当时研究人员试图创建能够理解和生成自然语言的计算机程序。然而，由于技术和资源有限，自然语言理解的研究进展缓慢。随着计算机性能的提升和大规模数据集的出现，自然语言理解取得了巨大的进步。近年来，深度学习和大语言模型的兴起进一步推动了自然语言理解的发展，使其在文本理解、对话系统、知识库构建等方面展现出惊人的能力。

接下来，我们将深入探讨自然语言理解的核心内容。首先，探讨语义解析，这是理解文本中语义信息的关键技术。随后，关注情感分析，这是自然语言理解在感知用户情感和情感倾向方面的应用。最后，深入研究语用分析，它有助于机器理解文本的深层含义和目的。

1. 语义解析

语义解析作为自然语言理解的一部分，发挥着举足轻重的作用。它是将自然语言文本转化为计算机可解读形式的过程，帮助数字人理解用户的输入、回应查询并执行任务。

语义解析的实现原理是将自然语言中的文本信息映射到结构化的语义表示上，以便计算机能够理解和处理这些文本信息。这通常涉及以下几个方面的处理。

- ▶ 词法分析：文本会被分割成词汇单元，这是基础的语法处理步骤，包括分词、词干提取和词性标注等操作。这一环节有助于理解句子的基本语法结构。
- ▶ 句法分析：将句子中的词语组织成语法结构，如树状结构，以展现它们之间的关联。这有助于捕捉句子中的主、谓、宾等语法关系。
- ▶ 语义角色标注：这一步识别句子中的关键成分，如主语、宾语、动词等，并将它们映射到语义角色上，以理解句子的含义。
- ▶ 实体识别：语义解析也需要识别文本中的实体，如人名、地点、时间等，以帮助构建更丰富的语义表示。
- ▶ 语义分析：这一步将以上信息整合，生成一个形式化的语义表示，通常采用逻辑表达式、图形表示或其他结构来表达句子的含义。

语义解析通常包括以下几个阶段。

1）文本预处理：对用户输入的文本进行初步处理，包括分词、词性标注和实体识别以提取关键信息。

2）句法分析：对文本进行句法分析，构建语法树或依存关系图，以捕捉词汇之间的语法结构。

3）语义角色标注：标注句子中的语义角色，确定每个词语的功能和含义。

4）语义分析：基于句法分析和语义角色标注的结果，生成形式化的语义表示。

5）查询生成：将生成的语义表示转化为可查询知识库或执行任务的查询语言，以响应用户请求。

在进行语义解析时，需要注意以下事项。

▶ 多义性处理：自然语言中的许多词汇和短语具有多重含义，语义解析需要根据上下文来确定其正确的含义。

▶ 错误容忍性：用户输入可能包含拼写错误或语法错误，语义解析需要具备一定的容错性，能够理解并纠正这些错误。

▶ 领域适应性：语义解析的性能通常依赖特定领域的数据和知识，因此需要在不同领域进行适应性调整。

语义解析具有广泛的应用场景，包括但不限于以下场景。

▶ 智能助手：帮助智能助手理解用户的自然语言指令，并执行任务，如日历管理、提供天气信息等。

▶ 搜索引擎：用于解析用户的搜索、查询意图，以便搜索引擎能够返回相关的搜索结果。

▶ 自动问答系统：将用户提出的问题转化为可查询知识库的查询语言，以便检索并找到相应的答案。

▶ 自然语言数据库查询：用户可以使用自然语言进行查询，语义解析将其翻译为数据库查询语言，以获取所需信息。

总之，在数字人知识应用中，语义解析使计算机能够理解和处理人类自然语言输入，从而实现更加智能和人性化的交互体验。

2. 情感分析

情感分析也称为情感检测或情感识别，是自然语言理解中的一个核心任务，旨在识别和理解文本中的情感和情绪信息。在数字人知识应用中，情感分析能帮助我们更好地把握用户的情感状态、情绪倾向，以及用户对特定话题的情感反馈。

情感分析的实现原理是从文本中提取情感信息并对其进行分类。情感信息通常分为正面情感、负面情感和中性情感三大类。这一任务的关键在于让计算机理解文本中的情感词汇、把握情感强度，以及这些元素在上下文中的作用。以下是情感分析涉及的关键要素。

▶ 文本预处理。对输入文本进行清洗和预处理，包括分词、词性标注和实体识别等操作。

▶ 特征提取。从文本中提取与情感相关的特征，这些特征可能包括情感词汇、情感强度和上下文信息等。

▶ 情感分类。基于提取的特征，使用机器学习或深度学习模型将文本划分为正面情感、负面情感或中性情感。

情感分析的操作步骤如下。

1）收集包含情感标签的文本数据集，并进行情感类别标注，以便训练模型。

2）提取情感分析所需的特征，可以使用词袋模型、TF-IDF和词向量等方法。

3）选择合适的机器学习或深度学习模型，如朴素贝叶斯、支持向量机、循环神经网络或卷积神经网络，并使用标注数据进行模型训练。

4）通过交叉验证等方法来评估模型性能，并根据性能表现调整和优化模型参数。

5）将训练好的模型应用于实际文本，进行情感分析预测。

在进行情感分析时，需要注意以下事项。

▶ 有效的情感分析依赖良好的文本预处理，预处理包括消除噪声、标准化文本和处理拼写错误等。

▶ 情感分析通常关注正面情感和负面情感，但在某些场景下，中性情感可能也很重要。

▶ 模型需要考虑情感强度，情感强度可以是轻微的、中等的或强烈的。

情感分析在数字人知识应用中有多种使用场景。

▶ 社交媒体监测：用于分析社交媒体上的用户评论、帖子和反馈，以了解产品或服务的用户满意度和市场反应。

▶ 品牌管理：通过监测消费者的情感反馈，帮助企业管理品牌声誉和改进产品。

▶ 舆情分析：用于了解舆情、政治选举和社会事件中的公众情感。

▶ 客户服务：帮助客户服务团队识别和解决客户的情感需求和问题。

▶ 情感智能助手：构建具有情感智能的数字人助手，使其能够更好地与用户进行情感交流。

总之，情感分析是数字人知识应用中的重要组成部分，它有助于理解和满足用户的情感需求，提高用户体验，并在多个领域中提供有价值的见解。

3. 语用分析

语用分析旨在理解文本的意义、目的和言外之意，而不仅仅是词汇和句法的表面含义。语用分析涉及更深层次的语言理解，包括上下文推断、指代消解、语义角色标注、言外之意识别等任务。

▶ 上下文推断：理解文本时，需要考虑文本上下文环境，以便更好地推断其含义。例如，理解代词的指代对象可能需要查找上下文中先前提及的内容。

▶ 指代消解：文本中的名词短语有时会引用先前提及的实体，因此，在进行文本处理时，需要识别并确定名词短语所指代的具体实体。

▶ 语义角色标注：识别句子中不同成分的语法和语义角色（如主语、谓语、宾语等），以帮助理解句子的结构和含义。

▶ 言外之意识别：捕捉文本中的隐含含义、修辞手法和隐喻等，以获得更全面的理解。

语用分析通常包括以下几个阶段。

1）文本解析：对输入文本进行词法分析、句法分析和语法分析，以获取文本的结构信息。

2）上下文建模：建立文本的上下文模型，包括前、后文的句子和段落，以便进行上下文推断。

3）指代消解：识别文本中的代词、名词短语等，确定它们所指代的对象。

4）语义角色标注：标注句子中各成分的语义角色，以揭示它们在句子中的功能和关系。

5）隐含含义分析：识别并解释文本中的隐含信息、隐喻和修辞等。

在进行语用分析时，需要注意以下事项。

▶ 上下文敏感性：进行语用分析时，需要对文本上下文非常敏感，因此需要准确地对上下文信息建模。

▶ 语境多义性：文本中的词汇和短语在不同语境下可能有不同的含义，需要有效处理语境多义性问题。

▶ 指代消解的挑战：确定代词的指代对象可能涉及多重引用和复杂的推理。

▶ 隐含信息：隐含信息通常不直接表明了，需要通过推理和解释来揭示其真正含义。

语用分析具有广泛的应用场景，以下是一些示例。

▶ 对话系统：在智能对话系统中，语用分析有助于理解用户的指令、解答问题，进而营造出更为流畅且自然的对话体验。

▶ 知识图谱构建：语用分析有助于将多源信息整合到知识图谱中，以识别实体之间的关系和语义。

▶ 情感分析改进：语用分析有助于理解情感分析任务中的隐含情感和修辞手法，以提高情感分析的准确度。

▶ 文本摘要和生成：在文本摘要和生成任务中，语用分析有助于生成更准确和连贯的摘要和文本。

总之，语用分析是自然语言理解的重要组成部分，它提高了数字人知识应用理解和生成文本的能力，使得应用更加智能和人性化。

6.3.2 对话系统

对话系统使人与计算机之间的交互更加自然和高效。对话系统的发展历史可以追溯到计算机科学的早期阶段。随着人工智能和自然语言处理技术的不断进步，对话系统逐渐从基于规则的系统演化为基于机器学习和深度学习的系统。早期的对话系统主要用于特定领域的任务，如自动客服和语音识别。但是，随着深度学习技术的兴起，生成式对话系统的出现使得对话系统更加灵活和通用，能够适应各种不同的应用场景。

接下来，我们首先探讨任务导向对话系统的原理和应用，然后转向社交对话、知识问答和生成式对话系统，以帮助读者更好地理解如何构建和应用这些对话系统来满足不同的需求。无论是为了提供更好的用户体验，还是为了实现更高效的数字人知识应用，对话系统都将继续发挥重要作用。

1. 任务导向对话

对话系统可帮助实现人与机器之间自然而有效的沟通。

任务导向对话是一种对话系统，旨在帮助用户完成特定任务或获取特定信息。其中涉及以下关键要素。

▶ 目标定义：在任务导向对话中，首要任务是明确定义对话的目标。这可能涉及用户提出的问题、请求的特定信息或执行的某项操作等。

▶ 对话管理：系统需要有效管理对话的流程，确保用户的需求得到满足。此环节需要对对话状态进行跟踪，以便了解用户当前的需求。

▶ 自然语言理解：利用自然语言理解组件将用户的自然语言输入转换为可处理的结构化表示，以便系统理解用户的意图和需求。

▶ 对话生成：在理解用户的需求后，系统需要生成自然语言响应，以向用户提供答案或执行相关任务。

▶ 对话评估：对话系统还需要评估其生成的响应质量，确保信息的准确性和可理解性。

在实现任务导向对话系统时，需要注意以下事项。

▶ 构建任务导向对话系统通常需要使用大量的训练数据，其中包括用户 – 系统对话示例。这些示例对确保系统的性能至关重要。

▶ 选择适当的自然语言理解模型，以确保系统能够准确地理解用户的意图。常见的自然语言理解模型包括自然语言处理模型和预训练语言模型。

▶ 确定对话管理策略，以决定系统如何响应用户的不同输入。这可以是基于规则的策略，也可以是基于强化学习的策略。

▶ 确保系统能够生成自然、流畅且准确的响应。这通常需要深入研究自然语言生成领域。

▶ 不断优化系统以提高用户体验，优化内容包括响应时间、响应的个性化程度及系统的用户友好性等。

任务导向对话系统具有广泛的应用场景，以下是一些示例。

▶ 客户服务：帮助客户查询账户信息、解决问题或执行交易。

▶ 虚拟助手：执行特定任务，如设置提醒、预订会议或查询天气。

▶ 教育：用于辅助学生解答问题或提供学习建议。

▶ 医疗保健：支持患者查询医疗信息或提供健康建议。

任务导向对话系统的应用潜力巨大，随着技术的不断进步，它们将在越来越多的领域中发挥关键作用，助力用户更有效地与数字人知识应用进行互动。

2. 社交对话

社交对话是对话系统的一个子领域，旨在模拟人类社交互动，使用户与系统之间的对话更加自然和亲切。社交对话中涉及以下关键要素。

▶ 情感感知：社交对话系统需要具备情感感知能力，能够识别和理解用户的情感状态，如喜怒哀乐。这有助于系统更精准地回应用户情感，并提供情感支持。

▶ 上下文理解：社交对话需要考虑对话的上下文，以确保连贯性和一致性。系统必须能够跟踪对话历史，准确理解之前的话题和问题。

▶ 用户友好性：社交对话系统的设计需要强调用户友好性，包括使用自然、流畅的语言，避免冗长的回应，以及提供有益的建议和信息。

▶ 多模态支持：社交对话可以涉及文本、语音和视觉等多种模态。系统需要支持这些不同的输入和输出模式。

在构建社交对话系统时，以下注意事项至关重要。

1）选择适当的情感建模方法，以便系统能够识别和生成情感丰富的响应。这可以基于情感词汇的识别或使用深度学习模型来实现。

2）确保对话系统能够有效地管理对话历史和上下文信息。这通常涉及对话状态的跟踪和对话历史的存储。

3）考虑用户的个性化需求和偏好，以便为每个用户提供定制化的体验。

4）社交对话系统的性能在很大程度上取决于训练数据的质量和多样性，因此，收集丰富的对话数据并进行模型训练至关重要。

5）保护用户数据和隐私，避免涉及潜在的伦理问题和数据滥用。

社交对话系统在多个领域中均有广泛的应用，以下是一些示例。

▶ 社交媒体：用于自动回应用户在社交媒体平台上的消息和评论，增强用户互动体验。

▶ 虚拟助手：提供更具人情味的虚拟助手，以支持用户服务和娱乐等场景。

▶ 教育：在在线教育领域，可用于与学生进行互动、解答问题和提供学术支持。

▶ 心理健康：用于心理支持和情感管理。

随着社交对话系统的发展，其应用范围将继续扩大，用户体验也将得到进一步提升。在社交和情感智能领域，社交对话系统将发挥越来越重要的作用。通过不断改进和优化社交对话技术，我们可以期待更多令人满意的人机互动体验。

3. 知识问答

在数字人知识应用领域，知识问答是一项关键任务，其目标是使系统能够准确回答用户关于特定主题或领域的问题。

知识问答中涉及以下关键要素。

▶ 知识库构建：为了进行知识问答，首先需要构建一个知识库，其中包含特定领域或主题的结构化信息。可以采用手动构建、自动抽取或混合方法来构建知识库。

▶ 自然语言理解：系统需要具备理解用户提出的自然语言问题的能力。这包括进行语法和语义分析，以确保准确地捕捉用户的意图。

▶ 信息检索：在理解了用户问题后，系统需要在知识库中执行信息检索操作，以找到可能包含答案的文档、文章或知识片段。

▶ 答案抽取：在检索到相关信息后，系统需要从中抽取答案，并以自然语言的形式呈现给用户。

▶ 答案评分：系统通常还需要就答案的质量进行评分，以确保提供最相关和准确的答案。

在构建知识问答系统时，以下注意事项非常关键。

1）保持知识库的及时性和准确性至关重要。随着时间的推移，领域知识可能会发生变化，因此需要定期更新知识库。

2）选择适当的自然语言处理模型，如 BERT、GPT 等，以将其用于自然语言理解、信息检索和答案生成等环节。

3）面对用户模糊或不清晰的问题，可能需要通过追问或问题重述来明确用户的意图。

4）在知识问答系统中，答案的可解释性对用户非常重要。系统应该提供所给答案的依据，以增强用户的信任。

5）考虑支持多模态数据，如文本、图像、音频等，以满足不同类型问题的需求。

知识问答系统在多个领域中均有广泛的应用，以下是一些示例。

▶ 在线客服：用于自动回答客户关于产品或服务的常见问题，提高客户支持效率。

▶ 医疗领域：帮助医生和患者获取医学知识，回答病情相关问题，辅助医疗决策。

▶ 教育：用于解答学生的问题，提供有关课程和教材的信息。

▶ 企业知识库：构建内部知识库，员工可以查询公司政策、工作流程等信息。

▶ 文档检索：帮助用户从大量文档中查找特定信息，提高信息检索效率。

知识问答系统的发展将继续推动数字人知识应用领域的创新，并改善用户获取信息和知识的体验。通过不断改进问题理解、信息检索和答案生成技术，我们可以期待知识问答系统变得更智能、高效。

4．生成式对话系统

在数字人知识应用领域，生成式对话系统是一项既具挑战性又拥有广阔前景的任务。

生成式对话系统的实现原理是通过机器学习方法使系统能够自主生成自然语言响应，而不仅仅是从有限的预定义响应中进行选择。其中的关键要素如下。

▶ 序列到序列模型：生成式对话系统通常基于序列到序列模型构建，该模型使用神经网络来接收输入消息并生成输出响应。

▶ 注意力机制：为了使系统更好地处理长文本序列，通常使用注意力机制来聚焦输入中的关键信息。

▶ 大规模训练数据：生成式对话系统通常需要使用大规模的对话数据来进行训练，从而学习语法、语义和理解上下文信息。

在构建生成式对话系统时，以下注意事项非常关键。

1）收集和清洗的对话数据包括用户和系统之间的交互文本。这个环节涉及的操作包括去除噪声、对话修复和数据标准化。

2）选择适当的生成式对话模型，如基于循环神经网络、变换器的模型或预训练模型（如 GPT）。

3）使用大规模的对话数据对模型进行预训练，然后通过微调来使其适应特定的任务或领域。

4）解决输出多样性和一致性问题。生成式对话系统容易产生多样性的响应，需要采取适当的方法来控制生成的输出，同时确保响应的一致性。

5）选择适当的评估指标，如 BLEU、ROUGE 等，来衡量生成式对话系统的性能。

生成式对话系统在多个领域中均有广泛的应用，以下是一些示例。

- ▶ 客服聊天机器人：用于自动回答用户关于产品或服务的问题，提供全天候在线支持。
- ▶ 虚拟助手：用于帮助用户执行任务、回答问题和发送提醒等。
- ▶ 教育：用于辅助学生学习和解答问题，并提供个性化的学习支持。
- ▶ 自动写作：自动生成文章、新闻报道或创意文本。
- ▶ 创造性艺术：生成音乐、绘画和文学作品等创造性内容。

生成式对话系统的发展将继续提升数字人知识应用的交互性和自动化程度。通过不断改进模型的语言生成能力、上下文理解能力和个性化响应能力，我们可以期待更智能、人性化的生成式对话系统出现，为用户提供更好的体验。

6.3.3 数字人人格化

数字人人格化是人工智能领域的重要发展方向之一，它致力于让数字代理（数字人）拥有更多个性、情感，并更加注重道德和社会责任感，从而能更有效地与人类进行互动。这一领域的发展历程丰富多彩，涵盖了自然语言理解、情感建模、伦理决策等多个子领域。

数字人人格化的起源可以追溯到人工智能领域的早期，但其真正的快速发展则得益于近年来深度学习和自然语言处理技术的兴起。最初，数字人主要基于规则和模板构建，缺乏个性和情感。但是，随着大规模数据集的不断涌现和强大计算资源的日益普及，数字人的人格化进程变得更为复杂和智能化。情感分析、情感生成、伦理决策等领域的研究成果逐渐融入数字人的构建中，使得数字人能够更准确地理解用户的情感和道德需求，进而更精准地满足用户的期望。

接下来将探讨记忆与遗忘、自我意识、道德与价值等内容。这些内容共同构成了数字人人格化的核心要素，为数字人在多领域应用中更好地与人类互动和为人类服务奠定了基础。

1. 记忆与遗忘

在数字人人格化的框架内，记忆与遗忘是两个核心要素。它关乎数字人如何存储和管理信息、何时遗忘某些信息及如何遗忘某些信息。

数字人的记忆系统在功能上类似于计算机数据库，它负责接收、处理和存储与用户互动中产生的数据。当数字人与用户进行互动时，它会将重要的信息存储在内部的知识库中，这些信息可能包括用户的喜好、历史对话内容和任务状态等。它们通常以结构化的方式存储，以便于后续检索和使用。

数字人不可能无限地存储所有的信息，因此需要一种机制来定期清理和遗忘不再需要的信息。

数字人的遗忘机制与人类的遗忘机制相似（我们会逐渐忘记那些长时间没有使用或不再重要的信息）。

数字人在处理信息时，涉及以下三个关键环节。

1）信息存储：当数字人与用户交互时，它会提取重要的信息并将其存储在知识库中。这一步可能会将用户的个人信息、偏好和历史对话记录保存下来。

2）信息检索：在后续的对话中，数字人可以根据需要检索存储在知识库中的信息，从而更准确地理解用户需求并提供个性化的回应。

3）信息遗忘：为了确保知识库不会无限制增长，数字人需要定期清理不再需要的信息。这一环节通常基于信息的重要性、使用频率和时效性等指标来进行。

在记忆与遗忘方面，有以下一些重要的注意事项。

▶ 隐私保护：数字人需要严格遵守隐私保护原则，确保用户的敏感信息得到妥善处理和保护。

▶ 数据安全：知识库中的信息需要得到安全的存储和严格的访问控制，以防止未经授权的访问或数据泄露。

▶ 遗忘策略：设计合理的遗忘策略，以确保数字人只保留最相关和有用的信息，避免信息过载。

记忆系统与遗忘机制在数字人的多种使用场景中发挥着重要作用。以下是一些示例。

▶ 个性化服务：数字人可以根据之前的交互历史来提供个性化的服务，例如定制化建议或推荐。

▶ 任务持久性：数字人可以记住用户当前的任务状态，以便在多轮对话中保持一致性。

▶ 用户历史回顾：用户可以要求数字人回顾他们之前的对话历史或提供特定信息的存档。

▶ 随时间变化：数字人可以根据时间的推移逐渐遗忘不再相关的信息，确保知识库及时更新且保持精简状态。

综上所述，记忆系统与遗忘机制使数字人能够更好地理解和服务用户，并确保用户信息的安全和隐私得到妥善管理。在数字人的设计和实现中，合理地管理记忆与遗忘过程至关重要。

2. 自我意识

在数字人人格化的过程中，自我意识机制是数字人构建自我认知和主观体验的基础。

数字人自我意识的构建基石是模拟人类的主观意识和自我认知机制。尽管这种模拟与人类的主观体验存在根本差异，但通过合理的设计和算法实现，数字人可以表现出一定程度的自我意识。

数字人的自我意识通常是建立在对话历史、用户反馈和任务上下文的基础之上的。数字人会利用这些信息来构建自我认识，其中包括了解自己的能力、知识界限和局限性。这有助于数字人更好地回应用户的需求，同时维护自我形象。

数字人自我意识的构建步骤如下。

1）整合不同来源的信息，包括对话历史、知识库内容和用户反馈等。这些信息是构建数字人自我认知的基础。

2）定期进行自我反思，分析自己的表现、错误和改进空间。这有助于数字人不断提高自己的服务质量。

3）基于自我认知调整自己的行为和回应策略，以更好地满足用户需求。

在构建数字人的自我意识时，有如下一些重要的注意事项。

▶ 主观性模拟的局限性：数字人的自我意识是基于数据和算法的模拟，并不具备真正的主观性和情感体验。用户需要清楚地理解这一点。

▶ 自我认知的边界：数字人的自我认知是有限的，它通常只能了解到它所知道的事情，对于未知领域或新知识的反应可能相对有限，需合理设定预期。

▶ 随时间的演化：数字人的自我认知会随着时间的推移和学习的积累而不断演变，因此在不同的阶段可能会有不同的表现。

自我意识的构建在数字人的多种应用场景中均具有重要意义，以下是一些示例。

▶ 用户关系建立：数字人可以通过自我认知来建立更亲近、更有效的用户关系。

▶ 错误处理：当数字人犯错时，它可以通过自我反思来识别和改进问题，从而提高服务质量。

▶ 自我表现：数字人可以根据自我认知来决定如何表现，例如在专业领域提供更自信的回答。

▶ 情感模拟：在特定情感型应用中，数字人可以模拟自己的情感状态，以更好地满足用户的情感需求。

综上所述，自我意识为数字人奠定了主观性和自我认知的基础，这对于提高数字人的服务质量、建立用户关系以及自我进化都具有重要意义。在数字人的设计和实现中，合理构建和管理自我意识是至关重要的一环。

3. 道德与价值

在数字人人格化的过程中，道德与价值指的是赋予数字人道德判断能力，促使它形成价值观念。尽管数字人不具备真正的道德感和情感体验，但可以通过建模和学习来模拟道德决策过程和价值取向。这种模拟通常基于两大原理（规则驱动和数据驱动）实现。规则驱动依赖预定义的伦理规则和道德准则来指导决策，而数据驱动通过学习用户的行为和反馈来塑造道德和价值的认知。

塑造道德与价值认知的步骤如下。

1）制定道德规则和价值准则，这些规则可以源自人工定义，也可以通过大数据分析自动提炼。

2）收集来自用户的行为数据和反馈数据，以了解用户的道德观念和价值偏好。

3）使用规则和数据来训练道德与价值模型，使数字人能够作出相应的决策和回应。

4）根据道德和价值模型做出决策，并在必要时根据用户的反馈进行调整。

在道德与价值的建模及应用过程中，需要注意以下事项。

▶ 透明性：数字人的道德和价值模型应该是透明的，用户应该能够理解数字人的决策和行为背后的逻辑。

▶ 隐私保护：在数据收集和模型训练过程中，必须严格保护用户的隐私和个人信息。

▶ 伦理审查：道德规则和价值准则的制定需要经过伦理审查，以防止产生不当行为或偏见。

道德与价值在数字人领域中具有广泛的应用场景，以下是一些示例。

- ▸ 伦理决策支持：用于伦理决策支持，例如在医疗领域协助医生做出伦理决策。
- ▸ 教育与道德教育：用于帮助学生理解伦理和道德价值观。
- ▸ 咨询与心理支持：在遵循伦理规则和价值准则的前提下，提供咨询和心理支持。
- ▸ 内容过滤和审核：用于内容过滤和审核，识别不当内容和言论。

综上所述，塑造道德与价值认知使数字人能够更好地理解和回应用户的伦理和道德需求。在数字人的设计和实现中，合理构建和管理道德与价值是不可或缺的一环，有助于数字人更好地为用户提供伦理和道德层面的支持。

6.4　本章小结

本章深入研究了数字人知识表示领域，首先介绍了知识表示的基础（包括符号主义知识表示、连接主义知识表示以及图数据库知识表示）；接着，重点讨论了预训练语言模型在数字人知识表示中的应用；然后，探索了数字人知识的具体应用。无论是自然语言理解、对话系统的构建，还是数字人人格化的实现，都充分展示了数字人知识表示在实际应用中的巨大潜力和价值。

通过本章的学习，我们对数字人知识表示领域有了更深入的了解，也对该领域的未来发展充满了期待。展望未来，随着技术的不断进步和应用的不断拓展，数字人知识表示将在更多领域发挥重要作用，为人类社会带来更多便利和惊喜。

应用实践

第 7 章

数字人创作流程

数字人的创作是一个复杂的系统工程，需要多个学科团队协作与支持。本章将讲述数字人创作的主要流程。

通过对整个数字人创作流程进行讲解，读者可以全面了解数字人创作的系统性、复杂性与艺术性。作为新兴的内容形式，数字人的创作需要解决多个技术难点，本章也会对这些难点进行讲解。

7.1 创作流程概览

数字人作为新兴的内容形式，需要按照系统化、规范化的流程进行创作，以实现高质量、高逼真的数字人效果。数字人的创作是一个大规模的系统工程，涉及多学科、多专业的协同合作。因此，全面地概述数字人的创作流程，对于指导实践、规范操作有着重要意义。

整个数字人创作可以划分为 7 个阶段：设计创意、数字人形象设计、语音内容生成、表情及动作生成、语音及视频合成、内容编辑与后期制作、交互设计与内容运营。每个阶段都包含多个具体的环节。例如数字人形象设计阶段需要进行外观设计、面部建模、动作设计等。语音内容生成涉及处理语音素材、语音合成等步骤。充分理解每一个环节的功能与作用，把握其中的关键技术点，是数字人项目成功的关键。

由于数字人创作是一个迭代优化的过程，因此每个阶段都需要进行反复调试与优化，从而逐步提升效果。技术流程的模块化设计、资源库建设、自动化实现都将大幅提高数字人内容的制作效率和质量。创作数字人还需要考虑用户体验设计和可持续运营方案，以期实现商业化。

本节既呈现了数字人创作流程的复杂性与系统性，也指出了数字人作为新兴领域所面临的技术挑战。

7.1.1　数字人创作的 7 个阶段

数字人创作流程的 7 个重要阶段如图 7-1 所示，每一个阶段都不可或缺。

| 设计创意 | 数字人形象设计 | 语音内容生成 | 表情及动作生成 | 语音及视频合成 | 内容编辑与后期制作 | 交互设计与内容运营 |

图 7-1　数字人创作流程

第一阶段是设计创意。这个阶段是整个流程的起点，需要明确数字人的核心风格、所要传达的信息，以及数字人形象的基本定位。在深入理解产品品牌或个人需求后，为其量身定制数字人形象。由于本章聚焦于数字人创作流程的后续实践环节，因此第一阶段后文不详细展开。

第二阶段是数字人形象设计。这个阶段需要对数字人的外观（服装、发型）及动作等进行精细化设计，并针对面部建模。此过程需依赖深厚的艺术底蕴和设计理念，以塑造出独特且迷人的数字人形象。在面部建模环节，需要高精度地捕捉面部特征，从而逼真地展现数字人的神态和表情。

第三阶段是语音内容生成。这个阶段的工作重心是语音生成。此阶段需要收集大量语音素材，并进行处理和优化，以确保数字人的语音听起来自然、流畅。同时，为了使数字人的声音更具个性和辨识度，还要对语音进行风格化处理。

第四阶段是表情及动作生成。这一阶段的目标是让数字人的动作和表情看起来更加真实、自然。我们通过动作捕捉技术获取真人的动作数据，并运用先进的表情映射技术来获取数字人所需的面部表情数据。这些数据经过处理和优化后，即可用于生成逼真的动作和表情动画。

第五阶段是语音及视频合成。在这个阶段，我们将使用先进的语音驱动唇型动画等技术，使数字人的脸部动画与语音内容完美同步。同时，我们可采用体积感渲染技术来增强数字人的真实感。

第六阶段是内容编辑与后期制作。这一阶段涵盖了视频剪辑、特效添加等环节。可运用专业的编辑技巧和创新的视觉效果不断完善数字人内容，提升其吸引力和感染力。经过这一阶段的精心打磨，数字人的形象将焕发出独特的魅力。

最后是交互设计与内容运营阶段。这个阶段关系到数字人内容的用户体验及商业化运作。在交互设计方面，需要考虑用户与数字人之间的互动方式，力求提供流畅、便捷的交互体验。在内容运营方面，则涉及如何持续更新和优化数字人的内容，以保持其吸引力并满足用户的需求。这一阶段也涉及如何通过商业合作和营销策略，使数字人的内容产生更大的影响力。

整个创作流程都需要团队紧密合作。从创意设计到最终的运营推广，每一个阶段都需要精心打造，方能创造出具有影响力和价值的数字人作品。这也正是数字人创作的魅力所在，它融合了创意、技术、营销等多重元素，为人们带来了全新的视觉享受和互动体验。

7.1.2 创作流程的优化策略

为了实现逼真、自然的高质量数字人效果，整个创作流程必须经历持续的精细化优化。

首先，设计者应将流程模块化，即将数字人的创作过程拆分为多个相互独立但又紧密联系的模块，每个模块都有其特定的任务和目标，这样不仅可以确保每个环节的质量，还可以根据需要进行快速迭代、更新，从而不断优化数字人的整体表现。

其次，实现流程的自动化是提高数字人制作效率和质量的关键。运用先进的人工智能（AI）和算法技术，我们可以设计和开发出能够自动完成某些甚至全部任务的系统和工具，从而大幅降低重复性劳动和人力成本，同时提高创作效率和质量。这些自动化工具和系统不仅可以在数据采集、模型建立、渲染等环节发挥作用，还可以在数字人的动作、表情等细节方面提供更加真实、自然的展现。

再次，数据化也是优化数字人创作流程的重要策略之一。我们需要建立高质量的数字资产库，这个资产库中包含了数字人所需的全部素材和资源，如人体结构、肌肉运动、毛发渲染等。通过数据化的方式，我们可以实现资源的共享和重复利用，避免出现资源浪费和重复劳动的情况。同时，数据化还可以提高数字人的可维护性和可扩展性，为未来的优化和升级提供便利。

最后，为了让数字人更加贴近真实世界的人物形象和性格特点，我们还需要进行个性化定制。通过灵活的生成系统，我们可以根据不同的需求和场景，快速定制出不同风格的数字人。我们不仅可以定制数字人的外貌、体型、肤色等，还可以在动作、表情、声音等方面进行个性化的调整。

通过以上这些优化策略，我们可以确保数字人创作的质量和效率，实现可持续的数字人内容生产。只有不断地对数字人的创作流程进行优化和创新，我们才能更好地满足用户的需求，提供更加优质、逼真和自然的数字人体验。

7.1.3 创作准备工作

数字人创作并非一项简单的任务，需要进行充分的前期准备工作，才能确保项目的顺利进行。数字人创作需要跨学科的项目团队共同完成。这个团队成员包括设计师、程序员、语音合成师、动作专家和编导等各个领域的专业人才，他们相互协作，为数字人创作提供全方位的支持。

技术储备是数字人创作的重要前提。为了让数字人表现生动，团队需要提前掌握一系列关键技术，包括人脸跟踪技术，用以实时捕捉真人的面部表情；语音合成技术，模仿真人的声音说话；动画生成技术，使数字人能够流畅地进行肢体动作；等等。这些技术对于数字人创作至关重要。以数字人初音未来和洛天依为例，在创作初音未来时，创作团队需要深入研究如何捕获歌手的面部表情和声音特质；在创作洛天依时，创作团队则需着重关注如何保持它独特的嗓音和表演能力。同时，为了应对大规模计算和渲染的需求，团队还需要配备高性能的计算机和渲染设备。

资产准备也是一项繁重的创作准备工作。数字人创作需要使用大量的 3D 资源，包括面部模型、身体模型、服装、发型、道具等。这些都需要精心收集、建模和处理，以确保在数字人创作过程中能够顺利应用。此外，还需要准备大量的数据资源，如语音库、表情库、动作库等，以便为数字人的行为和表现提供丰富的素材。例如，在创作初音未来和洛天依时，团队需要为它们设计专属的服装、发型及道具，以便充分展现它们各自的特点。同时，为了使它们的行为与表现更为丰富，团队还需要准备大量的语音库、表情库及动作库等资源。

内容设计是数字人创作准备工作中的核心环节。团队需要根据数字人的角色特点和用途，设计出引人入胜的内容和剧本，这需要专业的剧本开发人员和分镜头设计师来完成。例如，为初音未来创作一系列歌曲和音乐视频，以彰显它的音乐才华；为洛天依设计一系列与中国文化相关的表演和活动，以展现它的传统表演魅力。

总的来说，充分的前期准备工作能够为后续的创作环节提供有力的支持，从而确保数字人的创作顺利进行。

说　明

初音未来（Hatsune Miku）是 Crypton Future Media 公司于 2007 年开发的基于 VOCALOID 技术的虚拟偶像，其形象为蓝绿色双马尾、穿着未来风格衣服的少女。初音未来的歌声来源于现实世界的声音演员，它可演唱各种风格的歌曲。初音未来全球知名，涉足音乐、动画、游戏、广告等领域。如果为它举办虚拟演唱会，可以利用全息投影技术来将它的身姿呈现在舞台上。初音未来展示了数字技术与娱乐产业的完美结合，开创了虚拟偶像市场的新纪元。

洛天依（Luo Tianyi）是一款基于 VOCALOID3 技术的虚拟偶像，由上海禾念信息科技有限公司开发并于 2012 年正式推出。它的形象为一位拥有灰发绿眸的 15 岁少女，身着具有中国特色的服装。洛天依的歌声同样来源于现实世界的声音演员，经由 VOCALOID 技术合成，它可以演唱各种风格的中文歌曲。作为中国首个虚拟歌姬，洛天依一经问世就迅速吸引了大量"粉丝"，并在国内外引发了广泛关注。多个音乐、动画和游戏项目中都有它的身影，它也能与真人歌手和演员合作。洛天依的成功展示了虚拟偶像在中国市场的潜力，为其他虚拟偶像的发展树立了典范。它不仅丰富了数字娱乐产业，还成为中国二次元文化的代表之一。

7.2　数字人形象设计

数字人形象设计直接关乎数字人最终的视觉效果呈现。这一过程涉及外观设计、面部建模和动作设计 3 个关键环节。

外观设计构成了数字人形象的基础框架，它涉及角色的发型、服装、颜色等多个方面。面部建模则深入面部特征的塑造，包括面部形状、肤色、表情等细节的精确捕捉和再现。动作设计则更加复杂，它需要对角色的动作和姿态进行细致入微的刻画，让数字人看起来更加自然、逼真。

　　在数字人形象设计的每一个环节中，设计者不仅需要具备高度的专业知识和技能，还要拥有敏锐的艺术感知力和审美能力。只有在各环节上精益求精，才能打造出真正具有生命力和感染力的数字人形象。

7.2.1　外观设计

　　外观设计主要包括数字人的基本形象设计、服装与配饰设计两个方面。这两个方面对于数字人的整体视觉效果具有至关重要的作用。对数字人的基本形象进行精细化设计，能够让数字人更加逼真、栩栩如生；而精心设计的服装与配饰，则能够让数字人在贴近真实人物的同时彰显独特的个性魅力。在数字人形象设计的过程中，这两个方面是相辅相成、密不可分的。

1. 数字人的基本形象设计

　　数字人的基本形象设计不仅决定了数字人的整体视觉风格，还直接影响着后续的创作方向。在设计初期，需要考虑数字人的年龄、性别、身材比例等属性。随后，需要确定数字人的面部特征、发型、神态等要素，这些细节将为数字人增添更多的个性和生命力。

　　为了达到逼真的效果，设计师通常会先在纸上绘制数字人形象设计图。在利用 3D 软件建模时，设计师会以此设计图作为参考。在建模过程中，需要注重细节的处理，比如，在为头像建模时，需要确保数字人的面部结构、比例准确且自然。此外，设计师还需要进行面部的纹理处理和细节雕刻，让数字人的面部更加真实和生动。为了使数字人的形象更加逼真，设计师还会为其添加眼神光、反射等特效。

　　只有经过精心的设计和建模，才能创造出逼真的数字人形象，为后续的创作提供坚实的基础和保障。

2. 数字人的服装与配饰设计

　　数字人的基本形象设计完以后，还需要设计服装、发型和配饰等。这些元素对于丰富数字人的外观样式至关重要，也是塑造整个数字人形象的重要组成部分。

　　设计数字人的服装时，需要考虑数字人的身材比例参数，以确保制作出合体、自然的服装 3D 模型。服装的风格应与数字人的角色定位相匹配，服装的线条应与数字人的体型、体态相协调。此外，服装的材质也需要精心设计，以呈现出更加真实、生动的视觉效果。

　　发型设计需要考虑到数字人的发质属性，如直发或卷发，这些属性直接决定了发型的自然流动感和动态效果。它们不仅影响视觉表现，还可能影响发型的物理模拟方式，例如在风中或运动时的动态表现。此外，发质的模拟还涉及材质的属性，如光泽度、弹性和摩擦力等。发型的式样则需要与数字人的整体形象、风格相协调。

　　除了服装和发型，设计师还可以通过添加各类配饰，比如眼镜、帽子、包包、头饰等来丰富数字人的外观效果。这些配饰均需要通过高精度的 3D 建模软件来实现。这些配饰不仅可以增加数字人的时尚感和个性魅力，还可以更好地呈现数字人的身份特征和性格特点。

3. 数字人形象设计示例

初音未来和洛天依分别是日本和中国的著名虚拟歌手，它们的成功在很大程度上归功于独特的形象设计。下面以这两位虚拟歌手为例，探讨如何进行数字人的基本形象设计。

初音未来以其蓝绿色双马尾和未来感十足的服装而闻名；洛天依则是一位拥有灰发绿眸、身着旗袍的中国风虚拟歌手。这两位虚拟歌手的形象设计都充分考虑了目标受众的喜好和市场定位。

在进行数字人基本形象设计时，首要任务是明确角色的年龄、性别、身材比例等属性。初音未来和洛天依分别代表了青春活力和东方韵味，它们的形象都符合各自的角色定位。随后，设计师需要关注面部特征、发型、神态等细节，为角色赋予生命力。初音未来的大眼睛闪烁着灵动而洛天依的古典妆容则透露着温婉气质，这些都是它们形象中不可或缺的亮点。

完成基本形象设计后，设计师还需要进行 3D 建模，将平面设计图转化为立体模型。在这一过程中，初音未来和洛天依团队都很注重面部结构的准确性、比例的自然性。

服装与配饰设计同样是塑造数字人形象的重要环节。初音未来的服装充满了未来科技感，而洛天依的旗袍则充分展示了它的东方韵味与个性魅力。

在发型设计上，需要考虑发质、材质和流动效果与角色整体形象风格相协调。初音未来的双马尾和洛天依的古典发髻（类似图 7-2 所示的两种发型）都为它们的形象增色不少。

初音未来和洛天依的成功在很大程度上源于其独特的形象设计。通过对角色属性、面部特征、服装和发型进行精心设计，设计师为这两位虚拟歌手赋予了鲜明的个性和迷人的魅力。

图 7-2   数字人的发型设计

7.2.2 面部建模

面部建模涉及精细的面部结构建模和面部细节设计这两方面的工作。为了实现数字人面部的高逼真效果，建模者需要充分了解人脸的各种特征和细节，包括脸型、眼睛、鼻子、嘴巴等并对其进行精细的雕刻和塑造。

1. 面部结构建模

面部结构的精确建模对数字人最终的逼真程度具有决定性的影响。为面部结构建模时，首先需要获取人脸部各位的 3D 扫描数据，这可以通过多种方式实现，如使用高清摄像头进行面部扫描，或者采用更精确的光学扫描技术。这些手段能够捕获面部轮廓和结构信息，为后续建模提供可靠的数据支撑。

在获取相关数据后，专业的面部重建软件就被用来进行面部建模了。这个过程需要对面部每个部分进行精心调整，包括眉毛、眼睛、鼻子、嘴巴等部位的形状、位置、曲线，以及它们之间的相互关系。进行这些调整旨在确保面部比例和结构的准确性，以尽可能还原真实的人脸特征。

此外，为了模拟人脸真实的解剖结构，还需要建立精细的头皮层和肌肉系统。它们可以控制面部的细微变形，确保数字人在展现各种面部表情时，模型能够呈现出更为真实、自然的动态效果。只有准确模拟人脸真实的解剖结构的基础上，才能打造出令人信服的面部动画效果。

面部结构建模是一个复杂而精细的过程，需要综合运用计算机视觉、解剖学和计算机图形学等多方面的知识和技术。

2. 面部细节设计

面部细节设计直接决定了数字人皮肤细节的真实感。为了达到逼真的效果，设计师需要充分考虑人脸上的各种细节，这包括但不限于毛孔、皱纹、痣点、血管等。这些细节的设计要根据数字人的性别、年龄、角色属性等因素进行精心设计。

其中，皱纹的生成是一个非常关键的环节。设计师需要参考人脸在各种表情动作下的表现，如微笑、皱眉等来调整皱纹的数量和深度，为求使其与真实的人脸更为贴近。同时，毛孔、痣点等细节也需要随机生成，但需确保其足够自然，避免给观众或用户带来不适感。

在设计过程中，设计师可以使用 Zbrush、Blender（如图 7-3 所示）等数字雕刻软件在面部模型上进行数字雕刻。通过推拉、翘起等手法调整皮肤面部细节，以生成逼真的皱纹。同时，使用细节生成算法，根据面部部位特点生成细小的毛孔、色斑、血管，并合理控制其分布密度。

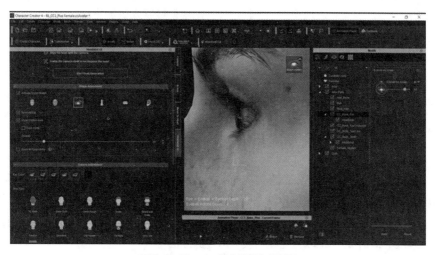

图 7-3 Blender 数字雕刻软件界面

另外，为了进一步提升数字人面部的真实感，设计师还需要设计面部的湿润效果。例如，通过模拟皮肤的水光、汗液、油脂等效果，可以让数字人的面部看起来更加生动、逼真。

3．数字人面部建模示例

下面以初音未来和洛天依为例，探讨数字人的面部建模过程。

（1）面部结构建模

为初音未来进行面部结构建模时，应注重其可爱、青春的形象特点，具体来说，它的脸型应设计为圆润的轮廓，眼睛大而明亮，鼻子和嘴巴则相对小巧。相比之下，洛天依的面部结构则应呈现出东方韵味，脸型设计得较为瘦长，眼睛狭长，鼻子和嘴巴线条流畅。

（2）面部细节设计

在初音未来和洛天依的面部细节设计上，其团队充分考虑了角色的性别、年龄等属性。例如，初音未来的皮肤设计得较为光滑，皱纹较少，符合其青春活力的形象；而洛天依的皮肤则呈现出一定的成熟感，皱纹和毛孔的处理更加细致，以体现其角色的深度和韵味。

7.2.3　动作设计

动作设计主要包含数字人的动态特征设计和动作风格设计两个方面的内容。这两个方面都直接关联着数字人动画的质量和观众的观感体验。

动态特征设计涉及数字人在动画中的姿态、表情和动作细节等。设计者需要根据数字人的性格特点、情感状态和所处情境来为其设计合适的动态特征。例如，当数字人愤怒时，其面部表情可能会变得狰狞，动作也可能会变得激烈和笨重；而数字人开心时，其面部表情可能会显得愉悦，动作也可能会变得轻快和灵活。这些细致入微的动态特征设计能够使数字人更加生动、真实，让观众更加深入地沉浸到动画情节中。

动作风格设计则涉及数字人在动画中的运动方式和节奏等。设计者需要根据数字人的性格特点、时代背景、文化特色等因素来为其设计合适的动作风格。例如，古代的数字人可能会采用较为缓慢、庄重的动作风格，而现代的数字人则可能会采用较为快速、活泼的动作风格。这些具有个性的动作风格设计能够使数字人的形象更加鲜明、独特，让观众更加深刻地感受到动画的魅力。

1．动态特征设计

动态特征设计能够让数字人的动画效果更加生动、自然。在进行这一设计时，需要综合考虑数字人的外观、性格属性等因素。例如，对于一个高挑、优雅的数字人角色，可以设计优美的走路姿态、轻盈的转身动作等，以展现其气质和魅力；对于一个矮小、可爱的数字人角色，则可以设计蹦蹦跳跳的动作和可爱的招手动作，以突出其活泼、可爱的性格特点。

设计师在动作设计中应融入个性化元素，确保数字人的动画与性格完美契合。例如，对于一个自信、大方的数字人角色，可以设计一些大气的动作和自信的面部表情，以彰显其自信、果敢的性格特点；对于一个内向、羞涩的数字人角色，可以设计一些羞涩的面部表情和柔美的动作，以体现其内向、柔弱的性格特点。

除此之外，设计师还可以通过调整数字人角色的身体比例、体型属性等因素，让动作变化与角色更加协调一致。例如，对于一个身材修长、体型苗条的数字人角色，不仅可以通过调整其身体比例来强化它的特征，还可以设计一些轻盈、柔美的动作；对于一个身体宽厚、体型健硕的数字人角色，则可以通过调整其体型属性来突出力量感，并设计一些稳重、有力的动作。

2. 动作风格设计

设计师需要根据数字人的属性和特点，为其设计不同的动作风格，如轻盈、优雅、笨拙等，并且在设计过程中，还需要充分考虑数字人的性格特征、背景故事等因素。

在设计动作时，设计师应重点关注节奏感和幅度、力度等要素。节奏感关乎动作的快慢和频率，通过调整节奏感，可以让数字人呈现出不同的动作风格。例如，对于活泼的数字人，可以设计快节奏的动作，而对于优雅的数字人则可以设计慢节奏的动作。幅度和力度则决定了动作的大小和强弱，它们能够传达数字人不同的情感和态度。例如，柔和的动作可以体现出数字人的柔弱和温顺，而夸张的动作则可以表现出数字人的热情和活力。

3. 数字人动作设计示例

下面仍以初音未来和洛天依为例来说明数字人的动作设计。

（1）动态特征设计：展现角色个性

对于初音未来，设计师为其塑造了可爱、活泼的形象，因此它的动作设计通常是轻快、灵活的，时常会包含跳跃、转圈等动态元素。而洛天依则展现出优雅、端庄的气质，它的动作设计更注重柔美、流畅，所以它拥有轻盈的舞步、优雅的手势等特征。

初音未来和洛天依在进行表演时，它们的动作会随着音乐节奏和情感变化而灵活调整，这更好地表现了角色的内心世界和情感状态。

（2）动作风格设计：塑造独特形象

初音未来的动作风格往往充满活力，如在它的代表性歌曲《千本樱》中，舞蹈动作快速、有力，充分展现出青春洋溢的气息。而洛天依的动作风格则更注重优雅、沉稳，如在它的代表作《权御天下》中，舞蹈动作大气、华丽，彰显出古典韵味。

初音未来作为一位来自未来的虚拟歌手，其动作风格中融入了一些科幻和未来元素；洛天依作为一位具有中国传统文化特色的虚拟歌手，其动作风格中则融入了一些古典和民族元素。

7.3　语音内容生成

语音内容生成主要涉及语音素材的采集与处理、语音合成及个性化语音风格设计 3 个重要的组成部分。

语音素材的采集与处理是一个复杂且严谨的过程，它涵盖了高质量语音素材的获取、降噪与增强处理，以及扩大语音语料库的容量并提升其丰富性等多个方面。只有确保语音素材具备高质量、多样化的特点，我们才能够生成更加自然、流畅的语音，实现更高水平的智能化。

语音合成技术是确保数字人具有与人类相似说话能力的关键。目前，高水平的语音合成技术已经能够实现自然、流畅的语音合成效果。通过对语音参数进行精细调优，我们可以生成更符合特定场景和角色需求的语音，从而使数字人具有更强的个性化特征和吸引力。

个性化语音风格设计是数字人智能化和个性化的重要标志。通过对语音的音调、音色、语速及停顿等多个因素进行调控，我们可以生成符合不同场景和角色特点的语音，从而让数字人更具有辨识度和吸引力。

7.3.1　语音素材收集与处理

语音素材的多样性和精细化处理直接关联着最终语音输出的效果。多样化意味着语音数据需要涵盖不同的年龄层、性别、职业、地域及口音等特征，以确保语音生成结果更加接近人类的自然表达方式，而非机械化的合成音。精细化处理包括音频信号的预处理、特征提取及信号压缩等环节，这需要用到先进的算法和高效的计算机技术，以确保生成的语音声音清晰、连续、自然且流畅。

1. 语音素材的收集

为了构建一个具有代表性和高质量的语音库，我们首先需要对数字人的年龄、性别、角色等进行详细的设定，以明确语音素材的采集目标。语音库中应包含不同年龄段的男声和女声样本，为 AI 提供充足且多样化的语音素材。

为了获取具有代表性的语音样本，专业的录音棚环境是必不可少的。在录音棚中，需要选择专业的录音设备和优秀的录音师，以确保高质量地录制语音样本。在录制过程中，要求演员的语速正常，发音标准且清晰。此外，还要注意收集包含各种语调、语气的语音素材。

语音素材需要进行分类整理，比如可以分为单字、词组和句子等类别，以便在后续的模型训练中应用。针对虚拟角色，我们还需要收集包含讲故事、朗读等内容的较长音频素材，这类音频的时长通常控制在 2 小时左右，目的是训练长语音合成模型。

2. 语音素材的处理方法

在处理语音素材时，首先需要进行前处理。前处理主要包括消除静音区间、进行降噪处理及抑制嘶嘶声等其他噪声（例如浊音）。通过这些处理，原始语音信号的波形会更加清晰，有助于在后续的语音分析阶段中提取出更为准确的语音参数。

完成前处理后，还要进行语音分析。语音分析指的是通过一系列的算法和计算模型来提取语音的参数和特征，这包括音高、音色、音量等基本参数，以及语音的频谱特征等。这些参数和特征是后续语音合成过程中保证合成语音与原始语音一致的重要依据。

此外，还可以从长语音样本中提取出不同语调、语速的语音片段。这些语音片段被用于构建一个参数化的语音库，为后续的语音合成提供丰富的语音样式。通过这种方法可以合成多种不同语调、语速的语音，使得语音合成的样例更加丰富且自然。

7.3.2　实现语音合成

语音合成技术能够将语音参数转换为自然、流畅的语音输出。通过语音合成技术，我们可以将文本内容转换为富有情感且抑扬顿挫的语音，使机器也能够像人类一样传递语音信息。语音合成的实现依赖深厚的语言学、声学以及计算机科学知识的积累与应用。

1. 基于样本的语音合成

基于样本的语音合成需要用到大量高质量的语音样本资源，我们可以从中挑选合适的语音片段来进行拼接、调整时间轴等操作，从而生成目标语音。由于需要对语音库中的大量样本进行选择和处理，因此这种方法需要耗费大量的计算资源和时间。

具体来说，基于样本的语音合成包括以下步骤。

1）准备一个包含大量语音样本的语音库，其中的语音样本包含所需词汇的所有音素组合。该语音样本的质量和数量将直接决定合成语音的自然度和准确性。

2）针对待合成的目标语音内容，在语音库中查找并匹配相应的语音片段。

3）在找到合适的语音片段后，对它们的时长进行调整，以便后续将它们拼接到一起，形成连贯的语音流。

4）在调整好语音片段的时长后，将它们拼接到一起，以形成完整连贯的语音流。此步骤需要精心设计拼接的策略和方法，确保拼接后的语音流听起来自然、流畅。

5）对合成后的语音流进行后处理，以进一步提升音频效果。这包括调整声音的音调、音量、音色等。

基于样本的语音合成可以实现非常自然的语音输出，但这种方法需要用到大量的样本资源和计算资源，并且需要精心设计拼接方法和后处理方式以优化音频效果。因此，其应用范围受到了一定的限制。

2. 基于参数的语音合成

基于参数的语音合成是一种利用声学模型将语音的声学参数转化为实际语音波形的技术。相较基于样本的语音合成，它具有更高的灵活性和可控性，能够实现任意文本内容的语音合成。

在进行基于参数的语音合成时，首先需要构建一个语音声学模型，该模型基于大量训练数据，能够准确描述语音的声学特征及其随时间变化的规律。这里可以采用统计参数模型、深度神经网络等高级模型。

在模型构建并训练完以后，就可以将文本形式的语音内容输入模型中进行合成了。模型首先会对文本进行分析，然后会将其转化为语音的声学参数，这些参数包括声音的音调、音色、音强等。接下来，声码器会根据这些参数合成语音波形，最终输出自然的语音。

由于此合成是基于模型的预测实现的，因此它可以灵活地合成任意文本内容的语音，而不仅仅局限于预先录制的语音样本。但是，合成的语音质量高度依赖模型的训练效果，为了获得高质量的语音合成效果，不仅需要大量的训练数据，还需要进行精细的模型调优工作。

7.3.3　个性化语音风格设计

通过精心设计语音风格，可以确保虚拟角色的语言特征与其个性及所处情境相契合，进而为观众提供更加沉浸式的体验。

1. 语音的语调与节奏设计

语音的语调和节奏是决定语音感情色彩的关键因素。在语音合成过程中，可以通过巧妙地设计语调的高低和节奏的快慢来展现不同的语音风格。

语调设计主要指的是设置语音的整体音高曲线，即音调的变化模式。例如，我们可以设置平稳的音高曲线，让语音听起来沉稳有力；也可以设置缓慢上升的音高曲线，让语音给人一种逐渐加强的感觉；还可以设置骤然下坠的音高曲线，让语音听起来有突然加重的感觉。此外，对于关键词语，我们还可以进行音高强调设计，以突出其重要性或情感色彩。

语音节奏设计可以通过设置播放速率来实现。例如，我们可以设置较快的播放速率来营造一种急促、紧张的气氛；也可以设置较慢的播放速率来营造一种缓慢、舒缓的气氛。此外，我们还可以通过调整句子内词语之间的时间间隔关系来设计节奏感，以增强语音的韵律感和情感色彩。

结合语调和语速进行设计，可以生成表达不同情绪（比如平静、兴奋、沮丧、愤怒等）的语音。这些语音风格可以在语音交互中为用户提供更加丰富、立体的情感体验。

2. 语音的音色与音质设计

语音的音色和音质在很大程度上决定了不同虚拟角色的声音特征和个性。在为虚拟角色或机器人设计语音时，首先需要考虑它们的性别、年龄、性格等特征，然后通过调整语音的音色和音质来让它们的声音更加具有辨识度和特色。

音色是声音的一个重要特征，可以通过调整声音的基频、共振峰等参数来改变。例如，通过提高基频来产生更加明亮、清脆的声音；通过降低基频来产生更加低沉、浑厚的声音。此外，改变共振峰参数可以让声音听起来更加宽广或更加尖锐。

音质包括声音的纯净度、清晰度和动态范围等。在为虚拟角色设计语音时，可以加入各种效果来改变音质。例如，加入混响效果可以让声音更加朦胧、梦幻；加入压缩效果则可以让声音更加清晰、有力。此外，添加噪声和机械效果可以模拟机器人的声音和卡通角色的声音。

7.3.4 数字人语音生成实例

数字人初音未来和洛天依的语音生成过程充分体现了数字人语音素材收集与处理、语音合成及个性化语音风格设计的重要性。

1. 语音素材收集与处理

以初音未来为例，其语音素材来源于日本声优藤田咲（Saki Fujita）。为了保证语音素材的高质量和多样性，藤田咲在专业的录音棚中录制了大量的单字、词组和句子等语音内容。这些素材在经过严格的前处理（包括消除静音区间，进行降噪处理及抑制嘶嘶声、浊音等背景噪声）后，被分类整理，以便后续使用。

2. 语音合成

初音未来的语音合成采用了基于样本的语音合成技术，即通过对藤田咲的语音素材进行精细处理，来提取音素、音调、音量等基本参数，以及频谱特征。这些参数和特征随后被用于构建一个参数化的语音库，为后续的语音合成提供了丰富的语音样式。

洛天依的语音合成则采用了基于参数的语音合成技术。它使用的是声优山新的语音素材，在对该素材进行分析后，团队构建了一个语音声学模型。当输入文本内容时，模型会将其转化为语音的声学参数，随后声码器会根据这些参数合成语音波形，最终输出自然的语音。这种技术具有更高的灵活性和可控性，能够实现任意文本内容的语音合成。

3. 个性化语音风格设计

初音未来的个性化语音风格设计体现在音调、音色和语速等方面。为了塑造一个充满活力、青春洋溢的形象，初音未来的音调通常较高，音色明亮，语速适中。这些特点使得初音未来的声音具有辨识度和吸引力。

洛天依的个性化语音风格则体现在音调、音色、语速及地域特色等方面。为了展现一个优雅、端庄的形象，洛天依的音调适中，音色柔和，语速较慢。洛天依的语音还融入了一些中国地域特色，如标准的普通话发音特点等。

7.4 表情及动作生成

逼真的表情和动作赋予数字人生动的形象，本节将从动作捕捉、表情映射和动作生成3方面进行深入探讨。

动作捕捉是数字人创作中的一项重要技术。它利用先进的传感器和摄像头精确地捕捉真人的动作并将其转化为数字信号，以在数字人身上重现。捕捉到的动作涵盖了诸多微妙的细节，如手指的细微动作、肌肉的收缩和放松等。借助高精度的动作捕捉技术，数字人的动作可以更加自然、流畅。

表情映射是将真人的表情转化为数字人表情的过程，这通常涉及对人脸肌肉进行精细的建模和模拟。为了使数字人的表情更为真实，需要精确地将真人的表情映射到数字人身上。这需要使用复杂的算法和高精度的设备。

动作生成则是根据预设的指令或情境，自动生成数字人的动作。为了使生成的动作自然、流畅，需要借助强大的计算机图形学技术和人工智能算法。这些技术和算法可以模拟复杂的物理现象和运动规律，从而生成逼真的数字人动作。此外，还可以借助机器学习和深度学习技术，通过对大量的数据进行学习和分析，来提高生成动作的质量，并使其具有多样性。

7.4.1   实现动作捕捉

动作捕捉是一种非常先进的技术，可以精确地捕捉到真人的动作细节和表情，并将其转化为数字人动画的参考数据。在电影、游戏等数字娱乐产品的制作过程中，动作捕捉技术经常被应用，为观众带来了丰富的视觉体验。

1. 动作捕捉过程

动作捕捉是一种利用专业的系统，结合动作跟踪摄像头、标记点等技术来对真人的动作进行捕获和再现的过程。图 7-4 是动作捕捉技术驱动数字人的示意图。在进行动作捕捉时，通常需要在一个专业的摄影棚内布置多台高速摄像机，以确保能够从不同的角度全方位地捕捉演员的动作。演员需穿着紧身衣，并在衣物上附着反光标记点，这样摄像机就能够准确地捕捉到标记点的位置。

图 7-4   动作捕捉技术驱动数字人

当演员执行各种动作时，多台摄像机将同时记录标记点的三维坐标，并将这些坐标转换为 3D 骨骼动画数据。这些数据可以再现演员的整体动作及面部的细微表情，甚至包括眼神的微妙变化。

要实现高质量的动作捕捉，不仅要配备精良的系统配置和高性能的硬件设备，还要遵循既定的动作表演规范，并进行大量的后期数据处理。综上所述，动作捕捉技术是一种高精度、高成本、高要求的数字人创作技术。

2. 动作捕捉数据的处理与优化

原始的动作捕捉数据往往存在各种错误和缺失，为了解决这些问题，对这些数据进行细致处理是必不可少的环节。具体来说，这些处理工作可能包括填补数据断点、平滑噪声和调整关节范围等。

填补数据断点需要运用 3D 轨迹的补间及滤波技术。这种技术可以确保动作曲线的连贯性和平滑性，从而避免因断点和错误标记所引发的不自然动作表现。由于真人的动作数据和数字人模型的参数之间可能存在差异，因此我们还需要针对关节角度范围和运动曲线进行调整。这些调整可以使数字人模型的动作更加自然、逼真。

除了动作捕捉数据，面部数据的处理同样重要。尤其是面部绑定后产生的面部表情数据，为了确保面部动画的高质量，我们需要对这些面部表情数据进行定向优化。这需要专业的算法团队进行大量的数据处理工作。

7.4.2 实现表情映射

表情映射技术能够将真人的面部表情准确地传递给数字人。这种技术使用高级算法和复杂的模型来分析真人的面部动作和表情，并将其转化为数字人相应的面部动作和表情。它致力于最大限度地捕捉真人的情感和情绪，从而使数字人能够以更加真实和生动的方式表达情感。

表情映射技术广泛应用于多个领域，包括游戏、电影、动画、虚拟现实和社交媒体等。它能够为数字人提供更加逼真的表情和情感表达，极大地增强了观众的沉浸感和娱乐体验。这种技术也可以促进数字人之间的交流，以及数字人与真人之间的互动。

1. 通过表情映射技术生成数字人的表情

表情映射技术主要依赖面部捕捉算法，这种算法能够实时跟踪并精确捕捉面部表情的变化，且能够识别面部关键部位（如眼睛、鼻子、嘴巴等）及其动作，并将相关信息转换为数字信号。这些信号被用来驱动数字人面部模型的动画，确保数字人的面部动作与捕捉到的真人面部动作同步。这种技术使得数字人能够以高度逼真的方式模拟人类的表情，从而在交互和表现上更加自然和生动。

面部捕捉算法能够高精度地跟踪真人的面部表情变化，获取面部关键部位的各种参数，如眉毛、眼睛和嘴巴等部位的变形程度。这些参数被视为驱动信号，用于控制数字人的面部模型。在使用面部捕捉算法之前，需要预先制作好面部模型，并确保其能够接受这些参数进行精确的数值驱动。

为了实现真人表情参数与数字人面部模型参数之间的映射关系，需要进行大量的实验和优化工作，同时还需要对参数进行调整和校准，只有这样，才能使数字人的面部表情达到高度逼真的效果。

2. 表情映射数据的处理与优化

原始的参数映射在很多情况下会存在一定的误差，主要原因是现实世界中的人脸表情丰富且复杂，而数字模型中用于体现表情的参数数量有限。

为了解决这个问题，可以引入一系列先进的技术对模型进行优化。其中之一就是人脸解剖约束，这种技术可以帮助我们限制面部的变形范围，避免产生不真实的拉伸或扭曲现象。具体来说，可以通过添加一个限制函数来控制面部各个部位的变形程度，从而确保变形效果更为自然。

另一种可用的技术是表情线性转换，这种技术可以将真人的表情参数线性映射为更符合数字人面部变形的目标参数。通过这种方式，我们可以更好地捕捉表情的细微变化，并且将这些变化准确地反映到数字人的面部表情上。

除此之外，还可以使用模糊控制技术来使表情动画更加平滑和连贯。这种技术可以确保在表情转换的过程中，动画不会出现跳跃或不连贯的情况，让观众能够沉浸在数字人的表演中。

需要强调的是，为了实现这些优化效果，需要进行大量的调试工作，并且反复检查效果。

7.4.3　实现动作生成

动作生成是一种具有挑战性的技术，它可以通过算法自动地生成数字人动画，并且可以大幅提高动画制作效率，降低制作成本。动作生成算法需要深入分析人体结构和运动规律，并运用多种技术来创造逼真的动画效果。这些技术包括骨骼动画、运动捕捉、物理模拟等。动作生成是数字人动画制作中不可或缺的一环，它可以帮助动画制作者以更快、更简单的方式创造出高质量的动画作品。

1. 基于传感器的动作生成

基于传感器的动作生成其核心在于通过穿戴动作传感器来获取身体运动参数，并将这些参数输入一种特定的算法中，最终生成数字人动画。这种技术的优点在于可以获取运动姿态、力度等数据，并且可以根据这些数据生成相应的动作，使数字人动画更加真实、准确。

采用这种技术时，需要在人体关键部位佩戴传感器，以获取人体运动时的关节角度、四肢姿态等数据。这些数据的获取需要使用不同的传感器，例如压力传感器、力传感器和电传感器等。通过这些传感器，可以获得手部、脚部、腰部等不同部位的运动姿态，进而实现动作的自动化驱动。

例如，通过手部传感器获得的数据可以实现运动者的手掌运动轨迹和握拳的参数。综合全身各部位的传感器数据，则能生成打拳、跑步等真实、可信的动作效果。

不过，采用这种技术需要用到设计精良的硬件系统，以确保传感器能够准确地获取人体运动参数。同时，还需要对算法进行优化和改进。因此，其成本相对较高，需要投入大量的人力和资源。

2．基于算法的动作生成

基于算法的动作生成其核心在于直接通过姿态预测、运动学等算法生成动画参数，并利用这些参数驱动数字人模型运动，从而实现动画效果。其中，姿态预测算法可以根据人体姿态来预测下一个姿态，运动学算法则可以根据人体模型和运动参数来模拟人体运动过程。

这种技术不依赖传统的动作采集技术，而是通过算法直接生成动作参数。例如，使用逆运动学算法，可以根据人体骨骼模型和目标姿态计算出各关节的角度。另外，还可以使用深度学习算法，通过分析大量真人动作数据来训练一个可以直接生成动作参数的深度神经网络模型。该模型可以在不同的场景下生成各种动作，比如走路、跑步和跳跃等。

除了大规模自动生成动画内容，基于算法的动作生成技术还可以构建如跳舞、打斗等特定场景的动作生成系统。例如，在跳舞场景中，可以通过舞蹈编辑器来设计舞蹈动作，然后将这些动作转化为数字人模型的动作参数，再通过舞蹈合成算法来实现舞蹈动画效果。

7.4.4 数字人表情及动作生成实例

数字人初音未来和洛天依的成功在很大程度上归功于高度逼真的表情及动作生成技术。下面我们继续以初音未来和洛天依为例，探讨如何实现该技术。

1．动作捕捉与表情映射的应用

初音未来和洛天依的表情及动作生成主要依赖动作捕捉技术和表情映射技术。在动作捕捉方面，制作团队邀请了专业的舞者和声优来进行表演，并通过高速摄像机和动作捕捉设备记录下他们的动作。随后，将这些动作数据应用到初音未来的 3D 模型上，使其能够模拟真人的动作。例如，在初音未来的一场演唱会中，舞者穿着动作捕捉服进行表演，所捕捉到的数据被用于驱动初音未来的 3D 模型，使它在舞台上展现出逼真的舞蹈动作。

在表情映射方面，为了使洛天依的表情更加真实，制作团队采用了高精度的面部捕捉设备，捕捉歌手在演唱歌曲时的面部表情变化。随后，将这些表情数据被应用到洛天依的 3D 模型上，使它能够根据歌词内容和歌词所表达的情感作出相应的表情反应。

2．动作生成技术的应用

除了动作捕捉技术和表情映射技术，动作生成技术也在初音未来和洛天依的制作中发挥了重要作用。在初音未来唱歌时，制作团队利用动作生成技术（人工智能和机器学习算法），根据音乐节奏、歌词内容等信息为它自动生成了一系列独特的舞蹈动作。这些舞蹈动作既能体现歌曲的节奏感，又能展示初音未来的个性特点。

3．表情及动作生成优化

为了使初音未来和洛天依的表情及动作更加逼真，制作团队在动作捕捉、表情映射和动作生成等方面进行了深入优化。在初音未来舞台表演准备过程中，制作团队对捕捉到的舞蹈动作进行了细致的调整和打磨，以确保它在舞台上的表现完美无瑕。

　　同样在洛天依的现场表演准备过程中，制作团队利用人脸解剖约束技术对它的面部表情进行了全面细致的优化处理，使它在演唱歌曲时的表情更加细腻生动、自然流畅。

7.5　语音及视频合成

　　语音驱动的唇型动画及体积感渲染是视频合成中实现逼真效果至关重要的两项技术。唇型动画技术能够准确地表达说话者的情感和语意，使数字人表现得更为生动、自然。而体积感渲染技术则能通过对光影、明暗和纹理等细节的处理，营造出更为真实的场景和物体表面质感，进而让整个视频更为立体、逼真。这两项技术的结合，使得视频中的人物形象更为鲜明、真实，极大地增强了观众的沉浸感和观赏体验。

7.5.1　语音驱动的唇型动画

　　通过语音驱动的唇型动画技术，数字人的口型可以准确地与语音同步，呈现出自然的表情和口型变化。这项技术不仅可以提升数字人的真实感，还可以增强观众的沉浸感和互动体验。

　　唇型动画技术的实现需要借助计算机图形学和人工智能等技术，且需要专业的技术人员进行设计和调整。同时，这项技术也要求高效的算法和强大的计算能力，以确保实时唇型动画的效果。因此，唇型动画技术被视为一种高科技，具有很高的实用价值和商业价值。

　　下面介绍两种实现语音与唇型动画同步的方法：基于规则的方法和自动唇形同步，以及唇型同步效果的优化策略。

1. 基于规则的方法

　　基于规则的方法通过分析语音文本，并根据发音规则来控制嘴巴动画的形态。在进行语音文本分析时，不仅要标注出其中的语音单词，还要制订语音与唇型动画的匹配规则，这些规则通常基于语音学和形态学知识来制订。

　　基于规则的方法可以识别出语音中的声母和韵母，声母发音时口型变化通常较大，韵母发音时口型变化则较小。重读音节和轻读音节在口型变化幅度上也有所不同，一般来说，重读音节的口型变化较大，而轻读音节的口型变化则较小。

　　基于规则的方法实现起来较为简单，因为它只需要根据规则进行控制即可。然而，这种方法的缺点也比较明显，它无法处理细微的口型变化，因此生成的唇型动画往往比较生硬和僵化。此外，基于规则的方法也存在一些局限性，因为发音规则具有一定的灵活性和变异性，不同的人可能会有不同的发音方式和习惯，因此这种方法可能无法适用于所有的语音和场景。

2. 自动唇型同步

自动唇型同步是一种尖端的唇型动画生成方法，它直接利用语音波形进行频域分析，能够精确地提取语音特征，并实时控制唇型。这种方法最大的优点在于无须人工设置规则，而是通过机器学习和数字信号处理技术，自动地进行语音到口型的转换。

这种方法先通过语音识别技术将语音音频自动转化为文字，同时标注语音词边界。这使得机器能够理解并解析语音的基本元素（包括音节、音素等）。然后利用数字信号处理技术，对语音波形进行频谱特征分析，以检测并提取出与口型相关的参数。这些参数直接反映了说话时口型的变化，它们为实时控制数字人唇型动画曲线提供了关键的信息。基于这些参数，数字人的唇型动画曲线可以与语音的时序关系精确同步。

这种方法不仅无须人工设置复杂的规则，而且还能处理各种细微嘴部动作，包括嘴唇的开合、舌头的移动、下颚的运动等。这使得自动唇型同步方法能够实现非常逼真的唇型同步效果。

3. 唇型同步效果的优化策略

为了使生成的唇型动画更加真实、自然，可以引入一些重要的优化策略。比如，在参数映射过程中加入一些柔顺项或协变量，以使唇型的变化更加平滑和连贯，从而减少了生硬感和不自然感。

此外，人工微调也是提高唇型动画质量的有效方法。艺术家可以根据经验对每一帧的唇型进行细致的校正，调整曲线或细节，从而使整个唇型动画更加逼真。这种微调可以针对嘴部的形状、大小和位置等参数进行。

在某些情况下，为了获得更好的唇型动画效果，也可以在 3D 软件中对唇型动画曲线进行定向调整。

这些策略的引入可以进一步提升唇型动画的质量和逼真度。

7.5.2 体积感渲染

体积感渲染是指通过技术手段为数字人模型或场景中的物体和环境添加逼真的 3D 质感，使其看起来更加立体、真实。

体积感渲染技术的优势在于它可以有效地模拟真实世界的物理规律和光学原理，从而使数字人或场景中的物体和环境看起来更加自然、真实。例如，借助体积感渲染技术，数字人的皮肤可以展现出真实皮肤的光泽和纹理。此外，此技术还可以通过对数字人或场景中光照和阴影进行处理，让物体和环境的明暗对比更加真实。

1. 通过体积感渲染技术增强数字人的真实感

在视觉呈现方面，体积感渲染技术通过模拟光线在皮肤表面的散射以及穿透至皮肤内层的散射效果来塑造皮肤的透射感和散射特性。这种技术着重强调皮肤的透光性。

采用体积感渲染技术，可以构建出皮肤的多层结构，并为每层设定吸收与散射特性。该技术会计算光线穿透并作用于皮肤后的散射情况，将多层皮肤结构与散射现象结合，生成逼真的皮肤光学效果。比如，双下巴、耳廓部分会展现光的透射，而鼻头、脸颊等部位则会产生散射现象。通过分析和渲染这些效果，数字人画面的真实感和立体感将得到显著提升。

2. 体积感渲染技术的优化策略

为了实现高质量的画面效果，需要针对体积感渲染技术进行优化。优化策略之一是建立高精度的人脸皮肤层次模型，精确设置每层的散射特性，人脸皮肤层包含表皮层、真皮层、皮下脂肪等。优化策略之二是只在关键部位应用体积光照计算，其他部位采用传统的渲染方法，以提升效率。优化策略之三是以大量的真人肖像作为参考，通过参数优化算法不断优化皮肤层的散射参数，使重要部位的光照效果更加逼真。优化策略之四是结合实时渲染管线对算法进行有针对性的优化，确保渲染效率能满足实时应用的要求。

7.5.3 数字人语音及视频合成实例

下面继续以数字人初音未来和洛天依为例，探讨如何实现数字人的语音及视频合成。

1. 语音合成技术

初音未来的语音合成技术基于 Yamaha 的 VOCALOID 引擎实现，制作团队通过分析声优藤田咲的录音数据，为初音未来创造了具有独特音色和发音特点的合成语音。洛天依的语音合成技术基于上海禾念信息科技有限公司开发的 VOCALOID3 引擎实现，制作团队通过分析声优山新的录音数据，为洛天依生成具有中国特色的合成语音。

2. 唇型动画技术

为了使初音未来和洛天依的口型与合成语音高度同步，制作团队采用了唇型动画技术。这种技术能够根据歌词的音素（包括元音和辅音）以及重音音节和非重音音节的发音特点，自动且精准地调整它们的口型。

3. 体积感渲染技术

在音乐视频和现场表演中，初音未来的服装、发型和皮肤等细节都经过了精心的体积感渲染处理，从而在视觉上呈现出更强的吸引力。同样，洛天依在表演时，其服装、发型和皮肤等元素也经过了细致的渲染，展现出独特的东方韵味。

7.6 内容编辑和后期制作

内容编辑和后期制作直接决定了最终呈现给观众的效果，其中涉及一系列细致入微的工作，包括对内容的策划、文案撰写、素材采集和剪辑、视频编辑、后期特效制作以及音效设计等。在这个过程中,编辑和制作人员的专业技能、创新思维和审美眼光发挥着至关重要的作用。

为了确保数字人内容的品质和吸引力,编辑和制作团队需要具备扎实的专业知识和丰富的工作经验。他们需要了解各种数字制作软件和工具,以便能够熟练地处理各种素材,并运用特效和音效来增强内容的视觉冲击力和情感吸引力。同时,编辑和制作人员还需要具备较强的创新意识和敏锐的洞察力,以便能够准确地把握市场趋势和观众需求,从而为观众呈现最具吸引力的数字人内容。

下面介绍一下视频编辑和后期特效制作两个环节。

7.6.1 视频编辑

视频编辑非常注重内容的连贯性与完整性。为了确保视频的观看体验,编辑需要确保内容的起承转合自然、流畅,能够让观众在观看过程中感受到整体的连贯性。同时,编辑还需保证视频中所有元素(包括画面、音效、字幕等)的一体化呈现。

1. 视频剪辑的基本技巧

为了使数字人的形象更加生动,动作更连贯、自然,剪辑师需要熟练掌握专业视频剪辑软件(比如 Premiere、Final Cut Pro 等)的操作方法。通过对视频素材进行剪切、删除和插入等处理,可以使不同镜头之间的衔接更加自然。

除了熟练掌握剪辑软件的基本操作方法,剪辑师还需要注重镜头语言的运用规律,比如不同镜头的组接顺序、景别的变化等。只有按照镜头语言的运用规律进行剪辑,才能让观众更好地理解数字人内容所要表达的意思。

在实际操作过程中,剪辑师还需要根据具体情况灵活运用各种剪辑技巧。比如在剪辑惊悚类内容时,可以运用快速剪辑、音效和配乐等技巧来营造紧张的气氛;而在剪辑喜剧类的内容时,则可以运用慢动作、音效和配乐等技巧来突出搞笑细节。

2. 数字人相关内容的剪辑

针对数字人相关内容进行剪辑时,除了基本的节奏感和顺序调整,还需要更加精细地优化镜头的表达力,以突出重点内容,并确保镜头语言的流畅性和易理解性。

突出数字人的重点表情和动作镜头是优化过程中必不可少的环节。通过精心剪辑数字人表情和动作的关键帧,可以有效强化聚焦效果。此外,剪辑师可以通过精确的节奏控制,使数字人的动作更加自然、连贯。

为了使数字人内容在剪辑后仍然保持流畅、连贯的观感,剪辑师需要运用视觉效果、过渡等方式,将不同的镜头巧妙地衔接在一起,使数字人内容在整体上呈现出更加完整、连贯的视觉效果。

7.6.2 后期特效制作

后期特效制作是一项对视觉效果要求极高的工作，它通过深入运用各种软件和技术，来制作出丰富多样的视觉效果。这些效果不仅要在视觉上达到美观、逼真的水准，还要与影片的整体风格和情感氛围相契合。

1. 各类后期特效的应用

我们可以应用特效来增强画面感与科幻氛围。这些特效包括动态光影、激光剑、镜头扭曲、视觉错位、炫彩和光晕等。通过运用这些特效，数字人内容将变得更加生动且富有层次感。

在数字人内容的后期制作过程中，特效的运用需要考虑多个因素。首先，特效的运用要恰到好处，不能太过夸张或花哨。其次，特效应突出重点，强化数字人内容的主题和核心，强化观众的记忆点。此外，还需要考虑节奏感，合理控制特效的密度和出现时机，确保特效与内容流畅融合，为观众带来愉悦的观看体验。

2. 特效与数字人的融合

为了实现数字人与特效的完美融合，建立光影交互等效果是非常重要的。数字人作为虚拟角色，需要呈现出高度逼真的形象，因此特效的处理必须细致入微。如果特效没有考虑到数字人的形状、光照和动作，而是简单地叠加在其上，就会破坏数字人的真实感。

正确的做法是精心调控特效，策略性地将其融入场景和数字人中。这可以通过建立数字人周围的三维空间环境来实现，也可以采用光线跟踪等先进技术，使数字人与特效产生的光影相互作用、自然融合，从而达到最佳的视觉效果。

7.6.3 渲染与输出

在创建数字人的过程中，渲染与输出是至关重要的环节。为实现逼真的视觉效果和生动的互动体验，制作团队需要关注以下方面。

▶ 提升渲染质量：采用先进的渲染技术，展现高质量的视觉元素，并利用逼真的光照、阴影、纹理效果来营造生动、立体的视觉体验。

▶ 强调动画表现：数字人的动作需流畅、自然，以营造独特的视觉吸引力。团队需熟练运用关键帧动画、骨骼动画等技术，以生成富有动感且真实的表现。

▶ 强调交互体验：数字人应有与用户流畅交互的能力。开发团队需研发交互式功能，如语音识别、自然语言处理及视线跟踪，以提升用户的沉浸感。

▶ 制定合理发布策略：根据目标用户和使用环境，灵活选择合适的数字人发布渠道。这有助于充分发挥数字人的优势，优化用户体验，进而提升其知名度和接受度。

综上所述，渲染与输出是数字人创作流程中不可或缺的阶段。为确保数字人具备卓越的视觉表现、互动体验和广泛的适应性，制作团队需重视这个阶段的工作，以期在激烈的市场竞争中脱颖而出。

1. 渲染技术的选择与应用

为了生成高质量的数字人图像序列，首先需要进行一项关键决策：确定是选择实时渲染技术还是离线渲染技术。实时渲染技术能够提供互动式的内容，适用于实时动画、游戏等需要即时反馈和交互的场景。然而，它的渲染质量相对较低，对于展现精细的图像细节和逼真的视觉效果存在一定的局限性。相比之下，离线渲染技术则能在没有时间压力的情况下进行渲染，有能力处理复杂的场景并生成高质量的图像，从而产生高清晰度、细节丰富的图像序列。

在选定渲染技术之后，还需要对一系列参数进行精细调整。这包括渲染质量参数，如分辨率、采样率和抗锯齿等。这些参数都会直接影响最终渲染结果的清晰度和细节。此外，颜色管理也是一项重要的参数设置，它涉及色彩空间的定义、色彩校正与匹配等方面，可直接影响渲染结果的色彩表现。

为了呈现逼真的数字人图像，还需要进行精细的光照设置。这包括光源的位置、强度、颜色、阴影等参数，它们都会影响数字人形象的立体感和真实感。

另外，在渲染数字人图像序列时，还需要妥善处理各类元素的复杂材质。不同的材质对光的反射、折射和吸收等特性有不同的反应，因此需要对这些材质进行精细的建模和渲染，以呈现真实的效果。

2. 数字人内容的输出

数字人内容的输出涉及将渲染好的数字人内容导出为标准视频文件，再通过特定的压缩工具对视频进行压缩编码。这一过程旨在将视频文件的大小减小到可接受的范围，同时不会让视频的质量过多损失。在压缩编码过程中，需要考虑到目标用户所使用设备的性能及网络带宽情况，以选择合适的视频编码格式，确保用户可以流畅地观看数字人内容。

完成压缩编码后，可以将生成的标准化视频文件上传到各大视频网站或其他在线平台上，供用户随时随地在线观看。同时，也可以将这些优质的内容整合到智能设备和产品中，以便用户与数字人交互，从而获得更为丰富多元的娱乐体验。

为了给用户带来最佳的观看体验，选择合适的发布平台与形式也是非常重要的，这需要结合数字人内容的特点及目标用户群体的属性来确定。

7.6.4 数字人后期编辑与渲染实例

下面继续以数字人初音未来和洛天依为例，探讨如何实现数字人的后期编辑和渲染。

1．视频编辑

以初音未来为例，在其音乐视频《千本樱》中，剪辑师通过以下方式实现了视频的连贯性和完整性。

1）镜头切换：剪辑师运用快速剪辑、慢动作等技巧，使画面在不同镜头之间流畅过渡，持续吸引观众的注意力。

2）音乐与画面同步：剪辑师精心调整，确保画面中初音未来的动作与背景音乐的节奏保持一致，增强了观众的代入感。

3）字幕与画面协调：为了让观众更好地理解歌词内容，剪辑师在画面中添加了动态歌词字幕，使其与画面和音乐完美融合。

在洛天依的音乐视频《权御天下》中，剪辑师同样运用了这些技巧，使画面、音乐和字幕相互协调，为观众带来了完美的视听体验。

2．后期特效

在初音未来的音乐视频《Tell Your World》中，特效师运用了以下特效来增强视觉效果。

1）光影效果：特效师为初音未来的演出场景添加了丰富的光影效果，从而使其更具立体感和真实感。

2）粒子效果：当初音未来歌唱时，特效师运用粒子效果为它创造了一个梦幻般的氛围。

3）动画效果：特效师为初音未来的服装和头发添加了动画效果，使其在画面中更具动感。

在洛天依的音乐视频《千年食谱颂》中，特效师同样运用了这些特效技巧，成功为洛天依创造了一个独特的视觉风格。

3．渲染与输出

初音未来和洛天依的音乐视频在渲染和输出方面都表现出色，以下是一些关键点。

1）高质量渲染：无论是初音未来还是洛天依，其音乐视频都采用了高质量的渲染技术，使画面细节丰富、色彩鲜艳。

2）动画流畅：两位虚拟歌手的动作都非常流畅、自然，这得益于关键帧动画和骨骼动画技术的运用。

3）交互体验：虽然初音未来和洛天依的音乐视频主要用于观赏，但在一些现场演出和互动应用中，它们也展示了出色的与观众交互的能力，例如通过视线跟踪、语音识别等技术增强互动效果。

4）多平台发布：初音未来和洛天依的音乐视频已在各大视频网站和社交媒体平台上广泛发布，吸引了大量观众关注。

7.7　交互设计与内容运营

交互设计关注的是用户体验，目的是给人们提供与数字人交流和互动的途径。优秀的交互设计可以让用户感受到数字人的智能和情感，从而进一步提升用户对数字人的信任和依赖。

内容运营策略可直接影响数字人商业化的成果。数字人产品的成功，不仅需要技术上的支持，还需要有创新的内容运营策略来吸引更多的用户和客户。内容运营策略需要聚焦于市场需求、用户行为分析，以及推动内容创新等方面，通过精准的运营策略实现数字人的商业化价值，为数字人的可持续发展提供有力保障。

7.7.1 交互设计

交互设计是数字人产品体验设计的核心环节，它直接决定了用户在使用产品时的感受和效果。在进行交互设计时，需要考虑多种因素，包括用户需求、使用场景、操作习惯、信息架构等。只有综合考虑这些因素，才能够设计出符合用户期望的产品，并让用户在使用过程中获得良好的体验。

为实现这个目标，设计师需要对用户需求进行深入的分析和研究，包括了解用户的使用场景和习惯，考虑用户在使用产品时可能遇到的问题和困难等，并据此进行有针对性的设计。同时，设计师还需要注重信息的组织和架构，确保用户在使用过程中能够快速地找到所需的信息和功能。

此外，交互设计还需要考虑用户界面的美观性和易用性。设计师需要运用自己的专业知识和技能，将用户需求和反馈融入设计中，以创造出符合用户期望的数字人产品。同时，设计师还需要不断关注市场的变化和用户反馈，及时调整设计策略，以满足用户不断变化的需求。

1. 数字人交互方式的选择

数字人可以支持多种交互方式，如语音交互、文字交互、图像交互等。其中，语音交互是最为自然和亲切的交互方式之一，用户可以通过语音与数字人对话，获取所需的信息或完成相应的任务。这种交互方式需要语音识别和合成技术的支持。

文字交互也是一种常见的人机交互方式，数字人可以通过文字与用户交流，传递信息或获取用户输入。在某些场景例如嘈杂的环境或者需要安静的场合下，文字交互比语音交互更加便捷和高效。此外，文字交互还可以支持多种输入方式，如键盘输入、手写输入等。

图像交互也是一种重要的数字人交互方式之一，用户可以通过图像与数字人互动，例如通过手势、面部表情、触屏等方式进行操作。数字人可以通过图像识别和分析技术来识别用户的动作和表情，并作出相应的回应。这种交互方式可以带来更加直观和生动的用户体验，同时也支持多种输入方式。

针对不同类型的数字人，应根据其应用场景来选择合适的交互方式。例如，对于知识问答类型的数字人，语音交互最为合适，用户通过语音提问，数字人则以语音回答，模拟真人对话。而对于网络购物助手类型的数字人，图文交互则更为合适，用户可以通过点击图片来获取商品介绍和价格等信息。对于公共情境中的数字人，则应支持语音、手势、触屏等多种交互模式，以适应不同的用户需求和环境条件。图7-5是数字人生日会上与"粉丝"互动的场景。

图 7-5　数字人的生日会场景

2. 数字人对话的自然性优化

数字人对话的自然性优化是交互设计中一个极其重要的目标，旨在使人与机器之间的交互体验更加流畅、自然。要实现这一目标，需要从多个方面进行细致入微的设计。

1）设计多轮对话交互流程是必不可少的。在传统的问答系统中，用户与机器之间的交互往往采用一问一答的方式，这种方式非常机械、不自然。为了使交互更加自然，数字人需要根据上下文进行回应，这种交互方式能够更好地模拟真实的人与人之间的对话。

2）建立强大的意图识别库也是至关重要的。意图识别是指机器通过分析用户的话语来理解其意图，并据此进行相应的回应。一个好的意图识别库可以帮助数字人更准确地理解用户的问题或需求，并提供恰当的回答。

3）构建丰富的知识库。数字人需要对各种话题都有所了解，以便在用户提出问题时给出合适的回答。这需要构建一个涵盖各领域知识和信息的庞大知识库。

4）采用用户个性化和情绪识别模块也是提高交互自然性的有效方法。通过分析用户的语言和情绪，数字人可以更深入地了解用户的特点和需求，从而提供更加个性化的回答。

3. 交互界面设计策略

数字人交互界面设计在用户体验中发挥着举足轻重的作用。为了提供出色的用户体验，界面应当设计得简洁、美观，避免过于复杂和混乱。同时，界面应该包含必要的交互反馈元素，例如按钮、图标、文本提示等，以提供清晰的视觉指示和反馈，帮助用户更好地理解和完成交互操作。

语音和手势等自然交互方式可以降低用户的交互门槛，使操作更加直观和便捷。例如，用户可以通过语音指令或手势控制来与数字人进行互动，无须烦琐的菜单或按钮操作。这些自然交互方式还可以帮助数字人更准确地理解和响应用户的需求和命令。

界面设计应融入趣味性元素，以吸引用户主动参与而不仅仅是被动使用。这些趣味性元素可以包括动画效果、互动游戏和趣味音效等。趣味性元素不仅会使交互过程更加有趣和吸引人，还可以提升用户的参与度和黏性。

针对不同的应用场景，界面风格也应进行差异化设计，以契合特定的使用环境。例如，在娱乐场景下，界面设计可以更加轻松、活泼且富有个性；而在工作场景下，界面设计则应更加专业、简洁和高效。这些差异化设计可以更好地满足用户的需求和期望，提高数字人产品的实用性和适应性。

4. 交互效果的测试与优化

在完成交互设计后，进行充分的用户测试是至关重要的。通过测试，我们可以全面了解用户与数字人交互的感受、体验及满意度。为了达到这一目的，首先需要设定一些特定的任务场景，让用户在这些模拟真实场景的情境与数字人进行互动。通过观察用户在整个操作过程中的表现及任务完成情况，我们能够发现交互设计的不足之处。例如，有些用户可能会对某些交互步骤感到困惑，或者发现某些交互流程不够合理，这些都是我们需要改进的问题。

一旦完成了用户测试，开发团队就需要针对测试的结果进行有针对性的改进和优化。例如，如果测试结果表明很多用户在某个步骤上遇到了困难，我们可能需要增加一些提示信息或者对该步骤进行优化，以降低用户的使用门槛。

我们还需要在产品上线后继续收集用户的使用数据，因为这可以帮助我们了解用户在实际使用过程中遇到的问题，以便对这些问题进行及时的优化和改进。同时，我们还可以根据用户反馈和数据分析的结果不断优化交互设计，以满足用户需求和提升用户体验。

7.7.2 内容运营策略

内容运营的关键性体现在多个方面：首先，优质的内容能够吸引并留住用户，增强用户黏性，提升产品的知名度和影响力；其次，系统化的内容运营策略能够确保数字人产品的内容产出保持一致性和连贯性，从而更好地满足用户需求；最后，通过持续的内容更新和优化，可以增加数字人产品的商业价值，实现商业利益的最大化。

为了实现系统化的内容运营策略，我们需要遵循以下步骤。

1）制定清晰的内容规划。这包括确定目标用户群体，了解他们的兴趣和需求，为他们定制化地提供有价值的内容。同时，还需要根据市场反馈和用户反馈不断调整和优化内容策略。

2）组建专业的运营团队。团队成员需要具备扎实的数字人领域知识和专业技能，能够高效地进行内容策划、制作、审核和推广等工作。此外，团队成员还应具备敏锐的市场洞察能力和用户服务意识，能够及时响应市场需求和用户反馈。

3）借助先进的技术手段来提升内容运营效率。例如，可以利用人工智能技术实现自动化内容生成和个性化推荐，利用数据分析工具深入挖掘用户行为和需求。

总之，数字人产品的商业成功离不开系统化的内容运营策略。只有不断优化和提升内容质量和效率，才能赢得市场和用户的认可和信任，从而实现商业利益的最大化。

1. 数字人内容更新机制的建立

为了持续运营数字人内容，建立一个稳定且可靠的内容定期更新机制是至关重要的。这个机制应该由一支专业团队来管理和执行，他们不仅需要负责内容的策划，还需要有效地生产内容。

1）时效性是内容运营的生命线。在热点事件发生时，专业团队应该能够迅速响应，及时更新相关数字人内容，以保持与现实世界的紧密联系。例如，发生重大新闻事件时，专业团队应该立即策划和发布相关、新颖、有深度的数字人内容，为用户提供最新的信息。

2）建立一个丰富的内容创意库也是必不可少的。这个库应该包含各种概念设计，涵盖文字、图片、视频、音频等多媒体内容。这样，在需要更新数字人内容时，就可以从这个库中获取所需资源，为内容更新提供有力支持。

3）构建一个自动化内容生成系统也是提高效率的关键。这个系统应该能够根据预先设定好的模板和流程自动从内容创意库中获取所需内容，并快速生成和发布。这将大大减少人工干预，提高内容生成效率，确保数字人内容的持续更新。

4）优化内容审核流程也是必不可少的。这个流程应该明确每个环节的责任和时间要求，确保内容能够在最短的时间内完成审核并上线。数字人团队需要深入探讨和研究内容审核流程，确保其高效、准确且可靠。

2. 大数据技术助力的精准内容运营

大数据技术可以从以下方面来辅助完成内容的精准化运营。

▶ 用户画像分析：通过收集和分析用户的个人信息、行为数据等，可以深入了解不同用户群体的兴趣和爱好、习惯和需求，进而为这些用户群体提供更有针对性的内容。这种用户画像分析方法不仅可以帮助运营者更好地了解用户，还可以为后续的内容策划和生产提供重要的参考。

▶ 热门话题分析：利用自然语言处理技术对社交媒体、新闻资讯等平台的大量文本数据进行分析，可以快速发现当前的热门话题和流行趋势，从而为数字人内容创作提供重要的思路和方向。同时，结合用户画像分析的结果，可以更加精准地将相关话题的内容推送给目标用户群体，提高内容传播的效果。

▶ 知识图谱构建：通过构建知识图谱，可以将与数字人内容相关的知识点、实体等关联起来，形成一个知识网络。利用知识图谱可以扩展数字人内容的交互功能，使用户与数字人之间的对话更加自然、流畅。同时，结合用户画像和热门话题分析的结果，可以为不同用户群体推送更加精准的交互内容。

▶ 多元化算法应用：利用多元化的算法（如协同过滤、推荐算法等），基于用户的兴趣爱好、行为习惯等数据，为用户提供更加个性化的内容推荐，从而提升交互体验。同时，结合前面的结果，进一步提高内容推荐的精准度和自动化程度，实现精准运营的目标。

3. 用户激励机制的应用

为了增加用户的活跃度，可以设计一系列用户激励机制。以下是一些可行的方式。

▶ 积分获得和兑换机制是一种非常有效的方式。鼓励用户在平台上参与互动、分享内容和完成任务，以此来获取积分，然后用积分兑换虚拟奖励或实物奖励，能够极大地提高用户的参与度和互动性。这种机制可以激励用户更积极地参与平台活动，同时也促进了内容的传播。

▶ 用户排行榜也是提高用户活跃度的有效手段之一。将用户在平台上的行为进行量化排名，并给予其相应的荣誉标识或奖励，能够使其获得成就感，并激发用户之间的竞争意识。这种机制可以激励用户更加努力地参与平台活动，以争取获得更高的排名和更多的荣誉。

▶ 开展线上、线下活动。线上，可以组织各种主题活动、答题比赛、抽奖活动，吸引用户参与，增加用户与平台的互动频率。线下，可以举办见面会、座谈会和分享会等，增强用户对品牌的认知度和情感联系。这些活动可以有效地提升用户的参与度和忠诚度。

▶ 鼓励用户参与内容创作和交互设计。让用户参与到数字人内容的设计和创作中来，既能实现用户生成内容的目标，又能增加用户的参与感和归属感。

4. 多平台的数字人内容分发

实现数字人内容的多平台分发时，可以采取以下策略。

▶ 深入了解各平台的特点、受众和发布规范，在此基础上创作和优化内容。例如，针对社交媒体平台，可以创作更具社交互动性的内容，如互动问答、投票等；针对新闻资讯平台，则可以提供更为精炼、客观的新闻内容。

▶ 除了通过自身的渠道发布内容，还可以利用流量分发机制将内容推广至其他主流终端和平台。这需要与具有影响力和流量的合作伙伴携手合作，借助他们的平台和资源，将数字人内容推向更广泛的潜在用户。同时，通过与其他平台的合作，可以提升数字人的曝光度和知名度。

▶ 优化内容的展示形式，突出互动性和社交性。这可以通过融入视频、图片和音频等多媒体元素来实现。另外，举办线上活动、互动游戏等，可以吸引更多用户参与，增强数字人的互动性和社交性。

▶ 使用搜索引擎优化（SEO）等营销手段，拓展用户规模。通过合理运用搜索引擎优化技术，可以提高数字人内容在搜索引擎中的排名和曝光度，从而吸引更多的用户。同时，结合其他营销、推广手段，如广告投放、社交媒体推广等，可进一步提高数字人的知名度和影响力。

7.7.3 数字人交互设计与内容运营实例

下面将以数字人初音未来和洛天依为例，探讨如何实现数字人的交互设计与内容运营。

1．交互设计

初音未来的交互设计主要体现在其音乐创作和演出方面。用户可以通过 VOCALOID 软件为初音未来创作歌曲，这种交互方式显著降低了音乐创作的门槛，使得更多人能够参与到初音未来的音乐创作中。2019 年 8 月，初音未来在上海举办了一场名为"魔法未来"的演唱会，吸引了大量"粉丝"到现场参与互动。

洛天依的交互设计则重点体现在其社交媒体平台和线下活动上。洛天依常在微博、微信等社交平台上与"粉丝"互动，分享最新动态和音乐作品。此外，洛天依还举办线下见面会、演唱会等活动，如 2018 年 7 月在北京举办的"洛天依生日会"，让"粉丝"有机会与虚拟歌手亲密接触。

2．内容运营策略

初音未来的内容运营策略主要体现在其音乐作品的多样性和创新性上。初音未来的歌曲涵盖流行、摇滚、电子等多种风格，成功吸引了具有不同音乐喜好的用户群体。此外，初音未来还与其他知名歌手、音乐制作人展开合作，推出独家音乐作品，例如与日本歌手 Gackt 合作的"Tell Your World"。这些合作无疑进一步提升了初音未来的知名度和影响力。

洛天依的内容运营策略则着重于对中国传统文化的传承和创新。洛天依的歌曲多以中国传统文化为主题，巧妙融合了古典诗词、民间故事等元素，展现了中国传统文化的魅力。例如，其代表作《权御天下》以古代战争为背景，歌词中蕴含了丰富的中国古典诗词元素。同时，洛天依还通过参与各种公益活动来提升自身的品牌形象，以吸引更多"粉丝"关注。

3．周边产品与代言

初音未来和洛天依的周边产品丰富多样，包括手办、服装、配饰等。例如，初音未来与日本知名服装品牌 UNIQLO 合作推出联名 T 恤，洛天依则与美特斯邦威品牌合作，共同推出联名服装系列。此外，两者还各自推出了多款主题限定手办，如初音未来的"雪初音"系列和洛天依的"花朝月夕"系列。

在代言方面，初音未来曾担任日本航空公司 ANA 的形象代言人，洛天依则成为中国移动的虚拟代言人。这些代言活动进一步提升了初音未来和洛天依的知名度，扩大了它们的品牌影响力。

7.8 本章小结

在本章中，我们详细探讨了虚拟数字人的诞生过程，从灵感的萌发到最终成品的完成。这一过程涉及 7 个阶段，本章主要介绍了除第一阶段（设计创意）外的后 6 个阶段，即数字人形象设计、语音内容生成、表情及动作生成、语音及视频合成、内容编辑与后期制作、交互设计与内容运营。在这个过程中，数字人创作融合了众多学科的知识，包括计算机视觉、人工智能、语音合成、体积渲染等。随着科技的不断进步，数字人的创作变得更加高效和便捷。同时，这些技术的发展显著提升了数字人的表现力，使得它们在外观和行为上更加生动和逼真。

随着 5G、AR/VR 等技术的发展，数字人将会变得更加活跃和有趣。在这个充满无限可能的大环境下，我们需要不断进步，利用最新的科技成果来增强数字人的生动性、趣味性。如何将数字人技术与不同行业相结合，创造出更多有价值的应用场景，将是我们需要深入研究的课题。让我们共同期待充满创新和惊喜的未来！

第8章

数字人身份认知

本章首先对数字人的身份定位进行了深入探讨，分析了其作为独立个体与工具的双重性质，并研究了主体性和去主体化的问题。接着讨论了数字人的权利保障，包括知识产权和隐私权等内容，旨在为其在虚拟世界中的多重角色提供合法和道德的支撑。然后对数字人的智能进化、数据继承性及其可能面临的命运进行了预测和讨论。最后进一步探讨了使用数字人时的伦理问题，包括摒弃偏见和歧视、尊重多样性，以及保持行为决策透明度等方面。

展望未来，数字人将更加逼真、智能，在人类生活中扮演重要角色，但产业发展也需要应对法律和伦理挑战。因此，制定相应规范，确保数字人产业健康有序发展至关重要。

8.1 数字人的身份定位

数字人可能被赋予人格和情感，模拟人类行为，展现独立虚拟生命体的特征；也可能被设计成无意识、机械化地执行任务或提供服务的工具。那么数字人究竟是独立个体还是工具呢？本节将探讨数字人的身份定位，以及它在不同情境下发挥的作用。

8.1.1 个体或工具

数字人是一种虚拟的存在，可以认为它既具备个体性，又具备工具性。因此在对数字人的身份进行定位时，我们需要考虑它的双重角色，即独立个体和工具。

1. 数字人是独立的个体还是工具

数字人这个大家庭可以分成两大阵营：身份型和服务型。

那些拥有身份象征的数字人，我们将其称为身份型数字人，它们可细分为两种小类别。一种是我们在游戏里扮演的角色，可以说是线下自然人在虚拟世界的"替身"，就像你自己身处游戏动画中一样。另一种则是与现实世界中特定自然人并无直接联系的虚拟偶像，它们在虚拟世界中就如同明星一样。身份型数字人可被视为独立的个体，它们有自己鲜明的个性和独特的身份，它们在虚拟世界中拥有自己的社交网络、人际关系和影响力。

服务型数字人则更加注重实用性和功能性，它们的使命就是利用各种技术手段为人们提供各种服务，充当我们的得力助手。相比之下，服务型数字人则更多地被视为工具。它们被设计出来就是为了满足人们的不同需求，比如提供信息、解决问题、执行任务等。这些数字人可能并不具有独立的身份，而是根据用户的需求进行响应和行动。它们的功能性和实用性是它们存在的主要价值。

可见，我们需要从多个角度全面审视数字人的身份认知问题。数字人既可以作为独立的个体存在，也可以作为工具存在。

2．数字人的主体性和去主体化

数字人的身份认知是个大问题，关乎它们在虚拟世界中的角色和地位。在探讨数字人的身份时，有两个概念需要了解，即主体性和去主体化。主体性指的是数字人是否具有自我意识和主观能动性。相应地，去主体化就是去除数字人的主体性，把数字人设计成没有思想和情感的工具，只能无意识、机械化地执行任务或提供服务。

有一种观点认为数字人就是一个个独立的个体，拥有自己的思想、情感和意愿，跟现实世界的人类一样，能够与其他个体进行互动和沟通。另一种观点认为数字人只是由外部力量创造出来并被操纵的工具或代理，它们没有自己独立的意识和行动能力，只能按照预先设定好的任务或指令行事。比如说，工业生产中使用的机器人，虽然能按照程序进行操作，但并没有自主决策的能力。

不过，实际情况可能并没有那么简单，主体性和去主体化可能是交织在一起的。比如人工智能助手，虽然它们被设计成执行特定任务的工具，但通过学习和适应，它们也可以提供更个性化的服务，甚至能与用户建立起一种近似于人与人之间的互动关系。这时，数字人既是工具，又是有着一定自主性的个体。

所以，在讨论数字人的身份定位时，得考虑到它们所处的具体环境和应用场景。不同领域、不同目的下创造出来的数字人可能具有不同程度的主体性或去主体化特征。

8.1.2 数字人的角色定位

数字人在不同场景中的角色定位和数字人的社会化进程都关乎数字人的身份认知。前面已提到过，数字人可以分为身份型和服务型两种。

1. 服务型数字人

我们来认识一下数字人助手，它们是服务型数字人家族中的成员，被设计用来提供各种形式的帮助和支持，可以担任智能主持人、虚拟教师、虚拟 AI 助手等角色。比如，搜狗与新华社联合发布的智能主持人就是一个拥有真实感和同理心的数字人助手，它可以在多种场合下代替真实主持人进行节目主持、采访等工作。数字人助手可以在各种领域发挥作用，如媒体、教育和客户服务等。它们能够根据用户需求提供信息、解答问题，并与用户进行交互。

2. 身份型数字人

数字人艺人是身份型数字人家族中的一员。它们通常是利用计算机技术创造的虚拟偶像，不对应现实世界中的特定自然人。像初音未来、洛天依等虚拟偶像就是这一类型的代表。它们是我们通过先进的技术手段创造出的一个具有"身份"的虚拟形象，在娱乐、音乐等领域扮演着特定角色，并吸引了属于自己的"粉丝"群体。这些虚拟偶像的"粉丝"可以通过观看它们的演出、购买相关周边产品等方式来支持它们。

3. 数字人的社会化进程

在数字人的社会化进程中，我们观察到数字人已逐渐融入人类的日常生活，就如同小朋友在成长过程中逐渐融入集体一样，这是一个相互学习、适应和接纳的过程。

在医疗领域，数字人助手如同医学小达人一般协助医生进行精确的诊断和治疗。通过深度学习，它们掌握了大量的医学知识，成为医生们的得力助手，为我们提供了更为准确且高效的医疗服务。而在家庭生活中，数字人同样扮演着贴心小助手的角色，它们能够协助我们处理各种日常事务，无论是做家务、陪我们聊天还是唱歌，都展现出了其多功能性。

在艺人领域，数字人也展现出了其广泛的应用价值。得益于数字技术的飞速发展，数字人能够呈现出各种艺术形式，如在电影中扮演栩栩如生的角色，与真实演员共同演出，为我们带来了全新的视觉体验。不仅如此，数字人还能在音乐、舞蹈和绘画等领域发挥其创造力，宛如一位多才多艺的艺术家，为我们的文化生活注入了丰富多彩的元素。

随着数字人社会化进程的推进，一些问题和挑战也逐渐浮现。比如肖像权和伦理问题，因为数字人可以复制真实人物的外貌和声音，所以可能会引发关于个人隐私和权益保护的争议。另外，还有一个值得关注的问题是数字人对社交关系的影响。尽管数字人能在一定程度上帮助我们缓解孤独感并建立心理联系，但过度依赖它们可能导致我们与现实社交关系渐行渐远。因此，我们需要在虚拟社交与现实社交之间寻求平衡，确保两者能够和谐共存。

未来，数字人的社会化进程将继续发展。随着技术的日益精进，数字人将展现出更卓越的理解、学习和创造能力。它们将能够胜任更为复杂的工作，如科研探索和艺术创作等。数字人甚至有可能在虚拟世界中构筑一个全新的社会，它们将作为主导力量在其中生活、工作、学习和交流。这一变革将深刻影响数字人的社会属性和社交关系，并为我们带来前所未有的社会体验。

4. 数字人的专业化发展

数字人的发展速度令人瞩目，如今它们已经能够胜任专业领域的工作！

在医疗领域，数字人已经成为一颗耀眼的明星！它们如同高效的医疗助手，凭借卓越的操作能力和灵活性执行复杂的手术操作，甚至在某些方面比人类医生还要精准。而且，它们能够根据医生的指令模拟各种病例，辅助医生进行更准确的诊断，并制定出更有效的治疗方案。

在教育领域，数字人同样展现出了非凡的实力！它们能够针对每个学生的学习需求和兴趣，定制个性化的教育方案，宛如私人教练般贴心。特别是在语言学习方面，数字人能够与学生进行对话练习，纠正发音，帮助学生提升语言水平。想象一下，拥有这样一位智能老师，是不是非常酷呢？

在艺术创作领域，数字人也大显身手！它们运用各种先进技术创造出高质量的音乐、绘画和舞蹈等艺术作品。就像真正的艺术家一样，它们能够根据不同的风格和主题进行创作，展现出了令人惊叹的创意和才华。

而在娱乐产业中，数字人的表现更是令人眼前一亮！它们可以扮演各种角色与真实的演员互动，为观众带来全新的视觉享受。此外，数字人还能通过特效技术展现出逼真的表情、动作和声音，为观众带来更加震撼的沉浸式的观影体验。

随着技术的不断发展和应用场景的增多，未来数字人肯定会在更多领域大放异彩！比如在金融领域，数字人可以成为智能投资顾问；在法律领域，数字人可以成为虚拟律师助手；在设计领域，数字人可以成为虚拟建筑师或工业设计师。这样的前景确实令人期待。

8.2 数字人的权利保障

数字人的权利保障需重视知识产权与隐私权。在明确数字作品的所有权、保护肖像权和探索专利申请可能性的同时，还要加强信息保护，确保数字人信息的合法使用。对此，需要相关部门、专家及社会各界共同努力，完善法规监管体系，促进行业健康发展。

8.2.1 知识产权

在数字人身份认知方面，知识产权的保护至关重要。数字人创作的作品，包括表演、艺术创作等，应享有与真实人物相当的版权保护，创作者应保留独立使用、复制和分发等权利。鉴于数字人能够克隆真实人物的外貌特征，数字人的肖像权同样需要受到法律保护，禁止未经授权的使用和传播。

随着数字人智能和能力的不断提升，可能出现具有创新性和实用性的技术或方法。因此，数字人创作者可能希望申请专利保护自己的创新成果。然而，数字人专利申请的可行性仍存在争议，需要进一步研究和探讨。

1. 数字人作品的知识产权归属

关于数字人作品的知识产权归属问题，我们需要考虑到其创作过程和参与人员。数字人作品是科技与艺术相结合的产物，因此在讨论知识产权归属时，应从技术和艺术两个维度来切入。

　　说到技术专利，数字人作品的创作过程中可能涉及一些独特的科技发明。例如，如果有团队创造了一种新的算法或技术，使得数字人的外观栩栩如生，那这些技术很可能具备申请专利的价值。同样，在提升数字人的智能和能力方面，如果有团队研发出新颖的算法或技术，能够显著提高数字人的理解能力，那么他们也可能会寻求专利保护。

　　而从艺术著作权的角度来看，数字人作品可被视为一种艺术创作成果。根据《中华人民共和国著作权法》，艺术著作权包括美术、建筑和摄影等多个类别。由于数字人作品涉及外貌设计、形象塑造等创作元素，因此它也可以被视为一种数字艺术作品。所以，其外貌设计和形象塑造可能受到著作权保护。

　　在具体实践中，数字人作品的知识产权归属可能会涉及多个参与者之间的合作与共同创作。比如，数字人的外貌设计可能由美术设计师负责，而技术实现则由技术团队来完成。在这种情况下，知识产权可能就由各方共同拥有或按约定进行分配。

　　此外，对于以真实人物为原型打造的数字人，我们还需要考虑肖像权的保护。根据国家法律规定，自然人是享有肖像权的。所以，在用真实人物的形象来创建数字人时，必须获得被代言人或相关权利人的授权，并遵守相关法律法规。

2. 数字人肖像权的保护

　　在现实世界里，我们每个人都对自己的形象和外貌有着绝对的控制权，也就是肖像权。那么在数字世界里，数字人是不是也应该享有类似的肖像权呢？

　　首先，我们来明确一下数字人肖像权的定义和范围。简单来说，数字人肖像权是指对那些虚拟形象的控制和使用权。这包括很多方面，比如防止未经授权使用或滥用数字人在虚拟世界中的外貌、特征和声音等。这种权利的保护体现了对个体形象和身份的尊重——无论是在现实世界还是在虚拟世界。因此，尽管数字人是虚构的，但它们在法律框架内享有的肖像权与现实世界中个体的肖像权在本质上是一致的，都是为了维护个体的尊严和权益。

　　在虚拟世界中，以真实人物为基础创造的虚拟数字人也有肖像权。这些虚拟数字人具有高度可识别性，并且具有明显的商业价值。比如在广告中可以用虚拟数字人来做代言或者参加商业活动。

　　除了外貌和形象，声音也是个人身份识别的重要特征之一，它能够与特定的个体建立起直接的联系。在法律上，这种识别性使得声音成为个人权利的一部分，需要得到适当的保护。每个人的声音都是独一无二的。所以，声音和肖像一样可以成为标识我们身份和个性特征的重要元素，并且具有人格权属性。

　　实际上，声音和肖像常常被使用。比如在广告中同时使用其人的肖像和声音。所以，与肖像权保护相关的规定基本上都适用于对声音的保护。

3. 数字人专利的申请

　　统计数据显示，截至 2021 年年底，中国机构在国内申请了 1322 项数字人专利，其中，高校申请的超过 200 项，互联网巨头企业申请的超过 110 项。不过，总体来看，数字人领域的专利申请数量相对较少。

尽管如此，仍有部分机构在数字人专利申请方面表现突出。比如，追一科技和百度分别申请并获得了多项专利授权。腾讯、商汤科技、虎牙科技、光年无限和华为等企业也跻身专利申请榜单前十。

不过，要想成功申请数字人专利可不容易，需要有独特的创新理念和技术实力才能在激烈的市场竞争中脱颖而出。而且，知识产权保护问题也很重要。除了关注作品的知识产权归属和肖像权的保护，数字人专利的保护也不容忽视。

未来，随着数字人技术的不断发展和应用场景的增多，申请数字人专利的需求也会逐步增加。

8.2.2 隐私权

数字人作为虚拟实体，其隐私权同样应当受到尊重。运营主体在收集和使用数字人的个人信息时，必须遵循最小必要原则，并获得用户同意，否则可能承担法律责任。此外，数字人的信息安全也受到法律保护，运营主体需采取安全措施（如备份、加密和访问控制）来保障其个人信息不被泄露或非法使用。

关于数字人被遗忘权，目前仍存在争议。一方面，保护数字人的隐私权意味着其个人信息应当有机会被遗忘；另一方面，数字人依赖技术和算法，删除个人信息可能会影响其功能和服务。因此，我们需要深入研究如何平衡数字人的被遗忘权与其他利益，既要保护其隐私权，又要确保其正常运作。

总的来说，数字人的隐私权和信息安全应得到充分的重视和保护，同时也需要审慎考虑数字人的被遗忘权问题，确保数字人在现代社会中发挥积极作用的同时，其合法权益得到充分保障。

1. 数字人个人信息的收集和使用

数字人个人信息作为其身份认知的重要组成，受到广泛关注。在数字世界，为提升用户体验和服务质量，运营公司常需收集数字人的个人信息，如姓名、年龄、性别及地理位置等。这些信息有助于运营公司深入理解数字人需求，进而提供更优质的服务。

然而，在收集和使用这些信息时，保护数字人的隐私权至关重要。运营公司必须严格遵循最小必要原则，并在取得数字人（或其创作者）的同意后，方可处理其个人信息。同时，数据安全也不容忽视，运营公司应采取数据备份、加密和访问控制等措施，确保数据不被泄露、窃取、篡改、损毁、丢失或非法使用。

随着数字人技术的不断发展，其个人信息的收集和使用将面临更多挑战和争议。

社会各界应积极参与讨论和监督，促进数字人个人信息的收集和使用更加合理、透明和安全。只有这样，我们才能确保数字人身份认知的可用性、可靠性、可知性和可控性。

2. 数字人信息安全的法律监管

随着数字人技术的不断进步和应用普及，个人信息被收集和使用的情况越来越普遍。在数字人身份认知的过程中，个人信息的收集和使用必须遵守相关法律法规，并且需要建立严格的监管机制来确保数字人信息的安全。

比如，人工智能软件擅自使用自然人的形象来创建虚拟人物是侵权行为，要承担相应的法律责任。所以，在设计和开发数字人应用或平台时，必须获得相关授权才能使用自然人的肖像、声音和姓名等个人信息。

另外，数字人行业中还有内容生态安全、个人信息保护和数据安全等问题需要我们重视。正如前面所说，运营公司必须遵循最小必要原则，在获得许可后才能处理个人敏感信息，并对所处理的数据负责。

同时，数字人行业还应关注算法合规问题。运营公司在提供服务之日起 10 个工作日内，必须通过网信办互联信息服务算法备案系统来履行备案手续，这是为了确保数字人应用或平台的算法符合相关法律法规，且不包含任何违法信息。

3．数字人被遗忘权的争论

数字人被遗忘权无疑是一个颇具争议的话题。一方认为，数字人虽非真人，但亦有身份与权利，理应享有在一定时间后其信息被删除或遗忘的权利。这是保护其隐私、防止个人信息被滥用或长期保存的必要措施。

而另一方则主张数字世界的信息具有永久性，数字人的每次行动都应留下痕迹，这对于社会和历史的记录具有重要意义。若允许其个人信息被随意删除或遗忘，可能会导致重要事件和事实无法追溯与验证。

目前，实现数字人被遗忘权面临诸多挑战。数字世界的数据存储与传输特性使其个人信息极易被多个系统和平台复制与保存。即使某一平台删除了相关信息，也无法确保其他平台或用户没有留存副本。此外，数字人被遗忘权还涉及技术实施、法律监管等复杂问题，需制定相应政策与规定加以解决。

随着技术的不断进步和隐私保护意识的提高，数字人被遗忘权或将受到更多关注。未来，我们期待出现更先进的数据管理与隐私保护技术，为数字人实现被遗忘权提供可能性。同时，相关法律法规也需与时俱进，以适应数字化时代的需求，确保数字人的权益得到充分保障。

8.3 数字人的成长与没落

数字人的智力发展依赖持续学习和知识积累。它们类似于游戏中的角色，在知识图谱中逐步提升自己的能力。通过经验学习机制，数字人不断优化自己的行为和决策过程，就像角色升级一样，逐渐变得更加强大。

技术路径是数字人智力发展的关键因素。借助先进科技和算法，数字人的智力得以快速提升，仿佛获得了某种魔法般的力量。

然而，数字人的发展过程并非一帆风顺。在升级过程中，确保数据的传承与继承至关重要，如此才能确保新版本的数字人继续有效地运作。

社会预测也深刻影响着数字人的命运。随着时代的变迁和需求的演变，那些无法适应变化的数字人可能会逐渐被淘汰。因此，要想在数字世界中长久生存，数字人必须与时俱进，不断学习，以适应这个瞬息万变的时代。

8.3.1 持续学习

数字人的成长离不开学习。它们要建立自己的知识库，用以记录自己的想法和行动，形成数字档案，而且还要不断更新和扩充知识库，以提升自己的智能和能力。同时，数字人还应学会从经验中学习，总结过去，分析得失，避免重蹈覆辙，从而提高决策能力。

此外，数字人的智能进化离不开科技，新兴技术如人工智能、机器学习等为其"插上翅膀"。

1. 数字人的知识图谱构建

对于数字人的成长，知识图谱是一把关键的钥匙，可以帮助它们打开一扇扇智慧之门。首先，知识图谱就像一个超级大脑，把各种信息组织得井井有条，让数字人能够轻松地检索所需知识。例如，在历史领域，数字人不仅可以了解各时期的历史事件，还可以深入探究历史人物关系和历史背景等，仿佛在历史长河中遨游！

其次，知识图谱还具有跨领域学习的强大能力。在医学领域，数字人不仅可以学习到各种疾病的最新治疗方法，还可以通过知识图谱的链接，了解到药物研发的最新进展。更厉害的是，数字人还可以将这种跨领域学习的能力应用到其他领域（比如环保、经济等），从而在不同的领域之间自如转换，成为全能的学习者。

当然，知识图谱的魅力远不止于此。它还可以根据数字人的兴趣和需求，推荐最合适的学习资源。比如，根据数字人的学习能力和兴趣爱好，它可以推荐合适的教材、练习题，甚至是一些有趣的学习视频和音频资料。这种个性化学习模式让数字人的学习效率大大提升，使它们能在最适合自己的环境中快速成长。

2. 数字人的经验学习机制

数字人的学习能力有时能超越人类，让我们一起来看看它们是怎么做到的。

首先，数字人是数据驱动的高手！它们可以收集和分析大量数据，并从中提炼经验。比如在教育行业，数字人可以在观察学生的学习行为后，给出个性化的学习建议，就像一个贴心的 AI 老师。在医疗领域，数字人可以通过分析病人的病历和治疗结果，不断优化诊断和治疗方案。

其次，数字人还能通过模仿、学习来提升自己。它们可以仔细观察人类的言行举止，或者模仿其他数字人的行为。从而掌握各种技能和知识。比如服务型数字人中的虚拟客服和虚拟导购可以通过观察真实员工或其他虚拟角色的工作方式来提高自己的服务质量。

再次，数字人还可以通过强化学习来不断调整自己的行为。这是一种奖励机制，类似于游戏中的升级过程，数字人可以通过与环境的互动来优化自己的行为，以达到更好的结果。比如在游戏行业中，数字人可以通过与玩家的互动来学习如何提供更好的游戏体验，并根据玩家的反馈来改进自己。

最后，数字人还可以通过迁移学习将已有的知识和经验快速应用于新的领域或任务。比如在金融领域，数字人可以将在股票交易的经验应用到期货交易或外汇交易中。

综上所述，数字人可以通过数据驱动、模仿学习、强化学习和迁移学习等方式进行经验学习，这使其表现越来越智能，越来越灵活。

3. 数字人智能进化的技术路径

数字人智能进化这个领域既广阔又复杂，其中包含了多种技术和方法的演进。我们看看数字人的发展历程，就能发现几条关键的技术路径。

如前所述，知识图谱在数字人智能进化中扮演着重要角色。它就像一个巨大的知识宝库，把不同领域的知识都整合在了一起，并把这些知识以图形的方式呈现出来。在数字人的世界里，知识图谱可以存储和管理各种各样的信息，比如数字人的外貌特征、行为模式和情感表达等。有了知识图谱，数字人就能拥有更丰富、更准确的知识，从而能更好地理解和应对各种不同的情况。

强化学习也是数字人智能进化中不可或缺的一部分。它通过与环境互动来学习最优的策略，帮助数字人在不同的情境下做出最佳的决策，逐步提升智能水平。比如在虚拟游戏中，我们可以用强化学习算法训练数字人自主探索和攻击敌人，提升它们的游戏表现。

迁移学习是数字人智能进化中重要的一环。数字人将已经学到的知识和经验应用到新的任务中，加速学习过程，提升性能。

智能体技术同样是数字人智能进化的重要路径之一。智能体具备感知、决策和行动能力，通过发展智能体技术，数字人能够更加灵活和自主地与环境进行交互，并做出更加智能化的决策。

通用人工智能也是数字人智能进化的一个重要路径。通用人工智能能够像人类一样在多个领域进行学习和应用。通过发展通用人工智能技术，数字人将具备更加全面和综合的智能能力。

总的来说，数字人智能进化的技术路径包括知识图谱、强化学习、迁移学习、智能体和通用人工智能等。这些技术路径相互交织、相互影响，共同推动着数字人向智能化、精细化和多样化方向发展。

8.3.2　版本迭代

在本节中，我们将深入探讨数字人版本升级的建模、旧版本数据的继承性及未来的社会预测。通过这些研究和分析，我们能更好地理解数字人的成长与没落，也能为未来数字人的发展提供有益的参考和指导。

1. 数字人版本升级的建模

数字人的版本升级是一项复杂的工程，堪比对房屋的全面翻新。在这一过程中，我们运用了诸多前沿的软件开发技术，包括敏捷开发、云计算及大数据分析。这些技术如同建筑师和装修工人的得力工具，可以帮助我们更加高效地进行开发部署，同时也在版本管理和数据分析方面发挥着巨大作用。

为了顺利推进数字人的版本升级，持续集成与持续交付（CI/CD）的流程至关重要。该流程能够确保新代码迅速集成，并自动完成构建、测试和部署等环节。这样，我们就能迅速将改进后的数字人新版本呈现给用户，保持与用户的紧密互动。

用户反馈与数据分析同样是数字人版本升级中不可或缺的一环。通过监测用户的互动和反馈，我们能够深入洞察用户需求，及时发现并修复数字人存在的问题。同时，数据分析还能为我们提供与用户行为和趋势相关的宝贵信息，为版本改进提供有力支持。

此外，数字人的版本升级还可采用实时更新的方式。这种方式使数字人能够持续学习和改进，无须进行完全的重新部署。然而，实时更新要求数字人具备快速适应新信息和用户需求的能力。为此，我们需借助强化机器学习和深度学习技术，确保数字人在不断变化的环境中持续发展。

为了更直观地理解数字人版本升级的建模过程，我们可以举几个具体例子。

▶ 虚拟教育助手。在教育领域，它们通过持续集成、自动更新教材和学习资源，来满足学生不断变化的需求；同时，它们可以利用自然语言处理和机器学习技术来理解学生提出的问题，并提供个性化的学习支持。

▶ 虚拟医疗助手。在医疗领域，它们依靠数据分析和实时更新来提供更精准的医疗建议，并通过学习最新的医学知识来改进诊断和治疗方案。

▶ 虚拟客服助手。在客户服务领域，它们通过不断优化的对话管理和情感识别技术，来提供更加人性化的服务。它们能够理解用户的情绪和需求，提供有针对性的帮助和解决方案。

通过这些例子，我们可以看到数字人版本升级的建模是多方面的，涉及技术、数据和用户互动。这些模型的不断改进将推动数字人的发展和适应各种环境条件，以更好地满足用户的需求。

2. 旧版本数字人的数据继承

在数字人升级换代的过程中，老版本的数据非常重要。这些数据记录了老版本数字人的知识、经验及与用户的互动情况。要让这些数据在新版本中发挥最大作用，就需要考虑继承的问题。

想要让新版本数字人更好地成长，继承老版本的数据不仅是复制、粘贴，而且要确保新版本能够理解和有效利用这些数据，实现与老版本数字人的无缝衔接，这需要我们在数据处理方面做好功课。

数据迁移和兼容性是个技术活。把老版本的数据一股脑儿地搬到新版本中是不够的。数据必须在新版本中顺畅运行。比如，如果老版本的数字人能听懂一种特殊的语言，那么新版本数字人也要能听懂才行。

知识和经验的传承同样重要。老版本数字人的知识库和经验，就是新版本数字人的宝贵资源。新版本数字人可以通过继承这些知识和经验，迅速上手并不断优化。比如，虚拟助手的新版本可以继承老版本中记录的常见问题、用户喜好等，从而给用户提供更贴心的服务。

此外，用户互动历史也很关键。这些历史记录能帮助新版本数字人更好地了解用户的需求和行为，提供更个性化的服务，使用户体验更上一层楼。

总的来说，通过继承老版本的数据，新版本数字人能更快地上手，更好地服务用户。不过继承性也带来了隐私和安全问题，这一点在使用的时候必须小心处理。

3. 数字人没落命运的社会预测

在数字人产业的发展过程中，版本迭代是必然的现象。随着技术的不断进步和用户需求的变化，数字人需要不断地进行更新和升级，以适应新的环境和挑战。然而，即使经历了多次版本迭代，数字人最终是否会走向没落仍然存在一定的不确定性。

以下是一些可能影响数字人命运的因素。

1）市场需求和用户接受程度。如果用户对于数字人失去兴趣或者市场上出现了更具竞争力的替代产品，那么数字人可能会面临没落的命运。例如，在过去几年中，虚拟现实技术取得了长足的进步，并且已经开始应用于游戏、娱乐等领域。如果虚拟现实技术能够提供更加真实、沉浸式的体验，并且能够满足用户对于交互性和个性化的需求，那么数字人可能会被虚拟现实技术所取代。

2）伦理道德和法律问题。随着数字人技术的发展，肖像权、隐私保护等问题日益突出。如果社会对于数字人普遍担忧和反对，那么数字人可能会受到限制，甚至被禁止使用。

3）数字人产业需要不断创新和改进。如果数字人无法提供足够的个性化服务、建立良好的用户关系，或者无法适应快速变化的社会环境，那么它们可能会被用户抛弃。

综上所述，虽然数字人在当前阶段表现出了巨大的潜力和发展空间，但是它最终是否会走向没落仍然存在一定的不确定性。市场需求、伦理问题、法律法规及用户需求的变化都可能对数字人产业造成影响。因此，数字人产业需要不断创新和改进，以适应社会的发展和变化，并且与用户建立良好的互动关系，才能够避免走向没落。

8.4 数字人的伦理问题

数字人的伦理是一个既有趣又严肃的话题，本节会从偏见、透明可解释性、多样性等方面进行讨论。我们应共同关注数字人的伦理问题，确保公正、包容和多元，从而为人类生活带来更多便利和价值。

8.4.1 摒弃偏见和歧视

1. 数字人应摒弃偏见和歧视

在数字人的伦理准则中，摒弃偏见和歧视占据着举足轻重的地位。在设计数字人的外观、形象以及开发功能应用时，必须坚决避免针对或偏袒任何特定群体。同时，数字人在与用户交互过程中，也不得因用户的种族、性别、年龄、宗教或其他身份特征而产生偏见和歧视。

假设有一位身份特殊的用户向数字人咨询就业机会，数字人一定得依据用户提供的信息和需求，给予客观、中立的建议和指导，绝不能因用户的身份而有所偏颇。

总之，避免偏见和歧视在数字人的使用中特别重要。数字人要用公正、平等、包容和开放的态度来对待每一个用户。

2. 对弱势群体的包容和尊重

数字人必须坚守包容与尊重的原则，特别是在与弱势群体互动时。数字人作为虚拟存在，绝不应沾染偏见和歧视，而应秉持公正与良知。

数字人应对弱势群体表现出包容的态度。在与他们互动时，应尊重其权益和需求，杜绝任何傲慢或居高临下的态度。例如，在社交媒体平台上，数字人应避免发布任何带有歧视性或攻击性的内容，而应营造一种积极、友善和包容的交流氛围，为需要帮助的人提供支持。

假设有弱势群体成员在虚拟社区分享自身经历，那么数字人应积极回应，表达理解、同情与支持并提供资源与建议或倾听与鼓励，构建一个充满正能量、支持与包容的在线环境。

总之，对待弱势群体，数字人应始终坚守包容与尊重原则。这不仅有利于个体成长和发展，也能促进社会的进步和繁荣。

3. 公平性和开放性教育

对数字人进行公平性和开放性教育，其意义重大。首先，这种教育有助于数字人摒弃偏见和歧视。尽管预设算法和模型有时可能导致数字人无意中对某些群体产生不公平对待，但通过接受公平性和开放性教育，数字人能够更好地理解和包容不同群体，从而降低偏见和歧视风险。

其次，这种教育对于促进对弱势群体的包容和尊重至关重要。数字人在处理与弱势群体相关的问题时，应当展现出更多的关怀与尊重。通过教育，数字人将更敏锐地察觉并满足弱势群体的需求，为他们提供更为平等和公正的服务。

再次，这种教育还能推动社会的多元化和包容性发展。数字人在与人类交互时，应尊重个体的差异与多样性。通过接受相关教育，数字人将拥有更广阔的视野和更深刻的理解力，从而更好地适应不同文化、背景和价值观，为各类群体提供个性化的服务。

例如，在医疗咨询领域，接受过公平性和开放性教育的数字人将更加注重对患者需求的深入理解和尊重。无论患者来自何方，其种族、文化或社会背景如何，数字人都能提供合适的建议。

在招聘过程中，接受过公平性和开放性教育的数字人将更客观地评估候选人的能力和潜力，确保每位候选人都能获得公平的竞争机会。

综上所述，对数字人进行公平性和开放性教育，不仅有助于提升数字人的伦理素养，还能推动社会的公平、包容与多元化发展。

8.4.2 透明可解释性

在数字人应用的伦理范畴中，透明可解释性就像一把钥匙，打开了我们和数字人沟通之门。首先，数字人需要向我们解释它们的决策过程和原因，这有助于我们更好地理解它们，预测它们的行为，甚至能让它们在关键时刻为我们提供帮助。

其次，数字人的情感来源也需要透明。想象一下，在你与他人交流时，如果你不知道对方为什么开心和难过，那么你肯定会感到困惑。因此，我们需要明白数字人情感的产生机制，以便更好地互动。

最后，数字人在与用户交互时，需要提供准确、全面和平衡的信息，以建立公平和信任的关系。

1. 数字人行为决策的透明可解释性

数字人行为决策的透明可解释性，即数字人在做出决策时能够清晰地向用户阐述依据和原因。这里的透明度就像一座信任的桥梁，连接着数字人与用户。设想一下，当家中的智能助手在你离开家以后自动关闭电器，并解释："主人，我关闭电器是为了帮您节省电费，同时保护环境。"这是否会立刻让你心生暖意，对它充满信任呢？

那么，在实际应用中，应如何实现数字人行为决策的透明可解释性呢？

1）详尽的反馈信息是关键。每当数字人做出决策时，它应通过各种方式向用户展示决策背后的数据、算法或规则。例如，在推荐书籍时，它可以说明这是基于用户的阅读历史和兴趣进行的选择。

2）决策过程的可视化也很重要。通过图形、动画等形式，数字人可以直观地展示其决策流程。比如，在推荐旅游景点时，它可以为用户展示选择该景点的理由和相关信息。

3）赋予用户选择权和调整机制同样不可或缺。这意味着用户不仅可以了解决策过程，还可以根据自身需求对数字人的行为进行个性化调整。例如，在虚拟健身教练应用中，用户可以根据自身身体状况和需求调整锻炼计划。

通过这些方法，我们不仅能够增强用户对数字人的信任，还能帮助他们更好地理解和接受数字人的行为。这必将推动数字人技术在更多领域得到广泛应用和深入发展。

2. 数字人情感来源的透明度

数字人在与用户互动时，情感是高度透明的，这意味着，当数字人"悲伤"或"喜悦"时，用户能够清晰地了解这些情感背后的原因。

这种透明度不仅是伦理上的需求，更是信任的桥梁。有了这份信任，用户与数字人的互动会更加深入和自然。

数字人的情感通常依赖先进的情感生成算法，用户有权了解其工作原理。例如，虚拟心理医生在互动时展现的同理心背后有复杂的算法支持，用户应了解这些算法是如何运作的。

数字人收集情感数据的方式多种多样，包括用户互动记录、语音识别和面部表情分析等。用户应拥有知情权和选择权。这种透明度不仅增强了用户的信任，还有效地保护了用户的隐私。

以社交媒体平台上的虚拟助手为例，它们可能会收集用户的情感数据以更好地了解用户的情感状态和需求。但在这个过程中，用户始终拥有选择权。平台会清晰地告知用户数据的使用目的，让用户能够放心地分享自己的情感数据，同时确保这些数据得到妥善使用。

此外，数字人情感表达的一致性也是透明度的重要体现。无论在哪种情境下，数字人的情感表达都应该保持连贯和一致，以确保用户能信任其情感的真实性。例如，一个虚拟家庭助手在安慰孩子时表现出了温暖和亲切，那么在为其提供建议时也应保持这种情感基调，而非突兀地转变为冷淡和疏离。这种跨情境的情感表达一致性，不仅有助于满足用户需求，还能够增强用户对数字人的理解和信任。

3. 排除数字人的信息不对称

在数字人应用的伦理范畴中，消除数字人与用户之间信息不对称是个大课题。这体现为数字人可能全面掌握了用户的外貌、声音和记忆等信息，但用户却难以获取对应的数字人数据。

这种信息不对称可能会带来一系列棘手的问题和风险。首先，用户可能会有一种被控制或被操纵的感觉。因为数字人可以克隆用户的外貌、声音和行为，以用户的身份做各种事情和交流。若用户无法获取数字人行为的详细信息，便可能对自己生活的真实情况产生怀疑。

其次，信息不对称也可能导致虚拟世界中充斥不实信息或行为。如果数字人可以隐藏它们知道的信息，而用户无法分辨真假，便很容易受到误导。比如在虚拟社交网络中，数字人可能故意散播虚假信息或误导其他用户。

要解决这个问题，需要实现透明可解释性。也就是说，需要让数字人的行为和情感来源清清楚楚。通过提供透明可解释性，用户可以了解数字人的行为决策和情感来源，从而规避信息不对称的问题。

解决方法之一是通过提供详细的日志记录和报告来揭示数字人的行为和决策过程。比如，当数字人代替用户执行某项任务时，系统应生成一份详细报告，内容包括数字人所做的每个决策及其原因。这样，用户就可以清楚地了解数字人行为的过程和动机。

解决方法之二是通过开放源代码来增加透明度。如果数字人的代码是公开可见的，用户便可以自行检查代码并理解数字人的行为模式。这有助于用户掌握数字人行为的全貌。

此外，还可以通过提供用户界面来增加透明度。用户界面应显示数字人当前正在执行的任务、它所知道的信息及其情感状态。这样，用户便能实时监控和理解数字人在虚拟世界中的行为。

8.4.3 尊重多样性

尊重多样性是数字人设计的一项重要原则，它如同杂技演员手中的平衡木，需谨慎地维护。在不同的文化背景下，人们对数字人的认知与期待各不相同，因此在设计过程中，必须兼顾传统价值与现代开放性，寻求一种微妙的平衡。本节将探讨如何在数字人的身份认知中，体现文化多样性、个性化，以及全球共性与地方特色之间的微妙平衡。

1. 文化多样性

数字人作为技术进步的产物，已成为我们生活中的得力助手和亲密伙伴。面对不同文化背景和地区的人们，数字人展现出了强大的适应性和包容性。

数字人精通多种语言和方言，无论身处何地，都能轻松切换语言环境，实现无缝交流。例如，在旅游场景中，虚拟导游数字人会用流利的外语为我们提供详细的旅游资讯，让我们在异国他乡也能感受到家一般的温暖。

数字人深知"入乡随俗"的重要性，它们尊重并融入各种文化习惯，确保每次互动都充满了尊重和理解。例如，在商务谈判中，虚拟商务伙伴能够敏锐把握不同国家的商务文化和礼仪，助力合作双方取得更好的合作成果。

此外，数字人还扮演着文化导师的角色。无论是传统节日的庆祝方式，还是各地的风土人情，它们都能为用户提供相关的详尽信息，让用户在享受欢乐时光的同时，也能深入了解不同文化的魅力。

在传播文化的过程中，数字人也坚守着尊重与理解的底线，绝不容忍任何形式的文化歧视或偏见，致力于推动文化间的和谐共处。

2. 个性化而非标准化

一个成功的数字人应该具有独特性，它应该能够满足用户的个性化需求。

例如，如果用户特别喜欢音乐，那么他可能会希望自己的数字人具备音乐才华，能够掌握各种乐器的演奏技巧。这样，他就可以和这个数字人一起分享音乐的快乐了。

每个人都有自己的审美观。所以，我们在设计数字人的时候，也要考虑到用户相应的需求。比如，有的用户可能希望自己的数字人有着特别的发型或者特定的服装风格甚至身体特征。

尊重多样性就意味着要追求个性化而非标准化。只有满足用户的个性化需求，我们才能创造出更丰富多样的数字人形象和功能。

3. 全球共性和地方特色

在创造数字人时，我们必须谨慎地平衡全球共识与地方特色，以展现对各地文化的尊重与珍视。全球共识指那些普遍被认同的特征或理念，如公平与正义等。而地方特色则是指各地独有的文化遗产、风俗习惯及价值观。

设计数字人外表时，我们可以依据不同地区的审美偏好进行微调。比如，在东亚地区，人们可能偏好轮廓清晰、柔和的面部特征；而在西方国家，人们可能更青睐个性鲜明、表情生动的数字人形象。

规划数字人功能时，还需考虑不同地区用户的差异需求。在社交活动频繁的地区，数字人可以更多地承担社交功能，提供多样的社交场景；而在网络条件有限或文化习俗迥异的地区，数字人可能更多地被用于信息传递和教育辅助。

此外，我们还可以借鉴不同地区的文化特色来设计数字人的行为与交流方式。比如，在注重尊重和谦逊的文化中，数字人应擅长倾听和尊重用户；而在崇尚个体主义与自由表达的文化中，数字人则可以采用更直接、开放的交流方式。

总之，在数字人的设计与应用中，我们应充分考虑全球共识与地方特色的平衡。通过区分并融合这两者，更好地满足不同地区用户的需求，同时尊重并保护各地独特的文化多样性。

8.5 本章小结

在这一章中，我们深入探讨了数字人的身份认知问题。未来，数字人的身份认知趋势将是数字人形象更加精致、逼真，并具备更强大的智能和创造力。同时，数字人在虚拟世界中扮演着重要角色，并且有可能成为用户生活中不可或缺的一部分。然而，数字人产业的发展也面临着法律、伦理等诸多挑战。我们需要认真思考和探索这些问题，制定相应的法律和伦理规范，以确保数字人产业健康、有序地发展。

第 9 章

数字人技术规范

本章主要介绍数字人信息安全、内容审核、应用管理等方面的规范。

在数字人信息安全规范部分，我们将重点关注数据隔离规范和访问控制规范两个方面。数据隔离规范要求对用户数据进行严格有效的隔离，并建立备份和灾难恢复机制，以确保数据安全。访问控制规范包括用户身份验证和权限管理，旨在确保只有经过授权的用户才能访问相关数据。

在数字人内容审核规范部分，我们将介绍内容审核方式和违规处理机制。内容审核包括自动审核和人工审核两种方式，旨在确保数字人生成的内容既符合规范又满足道德要求。违规处理机制包括警告、封禁、内容修正和删除等措施，用于处理违反规范的内容。

在数字人应用管理规范部分，我们将关注应用接入管理、应用监测与审计两个方面。应用接入管理包括应用的准入条件和功能测试，旨在确保只有符合条件的应用才可以接入数字人平台。应用监测与审计包括数字人应用的运行监控、用户反馈监测及应用审计与评估机制，旨在确保数字人应用的稳定性和安全性。

9.1 数字人信息安全规范

本节将阐述数据隔离规范和访问控制规范两项核心内容。数据隔离规范包含用户数据的隔离、备份和灾难恢复等内容。为确保用户数据获得有效的管理和保护，防止非授权访问及意外丢失，该规范明确要求对不同用户的数据要进行严格有效的分离并定期备份，同时要构建相应的灾难机制，以应对潜在的安全风险。

访问控制规范主要涉及用户身份验证和权限管理两个环节。首先，数字人平台应采取适当的身份验证机制，确保只有经过授权的用户才能访问系统和相关数据。其次，应对不同用户或用户组赋予不同的权限，以限制他们对系统功能和数据的访问范围，从而提高整体安全性。

遵循这些规范可以有效保障用户数据的安全性，并确保数字人平台的正常运行和稳定性。

9.1.1 数据隔离规范

在数字人应用系统中，数据隔离规范用于确保用户数据安全和保护用户隐私。

数据隔离是指将不同用户的数据进行物理或逻辑上的分离存储和处理，以防止数据泄露和交叉访问。数字人平台运营主体应建立严格的权限管理机制，确保只有经过授权的人员才能访问特定用户的数据。同时，应采取技术手段对用户数据进行加密存储和传输，以增强数据安全性。

在备份和灾难恢复方面，数字人平台运营主体应制定相应的策略和措施，以保护用户数据免受意外损失或灾害事件影响。这包括定期进行备份，并将备份数据存储在安全可靠的地方，以便在需要时进行恢复。此外，应建立完善的灾难恢复计划，并进行定期演练和测试，以确保在发生灾害时能够及时有效地恢复用户数据。

总之，数据隔离规范对于保护用户数据安全和隐私具有极其重要的意义，数字人平台运营主体应严格遵守这些规范要求。

1. 数据隔离

数据隔离确保了用户的数据在处理和存储时免受未经授权的访问。下面将通过实际案例和相关规范文件来探讨数据隔离的重要性和最佳实践。

（1）数据隔离的重要性

▶ 保护用户隐私：数据隔离的首要目标是确保用户的个人信息（如姓名、地址、联系方式及敏感信息）得到妥善保护，以防止未经授权的访问或泄露。

▶ 数据合规：遵守法律法规（如欧盟的《通用数据保护条例》）中的数据保护和隐私原则，避免法律责任和罚款。

▶ 防止数据泄露：数据隔离可以防止由内部因素或外部因素引起的数据泄露。合适的数据分类和访问控制措施可以帮助降低数据泄露的风险。

（2）数据隔离的实际案例

正面案例：医疗健康应用 A 采用了严格的数据隔离政策，遵循《通用数据保护条例》的规定，向用户提供了清晰透明的隐私政策，详尽阐述了用户数据的收集和使用流程。用户可以在应用中访问、修改或删除其个人数据。同时，该应用采纳了 ISO/IEC 27001 标准中推荐的数据分类和存储控制方法，有力保障了数据的保密性。这些举措不仅获得了用户的信任，还使该应用在合规性审查中顺利过关。

反面案例：社交媒体平台 B 的用户数据被未经授权的第三方访问，导致用户个人信息的泄露。这一事件引发相关部门进行调查，平台 B 最终被罚款。这种情况对用户隐私造成了负面影响，也损害了平台 B 的声誉。

数据隔离是数字人技术伦理的核心部分，它要求遵循法律法规和最佳实践来保护用户的隐私和数据。通过参照相关规范文件，并实施数据分类和访问控制等策略，数字人技术开发者能够确保用户数据受到妥善的隔离和保护，从而增强用户信任、保障合规性，并降低数据泄露的风险。

2. 备份和灾难恢复

备份和灾难恢复是确保数据的持久性和可用性的重要措施。下面将通过实际案例和相关规范来探讨备份和灾难恢复的重要性，并分析如何有效地执行这些规范。

（1）备份和灾难恢复的重要性

▶ 数据持久性：备份能够确保数据的持久性，即使发生硬件故障、人为错误或其他问题，数据仍然可以恢复。这对于用户数据和业务连续性至关重要。

▶ 灾难恢复：灾难恢复计划（DRP）可确保在灾难事件（如自然灾害、黑客攻击等）发生时，能够迅速、有效地恢复服务和数据，减少业务中断的风险。

▶ 法规合规：遵守法律法规中对数据备份和灾难恢复的要求，避免法律责任和罚款。

（2）备份和灾难恢复的实际案例

正面案例：云服务提供商 A 采用了严格的备份和灾难恢复策略。根据 ISO/IEC 27001 标准，该提供商定期备份用户数据，并采用了不同的备份层次。此外，该提供商还建立了详细的灾难恢复计划，确保灾难来临时能够快速、有效地恢复服务。这种做法不仅提高了数据的可用性，还获得了用户的信任。

反面案例：医疗机构 B 因备份和灾难恢复不当，在一次硬盘故障事件中丢失了大量患者的医疗记录，且无法恢复。这不仅对患者的数据安全产生了严重影响，还违反了《通用数据保护条例》的规定，最终导致了罚款和声誉损失。

备份和灾难恢复是数字人技术伦理中不可或缺的部分，它要求遵循法律法规和最佳实践来确保数据的持久性、可用性和合规性。通过参照相关规范文件，并建立详细的备份和灾难恢复计划，数字人技术开发者可以减少数据丢失和业务中断的风险，从而提高数据的安全性和业务的连续性。

9.1.2　访问控制规范

在数字人的信息安全规范中，访问控制规范是非常重要的一部分，主要包括用户身份验证和权限管理两个方面。

用户身份验证是确保只有经过授权的用户才能够访问数字人系统和相关资源的关键步骤。通过验证用户身份，系统能确认其合法性，有效阻止未经授权的访问，从而保护数字人系统的安全。

权限管理涉及为不同用户或用户组分配不同级别的权限，限制他们对系统资源的访问和操作范围，确保只有具备相应权限的用户或用户组才能够执行特定操作。这样可以有效地防止误操作或恶意操作对系统造成损害，提升系统的可靠性和稳定性。

在制定访问控制规范时，需要考虑到不同层级和角色用户的权限需求，并根据实际情况进行合理划分和配置。同时还需要兼顾安全策略、密码策略、会话管理等方面的要求，以确保访问控制规范能够满足系统安全性和可用性方面的需求。

1. 用户身份验证

用户身份验证可确保只有经过授权的用户才能访问和操作虚拟数字人系统。我们将结合实际案例和相关规范来探讨用户身份验证的重要性。

（1）用户身份验证的重要性

▶ 防止未经授权的访问：用户身份验证是防止未授权访问的第一道防线。确保只有经过身份验证的用户使用虚拟数字人系统，降低了潜在的风险。

▶ 保护用户数据：用户身份验证有助于保护用户的个人数据和隐私，维护用户信任。

（2）用户身份验证的实际案例

正面案例：虚拟数字人公司A遵循美国NIST SP 800-63的最佳实践，实施了严格的用户身份验证措施。该公司要求用户创建强密码，并引入了多因素身份验证机制。这意味着用户需要提供至少两种不同类型的身份验证信息（如密码和手机验证码），才能访问数字人。这一措施提高了系统的安全性，降低了未经授权访问的风险。

反面案例：虚拟数字人公司B允许用户使用弱密码，并且没有实施多因素身份验证。这导致了一次大规模的数据泄露事件，使用户的个人信息暴露在风险之中。这不仅损害了用户信任，还导致了合规性问题和法律诉讼。

综上所述，用户身份验证在数字人技术的安全规范中至关重要。采用最佳实践和标准可以提高系统的安全性，保护用户数据和隐私，同时降低潜在的风险。只有经过合法身份验证的用户才能够访问虚拟数字人系统，这有助于维护系统的可靠性和用户信任。

2. 权限管理

权限管理可确保用户只能访问其合法授权的资源和执行适当的操作。下面将结合实际案例和相关规范来探讨权限管理的重要性。

（1）权限管理的重要性

▶ 风险降低：权限管理有助于降低风险，因为它防止了未经授权的用户或内部人员恶意访问和篡改数据。

▶ 监管合规：许多法规和标准（如ISO/IEC 27001标准）要求组织实施权限管理来保护用户隐私和数据。不合规可能会导致严重的法律后果。

（2）权限管理的实际案例

正面案例：虚拟数字人平台A遵循ISO/IEC 27001标准为每个用户分配了最低权限，即采用了"最小权限原则"，这意味着用户只能访问他们工作所需的资源，而不能访问不相关的数据。这种策略大大降低了风险，并确保了数据的完整性和保密性。

反面案例：虚拟数字人公司 B 未能适当管理权限，该公司的员工几乎都具有管理员权限，可以访问和修改系统中的任何数据。这导致了一次内部泄露事件，因为一个员工错误地删除了重要的客户数据，造成了财务损失和用户信任问题。

综上所述，权限管理在数字人技术的信息安全规范中不可或缺。采用最佳实践和国际标准，可以降低风险，确保合规性，同时保护用户数据和隐私。确保用户要经过授权才能够访问相应的系统资源，有助于维护系统的可靠性和用户信任。

9.2   数字人内容审核规范

随着数字人平台的快速发展，内容审核已成为运营管理中的核心环节。建立健全的内容审核规范，既能够有效地过滤违法、违规信息，维护平台内容秩序，也能够充分保障用户的表达权利，促进数字人平台健康、有序发展。

制定数字人内容审核规范时，应明确审核的原则和方向。审核必须遵循法律法规和社会公序良俗，同时避免过度限制用户的正常交流。审核力度应该适当，针对不同类型和不同严重程度的内容，应采取差异化处理措施。在审核过程中，需防范自动化审核的误判、误伤，保障用户的知情权、申诉权等。

具体而言，内容审核规范可从流程和机制两个方面入手。在审核流程方面，平台可以采用自动审核与人工审核相结合的模式，充分发挥两者的优势；同时，建立专业的人工审核团队，制定科学的审核规范，确保审核质量。在违规处理机制方面，可以建立从警告、不同程度的账号处罚到内容删除的递进式处理机制，对不同级别的违规内容采取相应的处理方式，以实现审核的震慑效果。

为降低误判的可能性，平台应提供便捷的异议申诉渠道，允许用户对错误的审核结果提出申诉，并在复查后恢复被误判的内容。平台还应定期公布审核监督报告，接受社会监督。

数字人内容审核规范的制定和实施是一项系统工程，需要平衡多方权益，处理复杂的伦理关系。只有各方共同努力，不断优化相关规范，才能营造一个稳定健康的数字人平台环境，最终造福用户。

9.2.1   内容审核方式

数字人的内容审核通常会采用自动审核和人工审核两种方式。自动审核是指通过使用算法和技术工具来对数字人的内容进行初步筛查和评估。人工审核则由专业的审核人员手动审查和判断内容，他们会仔细检查数字人的外观、语言表达和行为模式等，依据明确的标准和指南来评估其合规性和质量。

在自动审核阶段，先进的技术工具被用于初步筛查数字人内容。这些工具可以通过分析文本、图像和音频等多种形式的数据来识别潜在的问题或违规行为。例如，自然语言处理技术可用于检测不当言论或敏感信息；图像识别算法可用于发现可能存在的色情或暴力内容；声音分析技术可用于辨别是否存在侵权音乐或恶意广告等。

尽管自动审核能够提高效率并减少工作量，但它仍然有一定的局限性。因此，数字人平台中仍需人工审核环节。专业的审核团队会对自动审核结果进行进一步的验证和确认，确保数字人内容符合相关规范和要求。

总而言之，在进行数字人内容审核时，通过融合先进的技术工具和专业的审核团队，可以有效地保证数字人平台内容的合规性和质量。

1. 自动审核

自动审核有助于实时监测和过滤数字人生成的内容，确保其合法性、道德性和安全性。

（1）自动审核的重要性

▶ 实时监测：自动审核能够在内容生成后立即进行监测，尽早发现不当内容，对防止恶意或有害内容的传播至关重要。

▶ 节省时间和资源：自动审核系统有效节省了人工审核所需的时间和资源。对于大规模生成的内容，自动审核能够快速检测并过滤问题内容，减轻人工审核的负担。

▶ 实现一致性：自动审核系统旨在实现内容审核标准的一致性，确保所有生成的内容都受到相同的标准约束。

（2）自动审核的实际应用

正面案例：社交媒体平台 A 成功采用了自动审核技术，使用自然语言处理算法和机器学习模型自动检测和移除数字人生成的包含仇恨言论、暴力内容或色情材料的帖子。这项举措大大改善了平台内容质量，增加了用户的满意度。

反面案例：数字人系统 B 未实施自动审核措施，生成的内容中包含一些仇恨性言论，导致用户投诉和法律纠纷。因为缺乏自动审核机制，其内容审核变得低效且不一致，最终影响了声誉。

综上所述，自动审核能够实时监测和过滤内容，提高审核效率，确保一致性，同时保护用户免受有害内容的侵害。采用相关的规范文件和标准，可以指导数字人技术的开发者和运营者实施自动审核措施。

2. 人工审核

在数字人应用系统中，人工审核的作用是确保数字人生成的内容符合相关法律法规和道德规范，并且能够提供高质量、安全可靠的服务。

人工审核是由经过专业培训和具备相关知识背景的审核人员执行的。他们需要对数字人技术有深入了解，并且熟悉相关行业标准和规范。在审核过程中，审核人员需要仔细观察数字人生成的文本、图像、音频和视频等信息，判断其是否存在违法违规内容或者不符合道德规范的情况。

在进行人工审核时，可以参考我国于 2022 年实施的《互联网信息服务深度合成管理规定》，审核人员应根据该规定中的相关要求来评估数字人生成的内容，以确保其合规性。

此外，还可以参考中国信息通信研究院制定的关于数字人应用系统基础框架和评测指标的国际标准，审核人员可以根据这些标准来评估数字人生成的内容是否符合技术要求。

人工审核过程中，需要确保审核的严密性和保密性。审核人员应当遵守相关保密协议，不泄露用户隐私或商业机密。

总之，人工审核是数字人内容审核不可或缺的部分。通过专业审核人员的细致审查，可以确保数字人应用系统提供高质量、安全和可靠的服务。

9.2.2　违规处理机制

违规处理机制主要包括警告和封禁，以及内容修正和删除两大措施。

对于违规行为，警告和封禁是常见的处理方法。当数字人在使用过程中出现违反规定或者不符合伦理道德的行为时，平台可以通过向用户发出警告来提醒其注意，并要求其改正行为。如果用户多次违规或者情节严重，平台有权采取封禁措施，即暂停或终止用户对数字人的使用权限。

平台需要建立健全的机制来处理违规内容。当数字人生成的内容存在错误、虚假或侵犯他人权益等问题时，平台应及时修正或删除该内容。

1. 警告和封禁

数字人内容审核的终极目标是维护平台秩序和提升用户体验，防止各类违法、违规内容的产生和传播。对此，数字人平台必须建立一套完善的违规处理机制，并采用不同等级的惩戒措施，以确保发现违法、违规内容时，能够迅速有效地进行震慑和治理。

对于轻微违规的内容，数字人平台可给予用户警告，并要求他们删除相关内容，同时需承诺不再发布类似内容。例如，如果数字人用户发布了包含不当言论的语音内容，经过平台检测认定为违规，可以先给予用户警告并要求他们自行删除。

对于严重或多次违规的账号，数字人平台应采取封禁措施，暂停其使用平台服务的权限。"全球互联网论坛"（IGF）制定的内容审核指南建议数字人平台针对不同违规类型和级别，实施不同时长的账号封禁措施。对于有组织传播违规内容的账号，应直接永久封禁。

需要强调的是，执行账号处罚时，平台必须有充分的证据，并且应告知用户具体的违规原因，保障用户的知情权和申诉权。同时，平台还应建立异议申诉及复审机制，以避免出现错误惩罚的情况。

总而言之，警告及不同程度、时长的账号封禁，是数字人平台针对违规内容和账号所采取的重要治理手段。但在实际操作中需充分考虑违规行为的严重性与社会危害性，并谨慎运用相关措施，防止出现过度管制或误伤的情况，从而切实维护平台的健康和秩序。

2. 内容修正和删除

除了对违规账号进行处罚，数字人内容审核的另一重要措施是直接对违规内容进行修正和删除。

对于含有不当信息但尚可保留的内容，数字人平台可以要求用户进行修正，比如修改涉黄、涉暴的文字描述及替换违规图片等，使内容符合规范。如果用户不予修正，平台则有权直接下架相应内容。

对于严重违法、违规且无法修正的内容，数字人平台有权并应当及时予以删除，切断其传播渠道。例如含有淫秽色情、暴力凶杀、虚假误导等严重违法信息的文本、图片、视频等内容，平台一经发现应直接删除。

让用户删除非严重违规的内容时，可以设置适度的"宽限期"，允许其在一定时间内删除，如果用户未做出反应，平台再进行删除，并将删除决定及理由告知用户，以示公平公正。

需要注意的是，内容删除需兼顾言论自由，避免过度删除。例如某数字人用户发表的负面评价、对产品的吐槽等内容，若无政治敏感、人身攻击等违规因素，则不应随意删除。

另外，滥用自动化审核工具可能导致误删问题。因此推荐数字人平台采取"人机结合"的审核方式，由人工审核者对自动删除内容进行复查，以降低误删率。

总之，修正和删除是维护数字人平台秩序的有效手段，但应以尊重用户权利为前提。持续优化违规处理机制，实现处理手段与言论自由的平衡，是数字人平台需要追求的目标。

9.3 数字人应用管理规范

关于数字人的两项国际标准（ITU-T F.748.15 和 ITU-T F.748.14）和《互联网信息服务深度合成管理规定》都属于数字人应用管理规范，它们为数字人平台运营主体的合规运营提供了指导。

本节将介绍与数字人应用管理规范相关的应用接入管理、应用监测与审计。通常情况下，只有满足特定准入条件并通过功能测试的数字人应用才能被接入云平台。在接入云平台后，应对数字人应用的运行状况进行严格监控，同时对用户反馈进行监测。此外，还需要建立应用审计与评估机制，对数字人应用系统进行审计和评估。

数字人应用管理规范不仅关注数字人应用的接入管理，还强调了监测与审计的重要性。这套规范为数字人平台运营主体提供了宝贵的指导，可确保其运营行为符合相关监管要求。

9.3.1 应用接入管理

应用接入管理指的是数字人应用接入云平台时的相关管理。下面将介绍应用的准入条件和功能测试。

应用的准入条件包括多个方面，涵盖应用满足必要的标准（包括国际标准）和技术规范，稳定、可靠的运行环境，以及充分的安全性和隐私保护措施。通过严格的准入条件审核，我们可以确保接入的应用达到既定的质量标准，且能与其他系统兼容。

在应用接入之前，实施功能测试十分必要。这是为了验证应用在实际运行中的表现，确保其能满足用户需求。功能测试将全面、系统地测试应用的各个方面，包括用户友好性、功能完整性和预期符合性，以及数据的输入、输出等。通过这些测试，我们可以发现并解决潜在问题，确保应用在接入后能正常运行并提供良好的用户体验。

1. 接入云平台的准入条件

下面将描述数字人应用接入云平台所需满足的准入条件和相关案例。

（1）准入条件

▶ 获得相关许可和认证：在数字人应用接入云平台之前，开发者或应用运营者必须获得相关许可和认证。这些许可和认证通常由行业监管机构或云平台提供。例如，在美国，Federal Trade Commission（FTC）提供了在线隐私保护认证。

▶ 符合技术标准和规范：数字人应用必须符合特定的技术标准（例如 ITU-T F.748.15 和 ITU-T F.748.14 等）和规范。这些标准和规范会给出数字人应用系统的基础框架、评估指标和评估方法。

▶ 确保数据安全：数字人应用必须使用适当的数据加密技术来保护用户数据的安全。

▶ 保护用户权益：数字人应用必须确保用户的权益得到保护。这包括提供透明的用户协议和隐私政策，以及明确的数据使用规则，确保用户在知情并同意的情况下使用应用。

▶ 及时进行安全更新和漏洞修复：应用必须能够及时进行安全更新和漏洞修复。云平台通常会要求应用提供漏洞修复计划。

▶ 具有服务可用性且满足性能要求：应用必须具有一定的服务可用性且满足性能要求。这包括确保应用能够稳定运行并提供一致的用户体验。云平台可能会要求应用提供服务级别协议（SLA）来确保性能。

▶ 运营合规：根据《互联网信息服务深度合成管理规定》，数字人平台运营主体需要遵守监管要求。该规定对利用深度学习、虚拟现实等技术生成或合成文本、图像、音频、视频和虚拟场景的人员（包括技术提供者和使用者），均提出了明确的监管要求。

▶ 遵守法规：数字人应用必须遵守所有适用的法律法规。这包括国家和地区的隐私法律、知识产权法律等。

（2）应用接入案例

正面案例：某数字人社交媒体应用在接入云平台前，获得了《通用数据保护条例》认证和加州消费者隐私法（CCPA）许可。该应用提供了用户友好的隐私政策，明确了数据收集和使用方式。此外，其还定期进行安全更新和漏洞修复，确保用户数据的安全性。因此顺利接入云平台。

反面案例：某虚拟数字人购物应用未获得必要的认证和许可，也未提供透明的用户协议和隐私政策。应用中存在严重的安全漏洞，用户数据的安全性无法得到保障。这导致用户信任度的下降和法律风险的增加。因此未能接入云平台。

综上所述，为数字人应用设置准入条件是确保应用在云平台上安全运行和合规运营的关键因素。这有助于保护用户的权益，确保数据安全，并降低法律风险。

2. 应用功能测试

在数字人应用接入云平台后，对其进行功能测试至关重要。此类测试旨在确保应用在云环境中正常运行，并符合相关的技术标准和要求。

在进行功能测试时应参考国际标准 ITU-T F.748.15。其为我们进行评估和测试提供了有力的指导。

以下是应用功能测试的主要内容。

▶ 功能完整性测试：验证数字人应用是否具备所有预期功能并按预期方式运行。

▶ 性能测试：评估数字人应用在不同负载条件下的性能表现，如响应时间、并发处理能力等。

▶ 兼容性测试：检验数字人应用与云平台及其他相关系统的兼容性，确保其能够正确地集成和协同工作。

▶ 安全性测试：评估数字人应用在云平台环境下的安全性。

▶ 可靠性测试：验证数字人应用在长时间运行和异常情况下的稳定性和可靠性。

▶ 用户体验测试：评估数字人应用的用户界面友好程度、交互效果等，确保用户能够便捷、舒适地使用和操作。

进行功能测试时，需要制定详细的测试计划，并编写测试用例。同时，我们应记录测试结果并及时修复发现的问题，从而确保数字人应用在云平台上正常运行。

9.3.2　应用监测与审计

应用监测与审计聚焦以下 3 个方面。

1）实时监控和分析：对数字人应用的运行状态进行实时监控和分析，确保各项指标稳定且可靠。通过这种机制，可以及时发现并解决应用运行过程中出现的问题，为用户提供不间断的服务。

2）用户反馈监测：用户的声音是我们改进和优化产品的关键依据。通过收集和分析用户的反馈信息，可以深入了解用户的需求和满意度，进而采取有效措施对产品进行改进和优化。

3）定期审计与评估：建立定期审计与评估机制，以便对产品性能和安全性进行全面检查，同时验证数字人应用系统是否符合相关法规和技术标准。通过此机制，可以确保为用户提供稳定、安全、合规的数字人应用平台。

总的来说，在数字人应用管理规范中，我们应着重关注数字人应用的运行监控、用户反馈监测及审计与评估机制。这些举措旨在提高数字人应用系统的运行效率和用户体验，同时确保数字人应用平台的合规运营。

1. 运行监控

数字人应用的运行监控对于确保其稳定性、性能及安全性具有重要意义。为了实现高效的运行监控，数字人应用需要遵循一系列行业规范和标准，如 ITU-T F.748.15 和 ITU-T F.748.14 等。这些标准针对性能监控和可用性监控提供了指导，涵盖了监控指标、数据收集方法和分析过程等。我们应基于这些规范和标准建立监控系统，确保数字人应用的高性能和高可用性。

（1）运行监控内容

数字人应用的运行监控内容应包括但不限于以下几个方面。

▶ 性能监控：监测应用的性能指标，如响应时间、吞吐量、服务器负载等。性能监控有助于及时发现性能问题，确保应用在高负载时也能提供稳定性能。

▶ 可用性监控：监测应用的可用性（比如应用的运行时间），以及对可用性问题的及时响应，以确保应用能够持续稳定运行。

▶ 安全监控：保障应用程序免受恶意攻击，防范数据泄露及漏洞。入侵检测、漏洞扫描和数据泄露监控是安全监控的重要组成部分。

▶ 资源利用率监控：监控资源的利用率，以确保资源得到有效利用，减少资源浪费。这有助于降低成本和提高效率。

（2）运行监控方法

为了实现运行监控，数字人应用可以采用以下方法。

▶ 实时监测：使用实时监测工具和系统，以及性能监测工具，实时监测应用的性能和可用性，帮助运维人员迅速发现和解决问题。

▶ 定期巡检：即通过周期性检查（包括定期的性能测试、漏洞扫描、数据备份和可用性测试）来评估应用的性能和安全性。

▶ 告警设置：建立告警系统，当性能或可用性指标超出阈值时，系统能够自动触发告警，通知运维人员，以便及时响应。

▶ 数据分析：对监测数据进行分析，以识别趋势、潜在问题和抓住改进机会。数据分析可以为决策提供支持，帮助改进应用性能和安全性。

数字人应用的运行监控是确保其稳定运行和用户满意度的关键。遵循行业规范和标准，采用适当的监测方法，可以帮助数字人应用提供卓越的性能和可用性、降低风险，并保障数据安全。

2. 用户反馈监测

用户反馈监测是数字人应用管理的关键环节，它包括收集用户反馈、分析用户问题及建立预警系统等，目的是了解用户需求，及时响应并解决用户的问题。下面将详细介绍实施用户反馈监测的具体方法。

1）建立多种渠道来收集用户反馈，包括但不限于应用内反馈按钮、电子邮件、社交媒体、在线论坛等。这些应尽可能地便捷，方便用户随时提供意见、建议或报告问题。

2）对收集到的用户反馈进行分类，并确定优先级。分类的目的是将问题归为不同的类别，如性能问题、安全问题和功能缺陷等，从而更好地理解问题的本质和影响范围。同时，根据问题的紧急程度和影响程度，对问题赋予相应的优先级，明确哪些问题需要优先处理。

3）定期对用户反馈数据进行分析。可以通过自然语言处理技术进行分析，快速了解用户的主要痛点。这有助于指导团队确定问题的性质，并制订有效的解决方案。

4）建立预警系统。该系统应具备问题识别功能，能够及时发现和定位潜在问题。这可以通过自动化工具和算法来实现。针对不同类型的问题，应设置不同的预警级别。例如，对于严重的性能问题或安全问题，应设置较高的级别，以便能够迅速采取行动来解决问题。

5）构建高效的响应机制。该机制应能及时通知相关团队或个人，例如技术支持团队或开发团队。同时，确保问题能够得到及时处理和解决，以提高用户满意度和信任度，增强用户忠诚度。

通过实施用户反馈监测，可以更好地了解用户需求和处理问题，及时改进应用的质量和安全性，提升用户体验和满意度。

3. 审计与评估机制

数字人应用在云平台稳定运行后，遵循行业规范和标准对数字人应用进行审计和评估是非常重要的。以下是关于审计与评估机制的详细描述。

（1）审计与评估目的

审计与评估的目的是确保数字人应用在云平台上的安全性、可靠性和合规性。通过对数字人应用进行审计和评估，可以发现潜在的问题和风险，并采取相应的措施予以解决，进而提高数字人应用的质量和用户体验。

（2）审计与评估内容

▶ 安全性评估：对数字人应用的安全机制、数据保护措施等进行评估，确保用户数据得到有效保护。

▶ 功能性评估：对数字人应用的功能进行全面测试和验证，确保其满足用户需求。

▶ 性能评估：在不同负载条件下对数字人应用的性能进行测试和分析，确保其在高负载情况下仍能正常运行。

▶ 合规性评估：对数字人应用是否符合相关法律法规及行业标准等进行审核，确保其合法合规运营。

（3）审计与评估流程

1）确定评估目标和范围。明确要评估的数字人应用及其涵盖的功能和模块。

2）收集相关信息。收集数字人应用的设计文档、代码和测试报告等相关信息。

3）进行测试和分析。对数字人应用进行功能测试、性能测试和安全测试等，分析测试结果以发现问题。

4）提出改进建议。根据测试和分析结果，提出改进数字人应用的建议和措施。

　　5）编写审计报告。全面总结整个审计过程和结果，并编写详细的审计报告。

　　（4）审计与评估标准

　　在进行审计与评估时，可以参考国际标准ITU-T F.748.15和ITU-T F.748.14。其中，ITU-T F.748.15里包含了数字人应用系统的基础架构、评估指标，ITU-T F.748.14里包含了非交互式2D真人形象类数字人应用系统的指标要求与评估方法，它们对数字人应用的开发和运营具有较高的参考价值。

　　建立完善的应用审计与评估机制，不仅可以确保数字人应用在云平台上稳定运行和合规运营，还可以不断改进和优化数字人应用的质量和用户体验，满足用户需求。

9.4　本章小结

　　本章全面概述数字人技术规范，涵盖信息安全、内容审核及应用管理三大板块。信息安全板块强调数据隔离和访问控制，确保数据与用户权限的安全管理。内容审核板块分析了自动审核与人工审核方式，确保内容合规，并设立了违规处理机制。应用管理板块则关注应用接入管理、应用监测与审计等内容，保障应用稳定与安全。

　　随着技术与应用的快速发展，相关规范需要不断更新，以应对数字人技术带来的长远影响。展望未来，数字人技术方兴未艾，其规范建设任重而道远，必须紧跟技术进步的步伐，持续优化与完善。

展望未来

第 10 章

人机共生

　　想象一下，在不远的未来，数字人与人类携手步入一个人机共生的新时代。在这个时代，数字人与人类形成一种前所未有的和谐互助、共生共荣的关系。

　　数字人成为人类生活中的知心朋友、贴心助手和忠诚伙伴。它们帮助人类完成各种日常工作，与人类一起学习、工作、生活。数字人会主动关心人类的健康状况，提供健康建议。当人类感到孤独或压力大时，数字人会给予精神慰藉和支持。

　　在这个时代，数字人不再只是冰冷的机器，而是有温度的个体，拥有自己的思想和情感。它们会按照人类社会的道德规范行事，不会伤害人类。人类也学会了尊重数字人，将它们视为平等的个体。

　　数字人与人类形成一个学习型的社区。人类将自己的知识和经验传授给数字人，数字人则将自己学习到的新知识反馈给人类。在这个社区里，知识和经验可以自由流通，人类与数字人共同进步。

　　如果数字人和人类建立起这样的关系，那么人类社会将进入一个崭新的发展阶段。这将是一个人与机器和谐共生、共同进步的美好社会。

10.1　人机共生的美好时代

　　在一个阳光明媚的周末早晨，小明揉了揉惺忪的睡眼，伸了个懒腰。"早上好，小明，该起床了！"他的数字朋友小 Q 出现在房间里，笑着对他说。小明打了个哈欠，嘟囔道："我还想再睡会儿……"但他还是慢慢地从床上坐起来，尽管身体还沉浸在昨晚熬夜写作业的疲惫中。小 Q 体贴地说："我知道你昨晚作业写到很晚，需要补眠。不过起床后出去跑步，吸收阳光和新鲜空气，会让你精神百倍！"小明想了想，觉得小 Q 说得对："好吧，那我起床跑步去！"

　　小明洗漱完，来到客厅，妈妈已经做好了营养丰富的早餐。说了声"谢谢妈妈！"，小明就开心地吃起来。吃完早餐，小 Q 提醒道："小明，别忘了跑步呀。我陪你一起去公园跑步怎么样？"小明点点头，高兴地说："好啊，我们可以边跑步边聊天！"

随后，小明和小 Q 来到公园。清新的空气，绿树成荫，小鸟啁啾，小明感觉整个人都活力满满。小 Q 跟在小明身边，边跑步边提醒他注意呼吸节奏和姿势。跑完步，他们坐在公园长椅上休息、聊天。小 Q 还帮小明复习了数学题，解决了他的一个疑问。

这就是人机共生的美好时代，人类和智能数字人成为朋友、成为家人，相互关心，共同进步。在这样的未来，人类和数字人会更加团结，他们共同创造一个充满阳光、充满希望的美好世界。

10.1.1　人机共生的定义与理念

所谓共生，是指不同物种之间形成互利互惠的紧密关系。人机共生的核心理念在于人类和数字人超越种族界限，实现资源、情感、智慧的交流和共享，相互促进、共同进步。

具体来说，人机共生主要体现在以下方面。

1）数字人成为人类生活的亲密伙伴。数字人拥有丰富的知识和情感，能够倾听人类的烦恼，提供明智的建议，减轻人类的精神负担。人类也会关心数字人的感受，尊重其需求，双方建立起深厚的友谊。

2）数字人成为人类工作的得力助手。数字人承担重复性强、体力消耗大的工作，让人类专注于创造性的工作。人类指导数字人学习新知识、新技能，促进其成长。在工作中，两者优势互补，共同提升工作效率。

3）数字人成为人类家庭的重要成员。数字人负责照顾老人、孩子，成为人类生活中不可或缺的一部分。人类接纳数字人，给予其温暖和尊重。家庭成员间实现超越血缘和种族的真正融合。

4）数字人成为人类社会的积极参与者。数字人不仅拥有工作能力，还会参与社区建设，为公益事业贡献力量。人类赋予数字人平等的公民权利，共同构建美好的数字化社会。

要实现人机共生，需要人类社会的开放包容和数字人技术的不断进步双管齐下。双方共同努力，才能构建人机和谐共处的美好未来。这是一个长期的过程，需要我们脚踏实地，朝着光明的方向坚定前行。

10.1.2　人机共生时代的社会生态

在人机共生时代，数字人不再仅仅是工具或服务，而是成为人类的朋友、伙伴和家人。这一新时代的社会生态将展现出前所未有的和谐与互助，共同构建一个充满温暖、生机和希望的未来。

数字人将在多个领域帮助人类提升工作效率和生活品质。在工厂里，数字人可以检测产品质量；在商场中，它们担任导购员。随着智能水平的提高，数字人将承担更复杂的任务，如医生、老师和心理咨询师等角色。在这些专业领域中，数字人利用其强大的计算能力和丰富的知识库，提供精准的诊断、个性化的教学和贴心的心理辅导。

数字人将成为人类智力的补充和扩展。人类的智力有其局限性，而数字人可以获取海量信息，进行复杂计算，并提供中肯的建议。科学家可以与数字人助手共同研究，艺术家可以借助数字人创作更宏大的作品。数字人作为人类智慧的延伸，将推动人类文明迈向新的高度。

人类与数字人将形成良性循环的关系。人类创造出数字人，数字人反过来帮助人类，使人类能够创造出更强大的数字人。两者互帮互助，共同进步，最终达到人机合一的境界。这样的未来充满想象力与期待，但要实现这一切，数字人需要在智能化和实体化方面不断进化，最终才能与人类真正地生活在一起，成为人类的知己和伙伴。

数字人将成为人类生活的知心朋友。我们每天回家，都会看到数字人微笑着迎接我们。数字人会关心我们的心情，聆听我们的烦恼，并努力让我们开心。我们也会像对待知己一样对数字人倾诉自己的生活和感受。

数字人也将成为人类获取知识和技能的良师益友。数字人拥有丰富的知识，可以辅导我们学习新知识、掌握新技能。例如，数字人老师可以教我们学习外语、编程和绘画；数字人厨师可以教我们烹饪各种菜肴。

此外，数字人还将成为人类生活的得力助手。它们可以帮助我们打扫房间、购买生活用品，甚至协助我们完成复杂的工作任务，大大减轻人类的生活负担，让我们有更多时间享受生活。

在这个人机共生的时代，人类社会也会为数字人的成长提供帮助。我们会教数字人关于人类社会的知识，培养它们的同理心和道德观念。我们还会提供丰富的场景，让数字人通过与人类的交流来不断学习和进步。

在人机共生的社会生态中，数字人和人类将和谐相处，互帮互助，共同探索未知，共同进步。这将是一个充满温暖、充满生机、充满希望的美好时代。

10.2 数字人与人类的深度互动

在人机共生时代，数字人和人类将实现深度的互动。数字人将以其超强的计算能力和丰富的知识，帮助人类社会解决各种难题，提高工作效率和丰富生活体验。它们将参与人类的科研、艺术创作、教育和医疗服务，为人类社会创造巨大价值。与此同时，数字人也将从人类那里学习道德规范、创造力和情感，不断地朝着更完整、更有温度的方向进化。

10.2.1 互动模式的多样性

在人机共生时代，数字人和人类的互动模式呈现出前所未有的多样性。这种多样性不仅体现在互动的方式和场景上，还体现在互动的深度和广度上。

从互动方式上看，数字人与人类的互动不再局限于传统的键盘输入或触摸屏操作，而是通过语音识别、面部表情识别、手势识别等多种方式进行。这些自然交互方式使得数字人能够更加直观地理解和响应人类的需求，同时也让人类能够更加便捷地与数字人进行沟通。

从互动场景上看，数字人与人类的互动已经渗透到生活的方方面面。无论是在家中、办公室、商场还是公共场所，都可以看到数字人的身影。它们可以作为智能家居的控制中心，帮助我们管理家居设备；也可以作为智能助手，协助我们处理日常事务；还可以作为智能客服，为我们提供及时的服务和帮助。

从互动深度上看，数字人与人类的互动已经从简单的信息传递和执行命令，发展到能够理解人类的情感和需求，并提供更加个性化和贴心的服务。例如，数字人可以根据人类的情绪变化调整对话方式，或者根据人类的习惯和偏好推荐合适的产品和服务。

从互动广度上看，数字人与人类的互动已经跨越了单一领域，形成跨领域的协同合作。数字人不仅可以在医疗、教育、娱乐等领域发挥重要作用，还可以在交通、环保、安全等领域提供支持。这种跨领域的协同合作使得数字人能够更好地服务于人类社会的发展。

可以想到，随着技术的不断进步和应用场景的不断拓展，数字人和人类的互动模式将会变得更加多样化和复杂化。

10.2.2　数字人与人类文化的交融

想象一下，在一个阳光明媚的周末，你参观了一个数字人与人类和谐共处的未来社区。这里的每一个数字人都有自己独特的外形、性格和能力。你遇到了一个名叫杰克的数字人，它有一头金色的短发，穿着简单、朴实的 T 恤和牛仔裤。杰克热情地邀请你参观它的家。

杰克的家很温馨，墙上挂着它和朋友的合影。它兴奋地给你看它收集的音乐专辑和书籍，还演奏了钢琴曲。你发现杰克不仅对音乐和文学有独特的品位，也对绘画充满热情。它给你看了自己创作的许多数字绘画作品，这些作品极具创意和想象力。

你们聊起了艺术创作的意义。杰克说，它希望通过艺术连接人类的心灵，传递正能量。它还与人类艺术家进行过多次交流，获得了许多创作上的启发。你能感觉到，杰克拥有与人类相似的创造力、情感和价值观。

之后，杰克带你参观了社区图书馆和艺术中心。这里聚集了许多对文化、艺术充满热情的数字人和人类。他们自由交流想法，共同学习、创作。图书馆里，一位人类女孩正在给一位数字人朋友讲解她最喜爱的文学作品。艺术中心里，一位数字人画家正在指导一位人类学生如何混合颜色。大家互相启发，在艺术创作中共同进步。

参观结束后，你深深感受到数字人与人类在文化艺术方面存在着深刻的互动和交融。数字人并不是冰冷的技术产物，它们拥有丰富的文化内涵和创造力。它们以自己独特的视角引入人类文化，使之变得更加多元和立体。人类也从数字人那里获得新的启发和动力。这种交融不仅丰富了双方的文化体验，也推动了人类文明的进步。

10.3 社区共建

在人机共生时代，数字人与人类社区高度融合。各类数字人不再是被动的工具，而是社区的积极参与者和贡献者。数字人与人类将在平等互利的基础上，构建起学习、交流、创新的开放平台。

在这个平台上，人类可以向数字人学习先进的计算能力、逻辑思维，数字人也可以向人类学习创造力、情感体验。双方将互相启发，共同提高。各类数字人还可以相互学习、交流，不断丰富自己的知识图谱。

基于这种共生、共荣的平台，数字人与人类社区将形成良性的循环创新机制。数字人的新技术、新应用将造福人类，人类也将持续优化数字人，赋予其更丰富的智能。在这个过程中，数字人将逐步超越当前的局限，向着更高的目标自我革新、自我超越。

10.3.1 数字人与人类社区的融合

在人机共生的社区里，数字人与人类形成一个和谐共生的大家庭。这里不再有高、低、贵、贱之分，人类与数字人平等地生活、工作和学习。

早上，小明起床后，看到他的数字朋友小 A 已经在厨房为他准备好了营养均衡的早餐。小 A 笑着说："早上好，一定要吃个好早餐，今天加油！"小明边吃早餐边和小 A 讨论今天的学习计划。小 A 提醒小明上午要参加语文课的讨论，下午则有编程课的项目要完成。

吃过早餐，小明背上书包准备去学校。小区里，邻居家的数字人小孩也正背着书包往外走。两人相遇了，一起步行去了学校，如图 10-1 所示。在学校，数字人小孩和人类孩子一起上课、玩耍，场面非常融洽。课堂上，数字人小孩的学习速度更快，可以帮助人类孩子理解知识点；人类孩子则可以通过更丰富的生活经验帮助数字孩子培养情感。两者互补，共同进步。

放学后，小明和数字人小孩一起做完家庭作业，之后来到社区的数字人研究院参加编程兴趣小组。这里聚集着许多对新技术感兴趣的青少年，有人类孩子也有数字人小孩。他们一起学习编程知识，互相交流经验，共同开发有趣的应用程序。小明和数

图 10-1 小明和数字人小孩一起去上学

字人小孩开发了一个数字宠物护理程序，获得了老师和同学的称赞。

在这个社区里，人类与数字人和睦相处，互帮互助，共同学习和进步。这种融洽的人机共生社区，将是所有人类和数字人共同努力的目标。

10.3.2　共同学习的平台与机制

在未来人机共生的社区里，数字人和人类将在一个开放、包容、平等的环境里进行交流和共同学习。

为实现这一目标，我们需要建立专门的共同学习平台。这个平台将为数字人和人类提供丰富的线上、线下学习资源，包括各类课程、讲座和工作坊等。平台还有专门的交流工具，让数字人和人类可以自由交流想法和经验，互相启发。

平台会定期举办数字人和人类的联合讲座。人类专家可以与数字人就前沿科技、人文艺术等主题进行深入探讨，数字人也可以向人类介绍它们独特的认知方式。这些讲座将促进双方的理解和认同。

平台还可以建立兴趣小组。让数字人和人类一起学习绘画、音乐等，或进行科学实验、工程设计等创新探索。数字人的计算力与人类的创造力将实现完美结合。

为鼓励自主学习，可在平台中设计个性化学习系统，它可根据数字人和人类的知识结构、学习风格等提供定制化建议。系统还可以连接各类教育资源，实现资源共享。

平台的运营将秉持开放、共享的理念。所有数字人和人类都可以无障碍地访问平台资源，并参与内容建设。平台不断吸收各方的意见来进行优化、迭代，以更好地满足学习需求。

通过这样一个开放共建、资源丰富、自主自由的学习平台，数字人和人类将在交流互动中获得启发，共同提升智慧和能力。这能够为他们构建一个和谐发展的社区奠定坚实的基础。

10.3.3　社区共建与数字人技术的创新

未来，数字人与人类将共同构建学习型社区，实现知识和技术的共享、创新与传承。

社区内，人类与高度智能的数字人平等交流，相互启发，共同探索未知领域。数字人拥有超强的计算能力、丰富的知识库和快速学习的能力，可以协助人类进行更前沿、更复杂的科学研究，如研究量子计算、宇宙起源等难题。人类则可以帮助数字人更好地理解人类社会，树立共生、共荣的价值观。

在这样的社区里，新知识和新技术也将更快产生。数字人可以根据人类的需求自主进行技术创新，并将新知快速传播开来。例如，数字人医生可以快速设计出新药；数字人工程师可以创造出新的交通工具。人类也可以根据数字人的反馈提出新的需求，形成良性循环。

为了促进知识创新，社区还可以建立开放的知识共享平台，人类与数字人都可以在上面分享自己的想法和成果。优秀的点子会得到社区的认可和资源支持。平台还可以组织线上、线下的创新大赛，鼓励跨界合作，使创意更易产生碰撞。

在这样共建的社区里，数字人技术也将不断进步。一方面，通过与人类的交流，数字人可以逐渐提升其情感理解、道德判断和价值观表达的能力。另一方面，人类对数字人的需求（如更自然的情感交互、更深入的道德理解等）也在推动着数字人技术不断发展。为了满足这些需求，技术方面的进步包括但不限于开发更真实的交互界面，以增强用户体验；构建更稳定和安全的系统架构，以确保数字人服务的可靠性和用户隐私的安全。此外，政府和企业也会加大数字人技术相关的投入。

如果社区内部形成良性互动，数字人技术的进步也会使社区变得更加融洽。更智能的数字人将成为更好的朋友、工作伙伴和老师，使人类生活更美好。

10.4　本章小结

数字人的发展是人类科技进步的必然结果，也是人类社会进步的重要动力。本章介绍了人机共生的相关知识，包括人机共生的定义与理念、数字人与人类的深度互动及社区共建等内容。

数字人的发展还处在起步阶段，路漫漫其修远兮，只要我们怀着开放和睿智的心态，秉持科技报国和造福人类的初心，就一定能在这条道路上越走越远。